二级注册建造师继续教育培训教材

机　电　工　程

（下册）

北京市建筑业联合会　主编

中国建筑工业出版社

目 录

上 册

下　　册

14 燃气冷热电三联供技术及应用

14.1 燃气冷热电三联供的概念

布置在用户附近，以燃气为一次能源用于发电，并利用发电余热制冷、供热，同时向用户输出电能、热（冷）的分布式能源供应系统。与传统的集中式能源系统相比，分布式能源接近负荷，不需要建设大电网进行远距离高压或超高压输送。可大大减少线损，节省输配电建设投资和运行费用；由于兼具发电、供热、制冷等多种能源服务功能，分布式能源可以有效地实现能源的梯级利用，达到更高能源综合利用效率。分布式能源设备启停方便，负荷调节灵活，各系统相互独立，系统的可靠性和安全性较高；此外，分布式能源多采取天然气等清洁能源为燃料，较之传统的集中式能源系统更加环保。

14.2 天然气分布式能源的基本特征

14.2.1 冷热电联产化，有效提高能源综合利用效率

因为天然气分布式能源系统是将采暖、电力、制冷和生活热水，以及除湿等系统优化整合为一个新的、统一的能源综合系统，所以天然气分布式能源不仅可以同时向用户提供电、热、冷等多种能源应用方式，而且实现了优质能源的梯级合理利用，有效提高能源的利用效率，是节约能源，提高能源利用效率，增加能源供应，应对能源短缺，能源危机和能源安全问题的一种优化的途径。

14.2.2 投资收益高，输配电损耗小

因为天然气分布式能源系统采用燃气内燃机、小型燃气轮机、微型燃气轮机、燃料电池等小型或微型发电设备，并与供热、制冷、除湿、生活热水等装置组成分布式能源系统，规模一般都比较小，是用户自力更生解决能源供应，通过提高能源综合利用效率，从而减少能源费用支出的一种能源投资收益方式，所以其投资回报率一般都比较高。同时，天然气分布式能源系统一般靠近用户侧安装，就近供电、供热及供冷，这不仅可以省去长途输电设施，多层变电、配电系统的电网建设，而且可提高供电可靠性，优化电力系统，降低输变电损耗。

14.2.3 低排放，环保标准高

由于天然气分布式能源采用绿色能源天然气做燃料，同时燃气轮机使用了低氮氧化物排放的燃烧室技术，所以它可以大大减少有害气体及废料的排放，SO_2、固体废弃物和污水排放几乎为零，温室气体 CO_2 减少 50%，NO_x 减少 80%，T_SP 减少 95%，从而减轻了城市的环保压力。同时，由于天然气分布式能源摒弃了大容量远距离高电压输电线的建

设，由此不仅减少了高压输电线的电磁污染，而且减少了高压输电线的线路走廊和相应的土地占用，也减少了对线路下树木的砍伐，使得占地面积全部被忽略，耗水量也减少60%以上，实现了绿色经济。

14.2.4 控制管理智能化

由于天然气分布式能源系统网络能够将每个能源装置的自动控制计算机连接，实现智能化指挥调度，并根据整体的电力、热力、制冷需求，蓄能与材料变化进行优化调节，从而彻底平衡电力、热力、制冷、热水和燃料的峰谷变化平衡问题，做到控制管理智能化。同时，天然气分布式能源系统普遍容量较小，机组的启停和调节都很迅捷，便于无人值守，因此十分灵活和易于操作。

14.2.5 智能电网与可再生能源

分布式能源系统是构筑智慧能源体系和智能电网系统的基础，为用户端大量接入分布式可再生能源，以及消化不稳定的太阳能、风力和小水电设施所发电力。实现电网自下而上地提高系统效率，优化供需结构，节约设施资源，降低整体投资。分布式能源是智能电网的基础，就如同互联网中的电脑一样，通过智能电网实现了一个扁平化的信息时代的能源系统，实现了能源用户和能源生产者之间的相互交融。

14.2.6 因地制宜，能源利用多样性

由于分布式能源可利用多种能源，如洁净能源（天然气）、新能源（氢）和可再生能源（生物质能、风能和太阳能等），并可同时为用户提供电、热，因此是节约能源、增加能源供应、应对能源危机和能源安全问题的一种良好途径。

14.2.7 提高供电安全性和能源供应可靠性

天然气分布式电源星罗棋布地布置在用户端的能源系统，既可用作常规供电，又可承担应急备用电源，需要时还可用作电力调峰，与智能电网一起可以共同保障各种关键用户的电力供应安全，所以当大电网出现大面积停电事故时，具有特殊设计的天然气分布式能源系统仍能保持正常运转，从而弥补大电网在安全稳定性方面的不足。分布式能源可以采用天然气、燃油双料设计，在电网瘫痪和燃气供应中断的同时，继续保障电力供应。天然气分布式能源系统比较简单，易于启动关闭，可以在大电力系统崩溃后进行黑启动，也可以为电网提供转动无功补偿，由此可提高供电及电网的安全性、可靠性和稳定性。

14.2.8 满足边远地区及特殊场合的供电需求

由于我国许多边远及农村地区远离大电网，因此难以从大电网向其供电，而燃气分布式能源系统则非常适合对乡村、牧区、山区、发展中区域及商业区和居民区提供电力。燃气分布式能源可以利用小规模天然气资源、沼气、秸秆气和其他工业可燃性废气资源。

14.2.9 对于规划建设的有利条件

占地面积小，选址灵活；建设周期短，投资风险小。

14.2.10　对于生产运营的有利条件

输出功率比光伏、风力发电等可再生能源相对平稳，在保障供气的条件下可控。

如能冷、热、电三联供，发、输、配电综合成本较低。

14.3　我国的指导思想、目标和主要政策措施

2011年，国家发展和改革委员会发布《关于发展天然气分布式能源的指导意见》（发改能源〔2011〕2196号），提出以下内容。

14.3.1　发展天然气分布式能源的指导思想和目标

1. 指导思想

以提高能源综合利用效率为首要目标，以实现节能减排任务为工作抓手，重点在能源负荷中心建设区域分布式能源系统。包括城市工业园区、旅游集中服务区、生态园区、大型商业设施等，在条件具备的地方，结合太阳能、风能、地源热泵等可再生能源进行综合利用。

2. 基本原则

(1) 统筹兼顾，科学发展：统筹天然气资源、能源需求、环境保护和经济效益，科学制订发展规划，确保天然气分布式能源健康、有序发展。

(2) 因地制宜，规范发展：合理选择建设规模，优化系统配置，原则上天然气分布式能源全年综合利用效率应高于70%，在低压配电网就近供应电力。发挥天然气分布式能源的优势，兼顾天然气和电力需求削峰填谷。

(3) 先行试点，逐步推广：在经济发达、能源品质要求高的地区（包括国家规划设立的生态经济区等）或天然气资源地鼓励采用热电冷联产技术，建立示范工程，通过示范工程积累经验，为大规模推广奠定基础。

(4) 体制创新、科技支撑：创新天然气分布式能源政策环境和机制，鼓励多种主体参与；加强技术研发，推动产学研结合，推动技术进步和装备制造能力升级。

3. 主要任务和目标

主要任务："十二五"初期启动一批天然气分布式能源示范项目，"十二五"期间建设1000个左右天然气分布式能源项目，并拟建10个左右各类典型特征的分布式能源示范区域。未来5～10年内在分布式能源装备核心能力和产品研制应用方面取得实质性突破。初步形成具有自主知识产权的分布式能源装备产业体系。

目标：2015年前完成天然气分布式能源主要装备研制。通过示范工程应用，当装机规模达到500万kW，解决分布式能源系统集成，装备自主化率达到60%；当装机规模达到1000万kW，基本解决中小型、微型燃气轮机等核心装备自主制造，装备自主化率达到90%。到2020年，在全国规模以上城市推广使用分布式能源系统，装机规模达到5000万kW，初步实现分布式能源装备产业化。

14.3.2 主要政策措施

（1）加强规划指导。
（2）健全财税扶持政策。
（3）完善并网及上网运行管理体系。
（4）充分发挥示范项目带动作用，坚持自主创新。
（5）鼓励专业化公司发展，加强科技创新和人才培养。

14.4 气体燃料

气体燃料分为常规天然气和非常规天然气（主要包括煤层气、页岩气、可燃冰以及油田伴生气和致密砂岩气）。

14.4.1 天然气的供应

我国天然气资源蕴藏量相对丰富，探明储量逐年增加。但是随着经济的发展，我国的天然气进口量逐年增加。天然气的供应存在以下几个问题：

（1）对外依存度过高。目前，我国天然气的对外依存度已经超过30%，具有较大的风险。跨境天然气输送管道受地区安全、所在国政局稳定性、双边关系以及地区恐怖主义等影响较大。

（2）季节性不均衡导致“气荒”。天然气生产是四季连续的，而我国目前天然气下游应用大多是冬季多用、夏季少用，冬夏耗量比达到4∶1，由于天然气不易储存，在冬季室外气温连续下降时，天然气用量产生峰值叠加，常会产生气荒。

（3）储气库短缺。建立地下储气库是国际上解决天然气供应安全的重要措施，我国储气库设施不足，直接威胁到全国的供气安全。

（4）天然气管网建设。国内的绝大部分天然气管网之间都是孤立的，尚未把全国管道形成一个网络，在紧急情况下，各大主干管道之间难以相互备用。

14.5 系统配置

（1）燃气冷热电三联供系统应由动力系统、供配电系统、余热利用系统、燃气供应系统、监控系统组成。

（2）当热负荷主要为空调制冷、供热负荷时，联供系统余热利用设备宜采用吸收式冷（温）水机组；当热负荷主要为蒸汽或热水负荷时，联供系统余热利用设备宜采用余热锅炉。

（3）当没有公共电网或公共电网接入困难，且联供系统所带负荷比较稳定时，发电机可采用孤网运行方式，否则应采用并网运行方式。

（4）发电机应在联供系统供应冷、热负荷时运行，供冷、供热系统应优先利用发电余热制冷、供热。

（5）联供系统的组成形式、设备容量、工艺流程及运行方式，应根据燃气供应条件和冷、热、电、气的价格，经技术经济比较确定。

14.6 冷热负荷

(1) 冷热负荷的种类包括建筑采暖热负荷、建筑空调热负荷、建筑通风热负荷、生活热水负荷、工业热负荷。根据有关的设计标准，对上述各类负荷进行整理归纳，分为三步：

1) 绘制供冷供热区域不同季节典型日的逐时负荷曲线。

2) 绘制供冷供热区域年负荷曲线。

3) 计算年耗热量。

(2) 冷、热、电负荷的确定是联供系统设计的首要条件，只有在正确确定冷、热、电负荷的前提下，才有可能保证系统配置合理，减少建设投资并节省运行费用。绘制不同季节典型日逐时冷、热、电负荷曲线，是为了确定联供系统中发电设备容量和由余热提供的冷、热负荷，通过逐时负荷分析，并结合冷热负荷频率分布图，在系统配置选型时使发电余热能尽量全部利用。

(3) 利用年负荷曲线，可以计算全年联供系统发电及余热的利用情况，对联供系统运行进行经济预测。在技术经济比较的基础上，才可确定联供系统是否具有实施的必要性和可行性。

(4) 冷热电负荷的风险分析

保证一定的满负荷运行时间，是分布式能源项目成败的关键。开展联供项目设计的第一步，也是最主要的一步，是统计、预测用户的冷热电负荷，包括全年逐时的负荷变动曲线。在获得了负荷统计和预测数据后，再根据负荷情况合理确定系统的容量，包括供电量、供热量、供冷量。对大量分布式供能项目的调查表明，对冷热电负荷的科学预测和正确选定系统容量是项目成败的关键。

分布式能源系统设计时，一般按照“以热定电、热电平衡”的原则。在做好热电平衡的情况下，确定装机容量，一般宜小不宜大。不应追求将用户全部用热需求都由分布式供能系统提供，原则上应由分布式供能系统带基本热负荷，适当配置供热锅炉来进行热负荷调峰。系统供电容量配置一般不大于用户最小用电负荷，以确保机组运行不受用电条件限制；供热容量配置一般宜为用户最大用热负荷的30%，目的是使机组获得较长的高效运行时间，进而以相对较小的容量配置获得相对较大的用户全年供热份额。

14.7 冷热负荷对外供应

14.7.1 能源供应方案选择

1. 分布式冷、热、电三联供

分布式燃气冷、热、电三联供系统采用燃气内燃机发电，承担峰平电期间的基本负荷，不足电量由市电补充；在市电故障期间，发电机可承担站内重要电力负荷，保证供电的安全可靠性（发电并网不外送）。冬季供暖时，发电机产生两部分热量，一部分是烟气

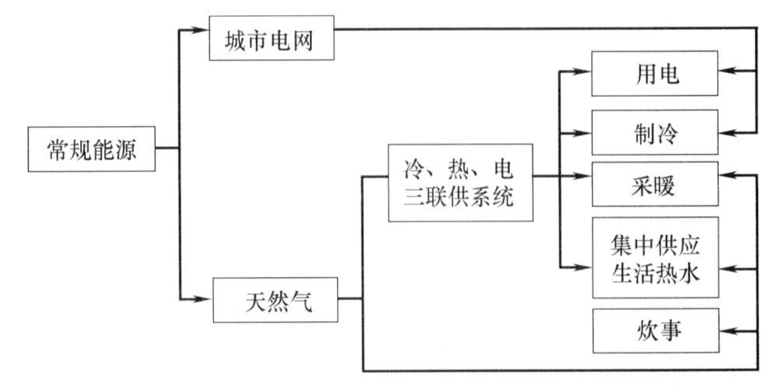

图 14-1 分布式冷、热、电三联供能源供应方案

余热，另一部分是缸套水的余热。烟气进入吸收式热泵并回收冷凝热，使烟气温度降至 30℃左右，换出热水与发电机缸套水热量共同承担建筑的基本热负荷，热量不足部分则由天然气锅炉补充。夏季供冷时，发电机产生的烟气余热和缸套水共同进入吸收制冷机，承担基本冷负荷，冷量不足部分则由电制冷机补充，缸套水余热量可以用于除湿和生活热水（图 14-1）。

2. 区域集中式冷、热、电三联供

燃气蒸汽联合循环热电联产和燃气调峰热源联合使用，热源侧为燃气蒸汽联合循环热电联产系统，提供高温一次热媒水供制冷和供热利用，考虑到冬季集中调峰的需要，建设燃气锅炉房进行集中调峰；在末端设置换热站，冬季采用常规运行方式，夏季采用吸收式制冷为主，电制冷调峰辅助相结合的制冷方式。冬季供热时，能源中心输出高温热水，经能源子站的换热机组换热后向用户提供二次采暖水用于采暖，当供热量不足时，启动燃气调峰热源增加供热量。夏季供冷时，能源中心输出高温热水驱动换热站中吸收式制冷机组进行制冷，当冷量不足时，启动电制冷调峰机组供冷（图 14-2）。

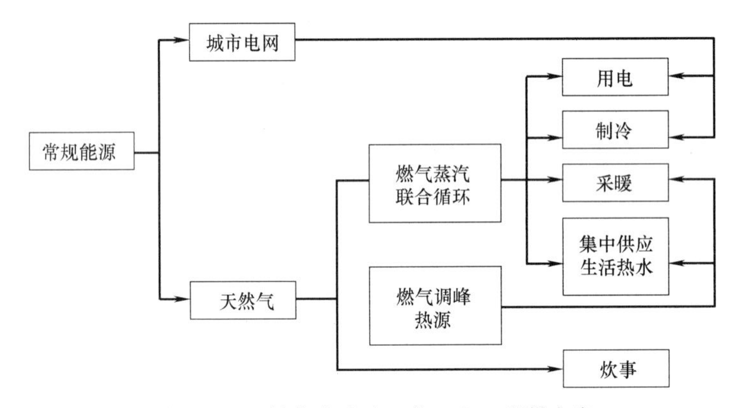

图 14-2 区域集中式冷、热、电三联供方案

14.8 主机选型

14.8.1 主要的系统形式

根据不同的原动机、余热锅炉的燃烧方式（补燃或不补燃）、主机的搭配形式、制冷制热设备的不同组合等因素，燃气发电、供热、制冷机组可以分为三类系统形式。

1. 用燃气蒸汽联合循环机组实现冷、热、电三联供

主机系统配置如图 14-3 所示。

(1) 系统广泛用于F、E与B级燃气轮机。

(2) 图中表达为一拖一双轴方式，也可以单轴或2～7拖一多轴方式，即2～7台（6用1备）燃气轮机配1台蒸汽轮机。

(3) 根据冷、热负荷的需求，确定外供冷、热介质与选配供热、制冷设备。

(4) 其能源利用率高，可达85%。

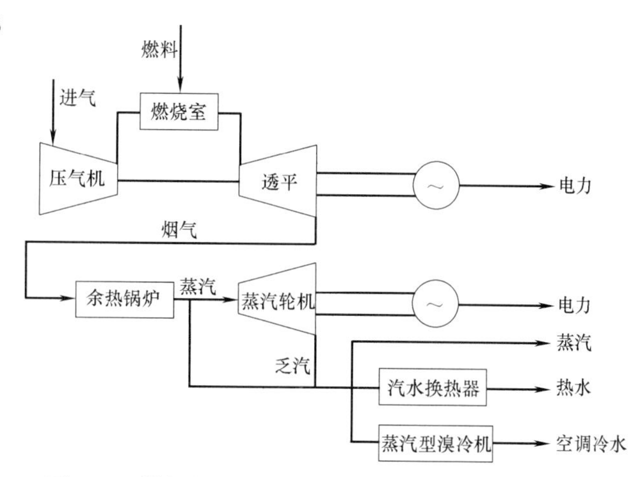

图14-3　燃气轮机+余热锅炉+蒸汽轮机+蒸汽溴冷机

2. 用燃气轮机发电机组实现冷、热、电三联供

主机配置系统如图14-4所示。

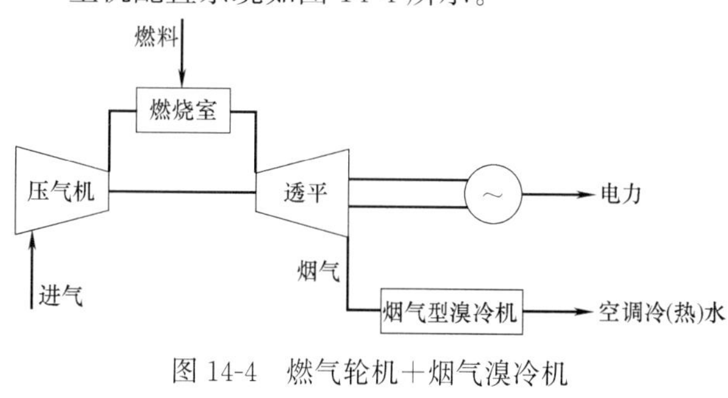

图14-4　燃气轮机+烟气溴冷机

(1) 系统主要用于小型或微型燃气轮机，采用单循环。

(2) 供热与制冷均采用烟气为高温热源，根据冷、热负荷需求，确定外供冷、热介质与选配热、制冷设备。

(3) 其能源利用率高，可达86%。

3. 用燃气内燃发电机组实现冷、热、电三联供

主机配置系统如图14-5所示。

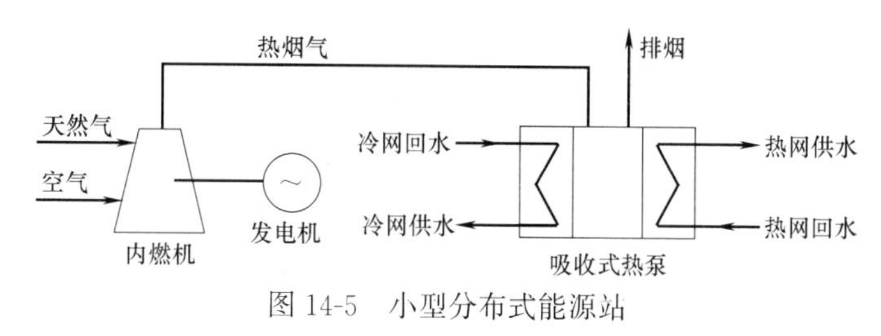

图14-5　小型分布式能源站

(1) 将燃气轮机发电机组改为燃气内燃发电机组。

(2) 主要用于3MW以下机组。

(3) 根据冷热负荷的需求，确定外供冷、热介质，以烟气作为高温热源，选配供热、制冷设备。

(4) 燃气内燃机组缸套冷却的余热也宜考虑利用。

14.8.2　主要设备简介

1. 原动机

采用天然气等常规能源的分布式供能系统，其常规原动机一般为燃气轮机、内燃

机等。

燃气轮机余热比较集中，主要是尾部排烟。由于其排烟温度较高，回收的余热可以产生蒸汽，也可以制成热水。回收利用比较灵活。但燃气轮机发电效率相对较低。目前，小型或微型燃气轮机的发电效率一般为25%～30%。

内燃机发电效率较高，一般为35%～40%，但其余热回收比较复杂。内燃机余热主要由三部分组成，第一部分是缸套冷却水，温度大约在85～95℃，余热回收一般是75℃左右的热水；第二部分是润滑油冷却水，温度大约在50～60℃，余热回收一般是45～50℃的热水；第三部分是排烟余热，这一部分可以产生蒸汽，也可以产生高温热水。内燃机的回收余热的品位相对较低。

2. 余热利用设备

常用的余热利用设备有余热锅炉、水—水换热器以及余热型吸收式制冷机组等。不同的原动机配不同的余热设备。

燃气轮机一般配置蒸汽型余热锅炉。小型或微型燃气轮机排烟温度一般在300～500℃，燃气轮机排烟中含氧量较高，余热锅炉可以根据需要设置补燃装置，以提高余热锅炉出口蒸汽的参数，供特殊需求使用。这是燃气轮机余热利用的一个重要特点。

内燃机缸套冷却水和润滑油冷却水部分一般配置水—水换热器，而尾部烟气可配置余热蒸汽锅炉，也可配置热水器产生高温热水。其中缸套冷却水和润滑油冷却水可分为两个热水系统，分别产生不同温度的热水。

3. 溴化锂吸收式制冷设备

可分为烟气型、蒸汽型、热水型和直燃型。烟气型吸收式制冷机直接用燃气轮机或内燃机排出的烟气制冷，不需要余热锅炉或换热器；蒸汽型和热水型吸收式制冷机是以余热锅炉或水—水换热器产生的蒸汽或热水作为动力制冷，一般蒸汽型吸收式制冷机效率较高，COP＝1.0～1.2。热水型吸收式制冷机效率较低，COP＝0.7～0.9。直燃型机组可直接利用燃气。

4. 电制冷机

包括活塞式、离心式、螺杆式、模块式电驱动的压缩式制冷机，用于当发电余热不满足设计冷负荷时，或作为备用。

14.8.3 燃气轮机

成熟的大型燃机主要包括B级燃机、E级燃机和F级燃机，按照透平进气温度定义和划分。B级燃机透平进气初温低于1104℃，出力40MW等级；E级燃机透平进气初温低于1205℃，出力150MW；F级燃机，透平进气初温约1315℃，出力250MW等级；H级燃机，透平进气初温约1425℃，出力300MW。

燃气轮机分为重型与轻型，各有优缺点。各种机型技术经济比较如下：

（1）机组功率

机组功率与机型、进气温度和进气压力等因素有关。制造厂商应提供该型机组功率与进气温度和进气压力的关系曲线。

轻型燃机多由航空发动机改型而来，由于天然气的进气压力高（2.5～3.8MPa），压比大（20～24），往往要设增压机。重型燃机进气压力较低（2.2～2.5MPa），压比小（14～14.7），可以不设增压机。

（2）燃机热效率。轻型燃机热效率高于重型燃机。

（3）运行条件。轻型燃机启动快，适于频繁启停；重型燃机启动稍慢，适于连续运行。

（4）热端部件更换周期。不同厂家对此都有自己的要求，燃机的受热部件运行到一定的小时数以后，需要进行检查、大修或更换。

（5）国内的燃机制造商主要采用技术转让的方式进行燃机的生产，仅引进了制造技术，不包括设计技术，关键部件依然靠进口或从合资公司采购。

14.8.4 燃气内燃机

燃气内燃机是将燃料与空气注入气缸混合压缩，点火引发其爆燃做功，推动活塞运行，通过气缸连杆和曲轴，驱动发电机发电。世界上生产燃气内燃机产品的公司主要在美国、德国、荷兰等。

14.8.5 余热锅炉与燃气锅炉

1. 概述

与燃气轮机配套设置的余热锅炉，利用燃气轮机排烟的余热，产生蒸汽或热水，用于对外直接供汽及供应热水；或通过溴化锂设备制冷或供应热水；也可通过汽—水换热器供应热水。

因余热锅炉上游与燃气轮机配套，下游与蒸汽轮机或供热、制冷设备配套，其参数因工程而异。

余热锅炉制造技术难度较低，技术成熟，国内多数锅炉厂均能生产，价格与常规锅炉接近，市场竞争比较激烈，市场环境成熟。

2. 选型

（1）汽水循环方式

汽水循环压力级数是指余热锅炉产生蒸汽的压力级数，分单压、双压和三压。一般采用双压余热锅炉。余热锅炉产生的高压蒸汽进入汽轮机做功，低压饱和蒸汽供除氧加热用，锅炉给水除氧用蒸汽不从汽轮机抽汽，以提高汽轮机出力，供热抽汽全部由抽汽式汽轮机供应。而三压余热锅炉则为高压蒸汽进汽轮机做功，中压蒸汽用于供热或用于汽轮机补汽发电用，低压饱和蒸汽供除氧加热用，锅炉给水除氧不从汽轮机抽汽，以提高汽轮机出力。

（2）与燃机匹配

一般一台燃机配一台余热锅炉。

余热锅炉的额定工况与燃机额定工况相匹配，并处于最佳效率范围，还应检验它在冬夏季工况下的蒸发量、汽温及锅炉效率。

（3）排烟利用

余热锅炉利用燃气轮机排烟余热和余压，不设送、引风机，也无空气预热器，因此，余热锅炉采用微正压运行，排烟温度高。一般设低温省煤器，即用余热锅炉排烟加热蒸汽轮机凝结水；不设高、低压加热器。还可利用余热锅炉排烟加热热水，用于热水供应、采暖或制冷。

14.8.6 蒸汽轮机

（1）与燃气轮机配套通过余热锅炉供汽的蒸汽轮机是燃气—蒸汽联合循环的四大主机之一。制造技术难度较低，技术成熟，国内多数汽轮机厂均能生产。

（2）选型：

1）汽水循环方式。除F级机组外，一般不考虑再热。一般采用双压或三压，即除氧器加热用汽由余热锅炉低压汽包供给。如余热锅炉采用三压，汽轮机有高、中压两级进汽。由于余热锅炉无空气预热管，排烟温度高，一般安装低温省煤器。

2）当安装2台及以上燃机时，汽轮机有多种选择，即一拖一、二拖一或三台及以上燃机（余热锅炉）只配一台汽轮机。对于热电联产机组，由于汽轮机额定功率越大，内效率越高；当停用1台时，可以通过旁路系统，其出力一般为每台余热锅炉最大连续蒸发量的100%，保证供热的可靠性，宜优先考虑只装1台汽轮机的方案。当需要采用两种机型，即1台抽汽机组、1台背压机组时，可考虑采用一拖一，即配2台汽轮机的方案。

3）抽汽机组运行灵活，当热负荷小或无热负荷时，也可以发电。背压机组无汽轮机冷端损失，热效率最高；但无热负荷不能发电，有热负荷也“以热定电”，一般不会满发。

14.8.7 发电机

1. 台数

单轴机组，每套燃气—蒸汽联合循环机组只配一台发电机。多轴机组，每套燃气—蒸汽联合循环机组中，为燃气轮机及蒸汽轮机分别配备发电机。燃气内燃发电机组与采用单循环的燃气轮机各配一台发电机。

2. 容量

发电机的额定工况与燃气轮机、蒸汽轮机的额定工况相匹配，还应检验冬季工况下的最大发电能力。当燃气—蒸汽联合循环采用二拖一方式时，宜考虑三台发电机采用同一额定功率的合理性。

3. 选型

（1）冷却方式。大型F级机组，一般采用水氢氢或全氢冷。中型E级机组，一般采用空冷，以简化冷却系统。小型B级以下机组，采用空冷。

（2）励磁方式。根据机组容量及厂商成熟技术，一般选用静态励磁或无刷励磁。

4. 发电机额定电压

大型F级机组，一般选用15.75kV或20kV。中型E级机组，一般选用10.5kV。有条件时，有直供电要求的热电联产或冷热电三联供机组，宜采用与直供电压匹配的发电机额定电压，例如10.5kV、6.3kV和0.4kV等。

14.9 能 源 站

14.9.1 站址选择

（1）能源站宜靠近供电区域的主配电室。

（2）能源站的防火间距应符合现行国家标准《建筑设计防火规范》GB 50016 的有关规定。能源站主机间应为丁类厂房，燃气增压间、调压间应为甲类厂房。

（3）能源站宜独立设置或室外布置，当确有困难时可贴邻民用建筑布置，但应采用防火墙隔开，且不应贴邻人员密集场所。

（4）当主机间受条件限制布置在民用建筑内时，应布置在建筑物的地下一层、首层或屋顶，并应符合下列规定：

1）采用相对密度（与空气密度比值）大于或等于 0.75 的燃气作燃料时，不得布置在地下或半地下建筑（室）内。

2）建筑物内地下室、半地下室及首层的主机间应靠外墙布置，且不应布置在人员密集场所的上一层、下一层或贴邻。

3）能源站布置在建筑物地下一层或首层时，单台发电机容量不应大于 3MW。

4）能源站布置在建筑物屋顶时，单台发电机容量不应大于 2MW，且应对建筑物结构进行验算。

5）能源站设置在屋顶上时，主机间距屋顶安全出口的距离应大于 6.0m。

14.9.2　工艺布置

（1）能源站宜设置主机间、辅机间、变配电室、控制室、燃气计量间等。

（2）控制室的门、窗宜采用隔声门窗；控制室室内环境设计应符合隔声、室温、新风等劳动保护要求。

（3）发电机组及冷、热供应设备布置应符合下列规定：应设有设备安装、检修、运输的空间及场地；设备与墙之间的净距不宜小于 1.0m；设备之间的净距应满足操作和设备维修要求，主机间内设备的净距不宜小于 1.2m。

14.9.3　建筑与结构

（1）独立设置的能源站，主机间必须设置 1 个直通室外的出入口；当主机间的面积大于或等于 $200m^2$ 时，其出入口不应少于 2 个，且应分别设置在主机间两侧。

（2）设置于建筑内的能源站，主机间出入口不应少于 2 个，且直通室外或通向安全出口的出入口不应少于 1 个。

（3）燃气增压间、调压间、计量间直通室外或通向安全出口的出入口不应少于 1 个。变配电室出入口不应少于 2 个，且直通室外或通向安全出口的出入口不应少于 1 个。

（4）主机间和燃气增压间、调压间、计量间的地面应采用撞击时不会发生火花的材料。

14.9.4　消防

（1）能源站应设置消火栓，并配置固定式灭火器，设置火灾自动报警装置。

（2）能源站内设有燃气设备和管路附件的场所，应设置可燃气体探测自动报警、控制装置。

（3）建筑物内能源站的主机间应设置自动灭火系统；发电机组宜采用自动气体灭火系统，其他可采用自动喷水灭火系统。

(4) 主机间、燃气增压间、调压间、计量间及燃气管道穿过的房间应采用防爆灯具、防爆电机及防爆开关。

(5) 能源站必须设置应急照明、疏散指示标志和火灾报警电话。

14.9.5 通风与排烟

(1) 主机间、燃气增压间、调压间、计量间应设置独立的机械通风系统。

(2) 敷设燃气管道的地下室、设备层和地上密闭房间应设机械通风设施。

(3) 主机间的通风量应包括下列部分：燃烧设备所需要的助燃空气量；消除设备散热所需要的空气量；人体环境卫生所需要的新鲜空气量。

(4) 事故通风的通风机，应分别在室内、外便于操作的地点设置开关。

(5) 原动机直排烟道应安装消声设施，通风系统宜安装消声装置。

(6) 发电机组进风口宜布置在靠近发电机的位置。发电机组应采用单独烟道，其他用气设备宜采用单独烟道。当多台设备合用一个总烟道时，各设备的排烟不得相互影响，且烟气不得流向停止运行的设备。

14.9.6 照明

(1) 能源站的照明应设正常照明、备用照明和应急照明。

(2) 主机间、辅机间、配电间、控制的备用照明时间不应小于 60min。

(3) 安装高度低于 2.2m 的灯具的电压宜采用 36V，当采用 220V 电压时，应采取防止触电的安全措施，并应敷设灯具外壳专用接地线。

14.10 工程实际应用

14.10.1 项目概况

北京通州某能源站的总装机为 2 台发电容量为 800kW 的燃气内燃发电机组、2 台 86 万大卡烟气热水型溴化锂热泵机组（制冷量 1001kW，供热量 876kW）、2 台 1900TR（制冷量 6680kW）离心式电制冷机、2 台 4.2MW 的燃气真空热水锅炉、6 台地埋管地源热泵（制冷量 1417kW，供热量 1443kW），1 座 20460m^3 的蓄能水池，2 台 5.8MW 的热水板式换热器（备用），供冷装机负荷 23.86MW，供热装机负荷 19.63MW，总供冷负荷 38.13MW，供热负荷 25.43MW（含蓄能和市政热力），总供电负荷 1702kW。

14.10.2 设备运行方式

(1) 夏季能源站冷水回水进入集水器→进入蓄能系统→地源热泵系统→燃气冷热电三联供系统→电制冷系统一级泵及对应的主机设备→流入分水器→经冷水二级泵加压→送至各地块能源交换子站。一级泵负责能源站内的阻力，二级泵负责一次外网及能源交换子站的阻力。

(2) 冬季能源站热水回水进入集水器→进入蓄能系统→地源热泵系统→燃气冷热电三联供系统→市政备用板换系统一级泵及对应的主机设备→流入分水器经锅炉系统加热后再

经热水二级泵加压后送至各地块能源交换子站。

（3）夏季夜间地源热泵系统承担基础负荷，闲置的地源热泵及离心式电制冷机蓄冷。考虑到系统运行的经济性，发电机开启时，优先使用余热机组的制冷负荷，蓄冷优先供应尖峰段及峰段冷负荷，尖峰段及峰段剩余负荷及平段冷负荷优先由地源热泵系统耦合三联供系统供应，不足部分由电制冷系统提供。

（4）冬季满负荷日时，夜间负荷大，地源热泵系统承担基础负荷，为减小锅炉装机，满负荷日时发电机夜间运行，充分利用烟气热水型溴化锂冷热水机组的热量，负荷不足部分由燃气热水锅炉补充，白天地源热泵承担基础负荷，不足部分由三联供系统和燃气热水锅炉系统补充。冬季夜间负荷小时，地源热泵系统除承担基础负荷外，闲置设备蓄热。考虑到系统运行的经济性，蓄热优先供应峰段负荷，峰段剩余负荷及平段负荷先由地源热泵承担，其次由三联供系统供应，不足部分由燃气热水锅炉系统提供。

（5）燃气内燃发电机组在发电的同时，排出的高温烟气依次进入烟气热水型溴化锂冷热水机组、烟气冷凝器，最后排至室外，排至室外的烟气温度为30℃（冬季）；缸套水进入烟气热水型溴化锂冷热水，再回到发电机；缸套水系统设置远程散热水箱，当缸套水回水温度过高时，启动缸套水远程散热水箱，热量由散热水箱散发到室外，冷却后再进入发电机。发电机组中冷器热量通过远程散热水箱排至室外。燃气内燃发电机组与烟气热水型溴化锂热水机组同时运行。燃气真空热水锅炉排出的高温烟气进入烟气冷凝器后排至室外，排至室外的烟气温度为30℃。

14.10.3　余热利用方式

发电机组的烟气和缸套水进入烟气热水型溴化锂冷热水机组，冬季供热，提供45/55℃温水；夏季制冷，提供7/12℃的冷水。冬季供热，地源侧的水进入与锅炉配套的烟气冷凝器和与烟气热水型溴化锂冷热水机组配套的烟气冷凝器，与燃气真空热水锅炉和烟气型溴化锂冷热水机组排出的高温烟气间接换热后，进入地源热泵，提高地源热泵效率。

14.11　工程使用与验收

14.11.1　施工准备

（1）施工前应具备正式的施工设计文件、图册以及主要设备出厂技术文件，设备和主要材料应有产品合格证明文件。

（2）施工前应组织设计交底和技术交底。施工单位应在施工前编制施工组织设计，并根据设计文件和施工现场条件制定施工组织措施。

14.11.2　设备安装应符合现行国家相关标准的规定

《机械设备安装工程施工及验收通用规范》GB 50231；

《锅炉安装工程施工及验收规范》GB 50273；

《轻型燃气轮机运输与安装》GB/T 13675。

14.11.3 汽水管道、燃气管道安装应符合现行国家相关验收规范的规定

《工业金属管道工程施工规范》GB 50235；
《建筑给水排水及采暖工程施工质量验收规范》GB 50242；
《通风与空调工程施工质量验收规范》GB 50243；
《城镇燃气输配工程施工及验收规范》CJJ 33；
《城镇燃气室内工程施工与质量验收规范》CJJ 94；
《工业设备及管道绝热工程施工规范》GB 50126；
《火灾自动报警系统施工及验收标准》GB 50166。

14.11.4 设备调试及试运行

（1）联供系统安装完毕后应进行单机调试、分系统调试和整套系统调试，在调试前应制定完整的调试方案。

（2）调试应由主要设备厂家认可的有资格的技术人员在用户的配合下进行，单机调试应由设备厂商负责实施，整套系统调试应由系统集成商负责组织实施。

（3）单机调试前，应根据设备厂商的要求对机组安装、汽水系统管路连接、油系统管路连接、烟气系统管路连接、燃气系统管路连接、电气接线以及通风系统、消防系统、控制系统进行安装工程的检查验收。

（4）可燃气体探测自动报警系统应按现行国家标准进行测试。

（5）用气设备调试时，应根据设备吹扫能力和烟道能力确定停机后再启动的间隔时间。

（6）燃气发电机组的调试应包括下列内容，并应将调试结果形成书面报告：机组各子系统的校准和调校、机组内部安全保护系统的测试、机组控制器的调试、机组内部逻辑和功能的调试、主断路器和并联系统的调试、机组的性能测试、输入和输出信号通信的测试、带载运行测试。

（7）余热锅炉、冷（温）水机组应分别进行下列制冷工况和供热工况的运行调试，并应将调试结果形成书面报告：利用冷却水余热、利用烟气余热、同时利用冷却水余热和烟气余热、直接燃烧燃气。

（8）各分系统调试应在该系统施工完毕并经静态验收合格后进行；整套系统调试应在整体系统施工完毕及各分系统调试完成后进行；整套系统试运行应在整套系统调试完成后进行，试运行方案应由建设单位组织审定。试运行连续时间不宜小于72h。当不能连续满负荷时，试运行负荷应在启动试运行方案中明确。

14.11.5 竣工验收

（1）试运行合格后方可进行总体工程竣工验收。

（2）竣工验收应由建设单位组织实施，由政府有关部门、设计单位、施工和调试单位、主要设备供应商、运行管理单位等相关单位参加。

14.12　运行管理

14.12.1　运行和维护

（1）联供系统应制定由主要设备厂商确认的设备运行规程、安全操作规程、设备维护保养规程，并按设计运行模式制定操作方案。

（2）联供系统应根据燃气价格、电力价格和用户使用规律，及时调整系统运行方式。

（3）运行维护人员必须经过培训，并通过考核后上岗。

（4）日常管理和维护应对汽水系统、油系统、烟气系统、燃气系统、电气系统以及通风系统、消防系统、控制系统进行巡检，并严格执行运行规程、安全操作规程、设备维护保养规程。

（5）运行维护人员必须严格执行交接班制度，填写值班日志和运行参数记录单。

（6）能源站主要运行数据应长期保存。

（7）运行维护人员应定时进行现场巡检，检测运行设备状态偏差，及时排除隐患。

（8）运行管理及维护工作应有完整翔实的记录。

14.12.2　系统启动和停机

（1）联供系统应按设计的运行模式启动和停机。

（2）启动和停机操作程序应严格执行设备运行规程和设备厂商的要求。

（3）供配电系统应有保证发电机组启、停时系统正常供电的安全措施。

（4）联供系统启动前应对汽水系统、油系统、烟气系统、燃气系统、电气系统、通风系统、控制系统等进行检查。

（5）联供系统应按照下列顺序启动：通风系统、汽水系统、燃气系统、发电机组。停机顺序与此相反，且汽水系统和通风系统应延时停机。

（6）用气设备长时间停止运行时，应关断燃气阀门。

（7）作为备用电源的发电机组停止运行时，发电机组启动装置、润滑油预热装置、通风设备不应间断供电。

14.12.3　检验与维修

（1）联供系统的主要设备应根据设备厂商要求定期进行检验与维修。发电机组、吸收式冷（温）水机宜由设备厂商负责检修。

（2）联供系统主要设备的保护装置、配电系统的开关及其保护装置、自动调节阀等重要部件应定期检验。

（3）燃气浓度报警系统的检验每年不应少于一次。

（4）所有测量仪表应按规定按期校验。

14.13 关于发展天然气分布式能源的指导意见

关于发展天然气分布式能源的指导意见

（发改能源〔2011〕2196号）

各省、自治区、直辖市及计划单列市、副省级省会城市，新疆生产建设兵团发展改革委、能源局、财政厅（局）、住房城乡建设厅（局），国务院有关部门、直属机构，有关中央企业：

为提高能源利用效率，促进结构调整和节能减排，推动天然气分布式能源有序发展，现提出如下指导意见：

一、发展天然气分布式能源的重要意义

天然气分布式能源是指利用天然气为燃料，通过冷热电三联供等方式实现能源的梯级利用，综合能源利用效率在70%以上，并在负荷中心就近实现能源供应的现代能源供应方式，是天然气高效利用的重要方式。与传统集中式供能方式相比，天然气分布式能源具有能效高、清洁环保、安全性好、削峰填谷、经济效益好等优点。

天然气分布式能源在国际上发展迅速，但我国天然气分布式能源尚处于起步阶段。推动天然气分布式能源，具有重要的现实意义和战略意义。天然气分布式能源节能减排效果明显，可以优化天然气利用，并能发挥对电网和天然气管网的双重削峰填谷作用，增加能源供应安全性。目前，我国天然气供应日趋增加，智能电网建设步伐加快，专业化服务公司方兴未艾，天然气分布式能源在我国已具备大规模发展的条件。

二、指导思想和目标

（一）指导思想。

以提高能源综合利用效率为首要目标，以实现节能减排任务为工作抓手，重点在能源负荷中心建设区域分布式能源系统和楼宇分布式能源系统。包括城市工业园区、旅游集中服务区、生态园区、大型商业设施等，在条件具备的地方结合太阳能、风能、地源热泵等可再生能源进行综合利用。

（二）基本原则。

一是统筹兼顾，科学发展：统筹天然气资源、能源需求、环境保护和经济效益，科学制订发展规划，确保天然气分布式能源健康、有序发展。

二是因地制宜，规范发展：合理选择建设规模，优化系统配置，原则上天然气分布式能源全年综合利用效率应高于70%，在低压配电网就近供应电力。发挥天然气分布式能源的优势，兼顾天然气和电力需求削峰填谷。

三是先行试点，逐步推广：在经济发达、能源品质要求高的地区（包括国家规划设立的生态经济区等）或天然气资源地鼓励采用热电冷联产技术，建立示范工程，通过示范工程积累经验，为大规模推广奠定基础。

四是体制创新，科技支撑：创新天然气分布式能源政策环境和机制，鼓励多种主体参与；加强技术研发，推动产学研结合，推动技术进步和装备制备能力升级。

（三）主要任务和目标。

主要任务：“十二五”初期启动一批天然气分布式能源示范项目，“十二五”期间建设1000个左右天然气分布式能源项目，并拟建设10个左右各类典型特征的分布式能源示范区域。未来5～10年内在分布式能源装备核心能力和产品研制应用方面取得实质性突破。

初步形成具有自主知识产权的分布式能源装备产业体系。

目标：2015年前完成天然气分布式能源主要装备研制。通过示范工程应用，当装机规模达到500万kW，解决分布式能源系统集成，装备自主化率达到60%；当装机规模达到1000万kW，基本解决中小型、微型燃气轮机等核心装备自主制造，装备自主化率达到90%。到2020年，在全国规模以上城市推广使用分布式能源系统，装机规模达到5000万kW，初步实现分布式能源装备产业化。

三、主要政策措施

（一）加强规划指导。

国家发展改革委、国家能源局根据能源总体规划及相关专项规划，会同住房城乡建设部等有关部门研究制定天然气分布式能源专项规划。各省、区、市和重点城市发改委和能源主管部门会同住房城乡建设主管部门同时制定本地区天然气分布式能源专项规划，并与城镇燃气、供热发展规划统筹协调，确定合理供应结构，统筹安排项目建设。

（二）健全财税扶持政策。

中央财政将对天然气分布式能源发展给予适当支持，各省、区、市和重点城市可结合当地实际情况研究出台具体支持政策，给予天然气分布式能源项目一定的投资奖励或贴息。通过合同能源管理实施且符合《关于促进节能服务产业发展增值税、营业税和企业所得税政策问题的通知》（财税〔2010〕110号）要求的天然气分布式能源项目，可享受相关税收优惠政策。在确定分布式能源气价时要体现天然气分布式能源削峰填谷的特点，给予价格折让。

（三）完善并网及上网运行管理体系。

各地和电网企业应加强配电网建设，电网公司将天然气分布式能源纳入区域电网规划范畴，解决天然气分布式能源并网和上网问题。国家发展改革委、国家能源局会同有关部门、电网企业及单位研究制定天然气分布式能源电网接入、并网运行、设计等技术标准和规范；价格主管部门会同相关部门研究天然气分布式能源上网电价形成机制及运行机制等体制问题。

（四）充分发挥示范项目带动作用，坚持自主创新。

国家能源局要会同住房城乡建设部推进和指导天然气分布式能源示范项目的实施。加大国家对示范项目的支持力度，依托示范项目推动天然气分布式能源装备自主化，加大示范项目自主化考核，引导推动分布式能源装备产业化。进一步推动产、学、研、用相结合发展创新，建立有效的研制和发展机制，加强核心技术研究与验证，促进成果转化，加大分布式能源基础研究和应用研究投入，紧密跟踪世界前沿技术发展，加强交流合作，提升技术创新能力。

（五）鼓励专业化公司发展，加强科技创新和人才培养。

鼓励和引导技术咨询和工程设计单位进行技术创新，提高系统集成水平。鼓励专业化公司从事天然气分布式能源的开发、建设、经营和管理，探索适合天然气分布式能源发展的商业运作模式。加强专业化人员培训和国际交流。

国家发展改革委
财政部
住房和城乡建设部
国家能源局
二〇一一年十月九日

15 太阳能热水、光伏系统施工技术

太阳能是指太阳的热辐射能，主要表现就是太阳光线，一般用作发电或者为热水器提供能源。在化石燃料日趋减少的情况下，太阳能已成为人类使用能源的重要组成部分，并不断得到发展。太阳能的利用有光热转换和光电转换两种方式，太阳能发电是一种新兴的可再生能源。

15.1 太阳能热水系统加热循环系统工作原理

太阳能热水系统以加热循环方式不同可分为：自然循环太阳能热水系统、强制循环太阳能热水系统和直流式太阳能热水系统等三种。

15.1.1 自然循环太阳能热水系统

自然循环太阳能热水系统是指利用太阳能使传热工质在集热器与储水箱（或换热器）之间自然循环加热的系统。自然循环太阳能热水系统是依靠集热器和储水箱中的传热工质温度差引起密度差导致的重力压头作用，使水在系统中循环，将集热器收集的能量通过加热水，不断储存在储水箱内。系统运行过程中，集热器内的工质接受太阳辐射能，温度升高，密度降低，加热后的工质在集热器内逐步上升，从集热器的上循环管进入储水箱的上部；与此同时，储水箱底部的冷水由下循环管流入集热器的底部；这样经过一段时间的循环加热，储水箱的水温逐步升高，直至整个水箱的水都达到可使用的温度。自然循环太阳热水系统主要适用于家用太阳能集热器和中小型太阳能集热系统。

下面介绍几种常见的自然循环太阳热水系统工作原理：

1. 落水使用的系统（图 15-1）

在白天太阳能加热期间，由于水箱内的水温达不到使用温度，所以不能使用。储热水箱上部水温高，下部水温低，若水箱下部水温未达到使用温度，则使用热水时，需将下部未达到温度的温水放掉，才能用上部达到温度的热水，因此存在能量和水资源的浪费问题。

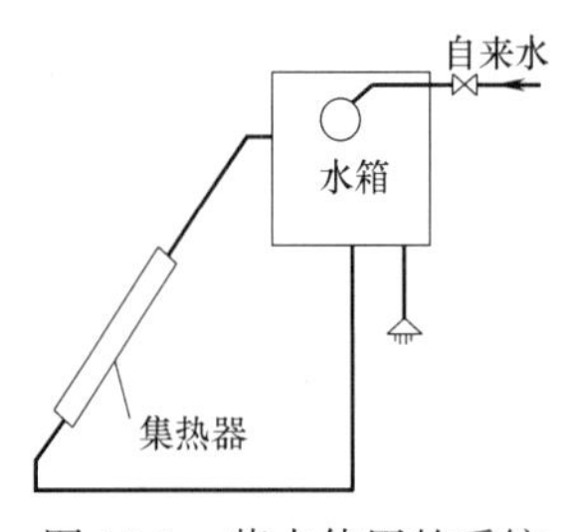

图 15-1 落水使用的系统

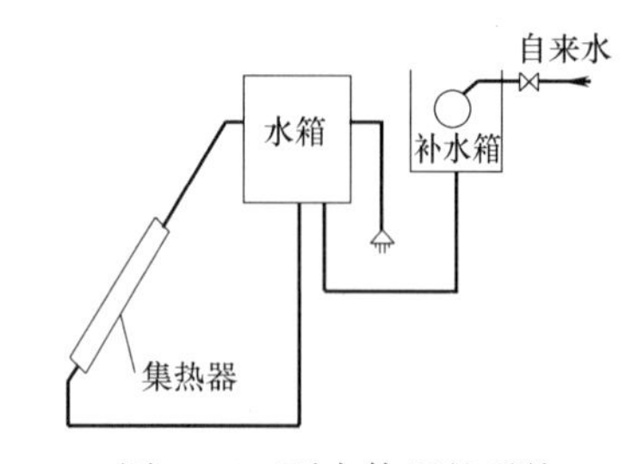

图 15-2 顶水使用的系统

2. 顶水使用的系统（图 15-2）

冷水从水箱下部进入水箱，将热水从上部顶出，避免了落水系统的缺点，可以随时使用热水，而且冷水上水也是自动完成，因此管理也很方便。如果没有冷水，就无法将热水顶出，存在冷热水混水问题，造成热水使用率下降。

3. 定温放水形式的自然循环系统（图 15-3）

当循环水箱上部水温达到设定温度时，热水出水管上的电磁阀自动打开，热水自动流入另外一个储热水箱，同时，冷水自动补入循环水箱下部。当循环水箱上部水温低于设定温度时，电磁阀自动关闭。这种系统必须解决储热水箱水满溢流的问题。

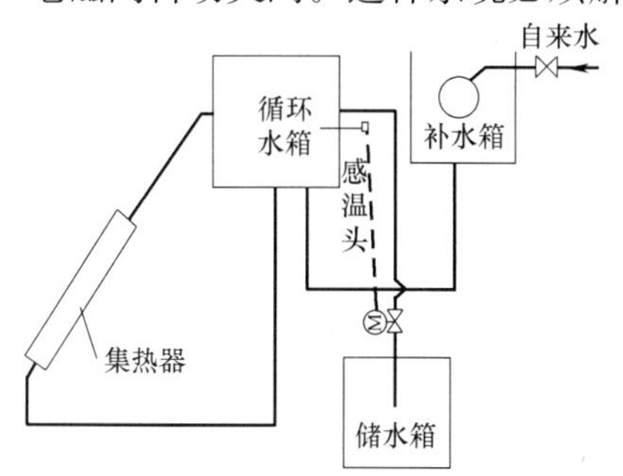

图 15-3　定温放水形式的自然循环系统

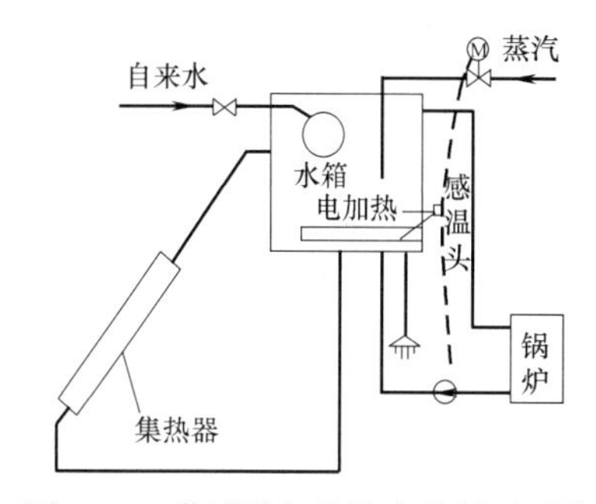

图 15-4　带辅助加热的自然循环系统

4. 带辅助加热的自然循环系统（图 15-4）

当阴雨天或太阳能不足时，用辅助能源将水箱内的水加热到所需温度。辅助能源系统可以用电加热，也可以用蒸汽加热，还可以用燃油（气）锅炉加热。带辅助加热的自然循环系统，可以解决仅靠太阳能加热存在的热水供应受天气影响的问题，达到天天有热水供应的目的。

15.1.2　强制循环太阳能热水系统

强制循环太阳能热水系统是利用机械设备等外部动力迫使传热工质通过集热器或换热器进行循环的热水系统。强制循环太阳能热水系统使循环动力大大加强，有利于提高热效率，实现热水系统的多种功能及控制，是目前应用较广泛的一种热水系统形式，这种系统是在集热器和储水箱之间管路上设置水泵，作为系统水的循环动力；与此同时，集热器的有用能量收益通过加热水，不断储存在储水箱内。系统中设有控制装置，根据集热器出口与贮水箱之间的温差控制水泵运转。在水泵入口处，装止回阀，防止夜间系统中发生水倒流而引起热损失。该系统在运行过程中，循环泵的启动和关闭必须要有控制，否则既浪费电能又损失热能。

温差控制是利用集热器出口水温和储水箱底部水温之间的温度差来控制循环水泵的运行。比如：早晨日出后，集热器内的水受太阳辐射能加热，温度逐步升高，一旦集热器出口水温和贮水箱底部水温之间的温差达到设定值（一般 8～10℃）时，温差控制器给出信号，启动循环泵，系统开始运行；遇到云遮日或下午日落前，太阳辐照度降低，集热器温度逐步下降，一旦集热器出口处水温和贮水箱底部水温之间的温差达到另一设定值（一般 3～4℃）时，温差控制器给出信号，关闭循环泵，系统停止运行。

温差可以根据季节不同设定不同的温度范围，当温差达到设定温度时，循环水泵启动将集热器内的热水导入水箱之中，将水箱内的水逐渐加热。当温差低于设定温度时，循环水泵停止运转。这是一个反复循环的过程，直到将水箱内水加热到可使用。

下面介绍几种常见的强制循环太阳能热水系统工作原理：

1. 普通的强制循环太阳能热水系统（图 15-5）

系统的循环水泵可以选用温差/光照/定时任一控制器控制。温差控制是最合理的循环方式，近年来被较多地采用；光照控制常用于需要大流量的游泳池太阳能加热和太阳能温水养殖系统；定时控制用于比较简易的系统。

2. 定温循环系统（图 15-6）

采用定温循环和顶水用水方式，可以使系统实现随时使用热水。循环水泵受温控器控制。当集热器的出口温度达到设定温度时，循环水泵自动启动，水箱下部的冷水进入集热器，同时将集热器内达到设定温度的热水顶入储热水箱上部。存在当储热水箱内的水温全部达到温控仪设定水温时，循环水泵将一直循环的问题。

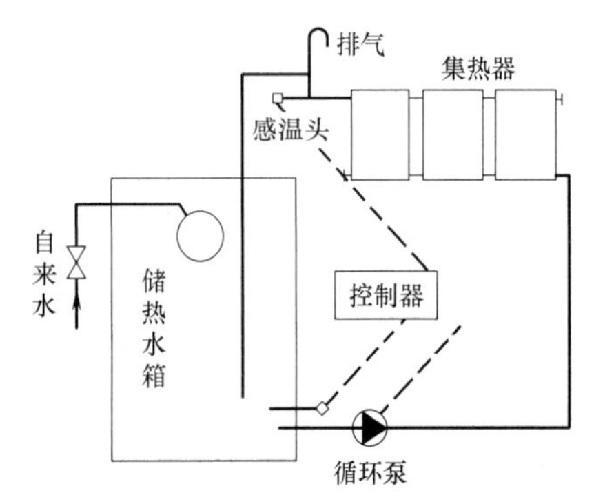

图 15-5 普通的强制循环太阳能热水系统

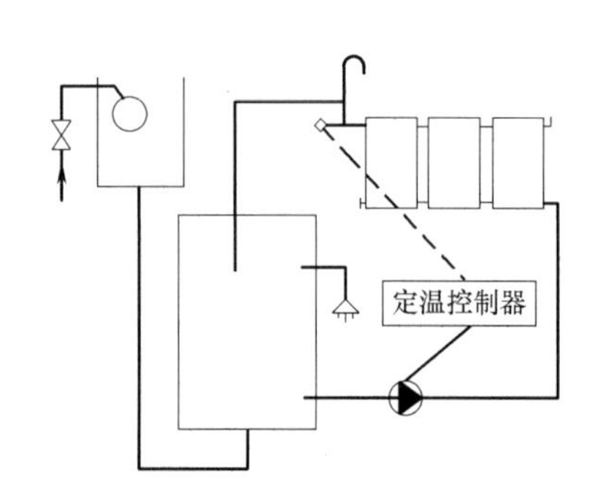

图 15-6 定温循环系统

3. 太阳能承压/水箱常压间接系统（图 15-7）

这类系统适合于高寒地区全年使用的大规模平板太阳热水系统。太阳能加热的一次回路采用防冻液作为循环介质，解决了一次回路循环系统防冻和防垢的问题。热水供应为开路系统的间接换热强制循环系统。

4. 太阳能承压/水箱承压间接系统（图 15-8）

可用于别墅太阳能系统。太阳能加热回路采用防冻液作为循环介质，解决了一次回路循环系统防冻和防垢的问题。热水供应系统为承压系统，利用自来水的压力将水箱中的热水自动顶出，实现了“开阀门用水，关阀门走人”的傻瓜化管理。

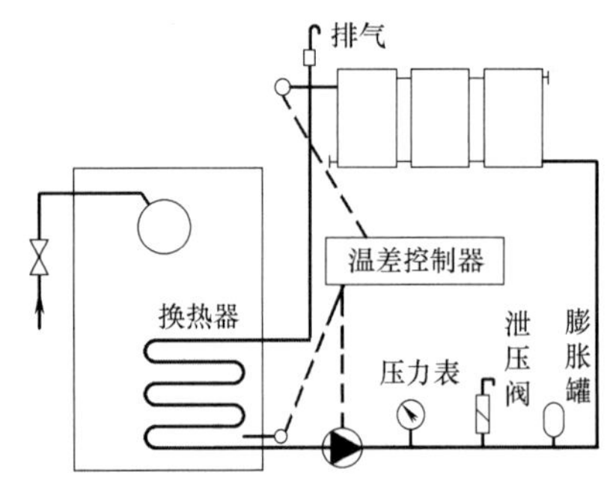

图 15-7 太阳能承压/水箱常压间接系统

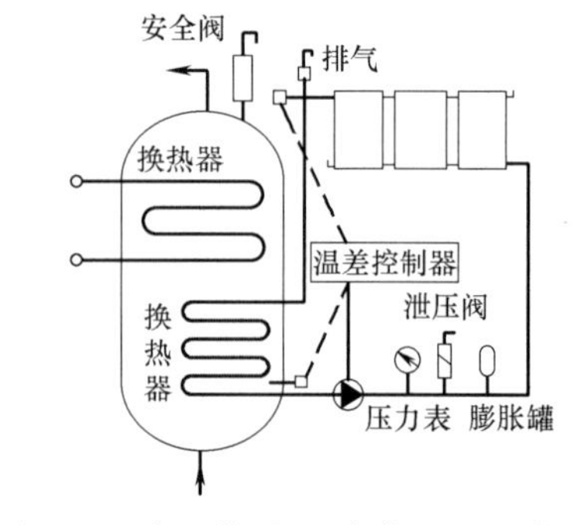

图 15-8 太阳能承压/水箱承压间接系统

15.1.3 直流式太阳能热水系统

直流式太阳能热水系统是利用控制器使工质在自来水压力或其他附加动力的作用下，直接流过集热器加热的系统。此种系统可以使水一次通过集热器就被加热到所需的温度，被加热的热水陆续进入贮水箱中。为了得到温度符合用户要求的热水，通常采用定温放水型直流式太阳热水系统。

直流式太阳能热水系统集热器内的水受太阳辐射加热后，温度逐步升高；在集热器出口处安装测温元件，通过温度控制器，控制安装在集热器进口管理上电动阀的开度，根据集热器出口温度来调节集热器进口水流量，使出口水温始终保持恒定（设定温度）。这种系统不用补给水箱，补给水管直接与自来水管连接。

下面介绍几种常见的强制循环太阳能热水系统工作原理：

1. 单一直流式定温系统（图 15-9）

当集热器内的水温达到设定温度时，电磁阀打开，冷水进入集热器，并将达到设定温度的热水顶入储热水箱。单一的直流式定温放水太阳能热水系统存在储热水箱水满溢流的问题，水满时必须将冷水关闭，以防止储热水箱溢流。

2. 定温/温差循环系统（图 15-10）

该系统不仅解决了储热水箱水满溢流的问题，还充分利用了太阳能。

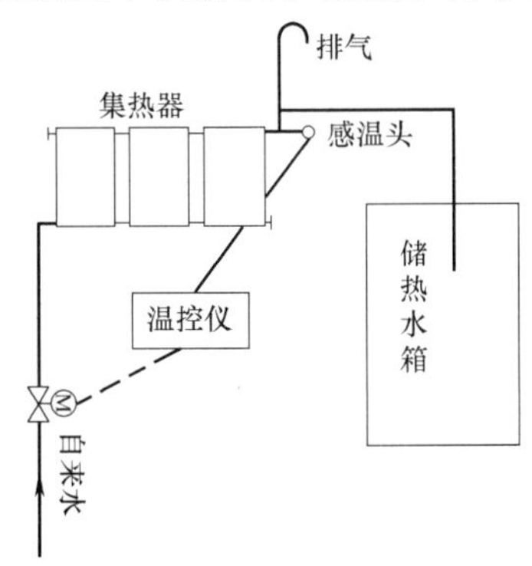

图 15-9　单一直流式定温系统

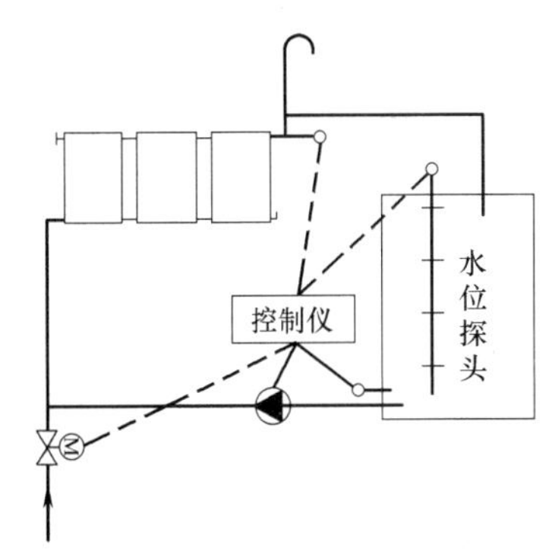

图 15-10　定温/温差循环系统

3. 辅助加热定温/温差循环系统（图 15-11）

当太阳能不足时，用辅助能源补充加热，确保全天 24h 热水供应。广泛用于宾馆、饭店等要求 24h 供热水的单位。

4. 程序控制的全自动供水系统（图 15-12）

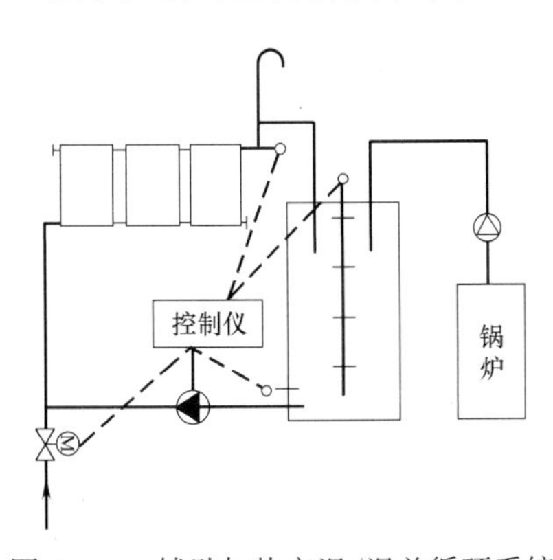

图 15-11　辅助加热定温/温差循环系统

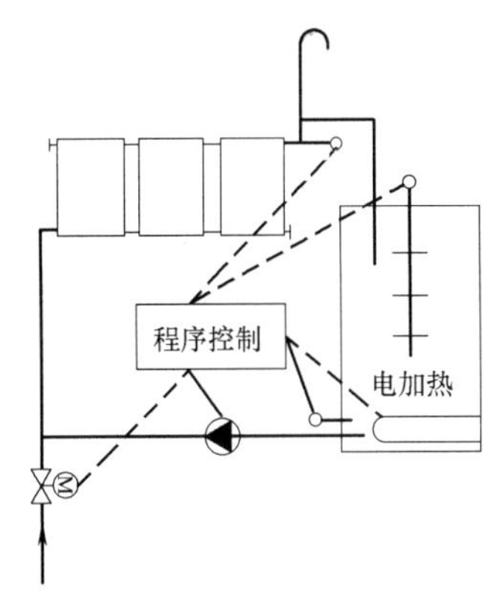

图 15-12　程序控制的全自动供水系统

该方式为未来的发展方向，近年来已被广泛采用。系统可根据集热器的水温、水箱水温、水位、管路水温等信号，依照事先设计好的程序，实现定温、满水位温差循环、太阳能不足辅助加热、低水位保护、任意时间自动控制等功能，并可远传、监视等。

15.2 太阳能热水系统施工准备

在安装太阳能热水系统时，不应破坏建筑物的结构和削弱建筑物在寿命期内承受任何荷载的能力，不应破坏屋面防水层和建筑物的附属设施。用于太阳能热水系统安装的产品、配件、材料应质量合格，并有质量证明文件。系统安装后应能满足避雷等设计要求，确保系统的安全性。

太阳能热水系统安装前应具备下列条件：

设计文件齐备，且已审查通过；施工组织设计及施工方案已经批准；现场水、电、场地、道路等条件能满足正常施工需要；预留基础、孔洞、设施符合设计图纸要求，并已验收合格。

15.3 太阳能热水系统设备施工

15.3.1 太阳能集热器安装

1. 施工定位

太阳能集热器应按照设计要求的方位安装，并使用指南针来确定方位、坡向。

2. 基础施工

对于安装在平屋面上的太阳热水系统，通常适宜将集热器安装在集热器基础上，集热器基础的施工方法简单成熟，与屋顶风机、空调室外机基础的施工方法类似。集热器基础施工时，除了按照设计要求保证基础的强度外，突出屋面的基础收头、防水处理显得尤为重要，而集热器基础的防水处理又因屋面防水做法的不同略有不同，如卷材防水屋面、涂膜防水屋面和刚性防水屋面等集热器基础防水做法。

3. 管道穿屋面做法

我国大多数太阳能热水系统安装在屋面，太阳能集热系统的管道一般要穿过屋面，管道穿屋面处的防水为重点控制环节。卷材防水屋面：伸出屋面管道根部的防水构造为管道根部周围的找平层做成圆锥台。圆锥台的高为300mm，以30%找坡，亦即圆锥台应延伸至管外径100mm的范围内，圆锥台与管壁四周留20mm×20mm的凹槽，槽内嵌填密封材料。

4. 太阳能集热器支架安装

太阳能热水系统的支架应按图纸要求制作，达到整体协调、美观。支架应采用螺栓或焊接固定在基础上，并应确保强度可靠、稳定性好。为确保自然循环、泄水及防冻回流等需要，设计时有坡度要求的支架应按设计要求安装。热水系统如采用建在楼顶防水层上的基础时，支架可摆放在基础之上，然后把各排支架用角钢等材料联结在一起并与建筑物相连，提高抗风能力。

5. 集热器安装要求

混凝土基础表面要平整，各立柱支腿基础标高在同一水平高度上，高度允差±20mm，分角中心距误差±2mm。支架立柱脚与基础预埋钢板直接连接或地脚螺栓连接。安装时要找正找平，支架要稳定牢固。支架的各连接部位的连接件均应采用热镀锌或是不锈钢螺栓。相同部位连接件的坚固程度要一致。

15.3.2　贮水箱安装

1. 一般要求

贮水箱安装位置应符合设计要求，与底座固定牢靠。用于制作贮水箱的材质、规格应符合设计要求，水箱制作应符合相关标准。钢板焊接的储水箱，水箱内外壁应按设计要求做防腐处理，内壁防腐涂料应卫生、无毒，能耐受所贮存热水的最高温度。

2. 开式（非承压）水箱安装

开式（非承压）水箱其外形可分为方形、矩形和圆形。按水箱的材料不同，常用的有：玻璃钢水箱、搪瓷钢板水箱、镀锌钢板水箱、复合钢板水箱及不锈钢板水箱等。给水水箱，一般设有进水管、出水管、溢流管、泄水管、通气管、液位计、人孔等附件。安装水箱的支座已按设计图纸要求制作完成，支座的尺寸、位置和标高经检查符合要求。当采用混凝土支座时，应检查其强度是否达到安装要求的60%以上，支座表面应平整、清洁；当采用型钢支座和方垫木时，按要求已做好刷漆和防腐处理。水箱材料进场时已进行检查验收，符合设计要求。

水箱一般由生产单位在施工现场进行组装而成，生产厂根据水箱容积和规格尺寸，出厂前已将箱体的板块下料完毕，随同其他附件和零件等运到工地。水箱组装前，应在水箱支座上按水箱的尺寸画上定位线。水箱安装时，应用水平尺和垂线随时检查水箱的水平和垂直程度。水箱组装完毕，其允许偏差：坐标为15mm；标高为±5mm；垂直度为5mm/m。水箱安装完毕，按设计要求的接管位置在水箱上进行管道接口，并装上带法兰的短节接头或管箍。然后按设计要求安装水箱内外人梯等附件。

水箱安装完毕应进行满水试验。试验方法：关闭出水管和泄水管阀门，打开进水管阀门放水，边放水边检查，放满水为止，静置24h观察，不渗漏为合格。

水箱的保温应按设计要求的保温材料及厚度进行。当设计无具体材质要求时，可采用聚氨酯泡沫塑料、闭孔橡塑海绵、聚苯乙烯、超细玻璃棉、岩棉及复合硅酸盐毡、珍珠岩等。保温层表面应平整，封口应严密，无空鼓及松动现象。

闭式（承压）水箱的安装参照“容积式换热器安装”的相关内容。

15.3.3　其他能源水加热设备（辅助热源设备）安装

1. 一般规定

电热管直接辅助加热系统的安装应符合《建筑电气工程施工质量验收规范》GB 50303的相关要求，家用太阳能热水器的电辅助热源符合《家用太阳能热水器电辅助热源》NY/T 513的要求。

2. 容积式换热器安装

（1）容积式换热器安装前的准备工作：

换热器进场后应进行本体水压试验，试验压力应为1.5倍的工作压力。蒸汽部分应不低于蒸汽压力加 0.3MPa；热水部分应不低于 0.4MPa。在试验压力下 10min 内压力不下降、不渗漏为合格；施工安装单位应按设备基础设计图预制混凝土基础，一般采用 C15 素混凝土，并需要预埋地脚螺栓，在安装前再在支座表面抹 M10 水泥砂浆找平，待基础强度达到要求后再进行设备安装。

(2) 容积式换热器的安装要求：

太阳热水供应系统使用的换热器一般均为整体式安装，即换热器由生产厂家整体运输进场的，施工安装单位组织检查验收后临时存放在现场。当需要安装时，还应进行复查，检查无损伤后方可组织安装。容积式换热器的附件安装包括换热器的安全阀、压力表、温度计及设计要求安装的温度控制器等附件安装。

(3) 安全阀的安装要求：

安装前必须核对安全阀上的铭牌参数和标记是否符合设计文件的规定。安全阀安装前须到规定检测部门进行测试定压；安全阀必须垂直安装，其排出口应设排泄管，将排泄的热水引至安全地点；安全阀的压力必须与热交换器的最高工作压力相适应，其开启压力一般为热水系统工作压力的 1.1 倍；安全阀的安装应符合劳动人事部《压力容器监察规程》的规定，并经有相关资质的第三方试验调试合格后才能使用；安全阀开启压力、排放压力和回座压力调整好后，应进行铅封，以防止随意改动调整好的状态，并做好调试记录。

(4) 温度控制器（阀）安装要求：

温度控制器（阀）的进出口方向应与被调热源流向一致；温包应全部浸没在被调介质中，并水平或倾斜向下安装；导压管的最小弯曲半径不小于 75mm，最大长度 3000mm，并确保导压管在自然状态下，以防折断。

3. 容积式换热设备的防腐

换热设备和与其连接的管道防腐要求由设计确定，对防腐涂料的品种、颜色、涂刷层数等应符合设计要求。当设计对涂料种类及层数无规定时，可按以下建议采用：对于明装无保温的管道和换热设备的支座（架），涂一遍防锈漆，两遍面漆；有保温的换热设备及其连接的管道，应涂两遍防锈漆后再进行保温。

4. 容积式换热设备的保温

换热设备及与其连接的管道保温要求应由设计文件确定。保温材料的名称、主要技术参数、厚度及保护层的材料名称、规格、做法和颜色等均应符合设计要求。

换热设备保温的质量标准：保温材料、厚度、保护壳等应符合设计规定；保温层表面平整，做法正确，封口严密，无空鼓及松动。

15.3.4 太阳能热水系统的管路及附件安装

1. 热水管道施工安装前的准备

施工图纸及其他技术文件齐全，并经会审，设计交底已经完成；编制的施工组织设计（或施工方案）经技术主管部门审批通过，并向有关施工管理人员和班组长进行了书面及口头的技术交底；管道安装部位的土建施工应能满足管道安装要求，并有明显的建筑轴线和标高控制线，墙面抹灰已完成；安装使用的管材及管件等材料已按计划组织进场，并按设计选用的材质、规格、型号等要求进行了检查验收；施工现场的用水、用电和材料存放库房等条件能满足安装要求，施工机具已备齐；施工安装人员经过技术培训，能熟悉所选用的管材和管件的性能，并掌握安装操作技能。

2. 干管安装

室内热水管道的安装顺序，先大管后小管，先立管后支管。

架空干管安装：架空干管有两种，一种是敷设在地坪（±0.00）以下的架空干管，是从热水引入管（进户管）穿过地下室外墙处进入室内的水平干管；另一种是敷设在地坪（±0.00）以上的架空干管，通常是指敷设在高层建筑顶层或其他楼层内的水平干管。这两种架空干管的安装方法和要求是相同的，管道是明装还是暗装，应由设计施工图确定。

架空干管的安装，首先应根据施工草图确定的干管位置、标高、管径、坡度、管段长度、阀门位置等和土建给出的建筑轴线、标高控制线，准确地确定管道支架的安装位置（预埋支架铁件的除外），在应栽支架的部位画出大于孔径的十字线，然后打洞栽埋支架或采用膨胀螺栓固定管支架。其次还应核查各分支口的位置方向，同时将各分支口堵好，防止泥砂进入管内，最后将管道固定牢。

3. 立管安装

立管安装，首先应根据设计图纸要求确定横支管的高度，在土建墙面上画出横线；再用线坠吊在立管的中心位置上，在墙上画出垂直线，并根据立管卡的高度在垂直线上确定出立管卡的位置并画好横线，然后再根据其交叉点打洞栽卡。铝塑复合管的立管卡应采用管材生产企业配套的产品；立管卡的安装，当楼层高度小于或等于 5m 时，每层须设 1 个；当楼层高度大于 5m 时，每层不少于 2 个；管卡的安装高度，应距地 1.5～1.8m；2 个以上管卡应均匀安装，同一房间管卡应安装在同一高度上。

4. 管道试验要求

热水管道安装完毕应进行强度和严密性试验、管道冲洗和通水试验。

5. 热水管道及附件安装要点

由于热水供应系统在升温和运行过程中会析出气体，因此安装管道应注意坡度，热水横管应有不小于 0.003 的坡度，以利于放气和排水；在上行下给式系统供水的最高点应设排气装置；下行上给式系统，可利用最高层的热水龙头放气；管道系统的泄水可利用最低层的热水龙头或在立管下端设置泄水丝堵；热水管道应尽量利用自然弯补偿热伸缩，直线管段过长应设置补偿器。补偿器的形式、规格和位置应符合设计要求，并按有关规定进行预拉伸。一般采用波纹管补偿器。

15.3.5 水泵安装

1. 安装前的检查

水泵机组进场时，应进行检查验收。水泵的开箱检查，应按设备技术文件的规定清点泵的零件和部件，并应无缺件、损坏和锈蚀等；管口保护物和堵盖应完好；应核对泵的型号、规格和主要安装尺寸，并应与工程设计相符；应具有产品出厂合格证；水泵机组就位前，安装单位应会同土建工种检查水泵基础混凝土的强度、尺寸、坐标、标高和预留螺孔位置等是否符合设计要求，检查验收合格后方能进行安装。

2. 水泵安装

太阳热水系统中一般有集热系统循环泵、生活热水泵和给水水泵，一般采用离心式清水泵，有立式和卧式之分。

（1）整体水泵的安装要求：

整体水泵的安装必须在水泵基础混凝土达到设计强度和基础混凝土坐标、标高、尺寸符合设计规定的情况下进行。在水泵基础面和水泵底座面上划出水泵中心线，然后将整体的水泵吊装在基础上，套上地脚螺栓和螺母，调整底座位置，使底座上的中心线与基础上的中心线重合一致。再在水泵的进出口中心和轴的中心分别用线坠吊垂线，移动水泵，使线锤尖和基础表面的纵横中心线相交；把水平尺放在水泵轴上测量轴向水平，调整水泵的轴向位置，使水平尺气泡居中，误差不超过0.1mm/m，然后把水平尺平行靠在水泵进出口法兰的垂直面上，测其径向水平。当水泵找正找平后，方可向地脚螺栓孔和基础与水泵底座之间的空隙内浇筑混凝土，待凝固后再拧紧地脚螺母，并对水泵的位置和水平进行复查，以防止二次灌浆或拧紧螺母时使水泵发生移动。

（2）水泵进出口管道安装要求：

水泵进出口管道安装应从水泵开始向外安装，不可将固定好的管道与水泵强行组合。水泵配管及其附件的质量不得加在水泵上；管道与泵连接后，不应再在其上进行焊接和气割，如需焊接或气割时，应拆下管段或采取可靠的措施，防止焊渣进入泵内和损坏泵的零件。水泵与阀门连接处，应安装橡胶可曲挠接头；吸水（进水）管道的安装，应有不小于0.005的坡度坡向吸水池，其连接变径时应采用偏心异径管，且要求管顶相平，以避免存气；水泵进出口管道安装的各种阀门和压力表等，其规格、型号应符合设计要求，安装位置正确，动作灵活，严密不漏；管道上的压力表等仪表接点的开孔和焊接应在管道安装前进行。

（3）水泵隔振及安装要求：

当设计有隔振要求时，水泵应配有隔振设施，即在水泵基座下安装橡胶隔振垫或隔振器和在水泵进出口处管道上安装可曲挠橡胶接头。

（4）橡胶隔振垫和隔振器的安装要点：

目前常用的隔振垫为SD型，常用的隔振器为JSD型，均为定型产品，安装使用的型号应符合设计要求。卧式水泵一般采用橡胶隔振垫；立式水泵一般采用隔振器；隔振件应按水泵机组的中轴线作对称布置；隔振垫和隔振器的选择需根据泵体的质量确定。

（5）可曲挠橡胶接头的安装要点：

用于生活给水泵进出口管道上的可曲挠橡胶接头，其材质应符合饮用水质标准的卫生要求安装在水泵出口管道的可曲挠接头配件，其压力等级应与水泵工作压力相匹配；安装在水泵进出口管道上的可曲挠橡胶接头，必须设置在阀门和止回阀的内侧靠近水泵一侧，以防止接头不被因水泵突然停泵时产生的水锤压力所破坏；可曲挠橡胶接头应在不受力的自然状态下进行安装，严禁处于极限偏差状态。

15.3.6 板式换热器安装

换热器安装之前，首先对安装基础的标高、定位中心线、地脚螺栓尺寸进行核对，对换热器铭牌、管口方位进行全面检查，换热器出厂之前已充氮进行保护，在配管之前，不得打开法兰盲板。

15.3.7 控制系统安装

1. 一般要求

控制系统施工中要严格遵照国家、行业和地方有关智能建筑工程质量验收规范的要求。

施工中按先“预埋、预留”“先暗后明”“先主体后设备”的原则，具体实施按以下顺序进行：装修内隐蔽的管预埋、盒预埋→桥架、明配管支吊架制作安装→桥架、明配管安装→设备支吊架制作安装→线路敷设→设备安装→校接线→单体调试→系统调试→试运行→运行、竣工验收。

2. 主要施工内容和方法

（1）配管施工要求：

施工前，应根据施工图按线路短、弯曲少的原则确定线路，测量定位。暗配管、盒、铁件在现有工作面上剔槽安装，管路保护层不小于15mm。管弯曲时应注意曲率半径符合规范要求。明配管的支架间距不大于2m，间距均匀，距盒间距一般不大于200mm。

（2）桥架施工要求：

按设计要求定位划线，确定桥架走向，固定桥架支架。支架间距自桥架末端和拐弯点500mm，然后间距在1.5～2m间平均分配。接地必须符合设计及规范要求，桥架连接处内外均须有连接片，螺栓丝头端朝外，桥架与支架固定。桥架不变形，盖扣齐全完好，弯曲处符合线路敷设要求。

（3）线路敷设要求：

管内、桥架内线路敷设除执行现有的规范外，还应就其特点注意以下几个方面：牵引时拉力的大小；不能有硬弯、死结；线缆、光纤的弯曲半径；不同频率、电压线路间避免干扰；线缆的预留长度要适宜；做好敷设完线路的成品保护；因线路不允许做接头，布放前必须测量单根长度，合理使用原材料，避免浪费。

（4）设备安装要求：

管理间设备安装，在土建湿作业及内粉刷作业完工，门窗安装完的情况下开始安装。机柜安装执行开关箱安装的有关标准，内部安装接线必须符合设计及规范要求，符合工业标准和行业标准。安装完的设备必须做好成品保护。

（5）调试准备及调试要求：

校线→接线→线路连接测试→单体调试→系统调试。校对好所敷线缆的规格型号、路由路径、位置，编好线路端头号码，按设计要求连接好，再进行系统线路的测试，最后进行调试。

3. 控制系统主要输入装置安装要求

在太阳能热水系统中，温度变送器主要用于冷热水管内的介质温度，水管温度变送器通常为插入式。温度变送器通常用pt100、pt1000铂电阻、热敏电阻或热电偶作为传感元件，变送器将其电阻值或感应电动势随温度变化的信号，经电路转换、放大和线性化处理后，以0～10VDC、2～10VDC电压，4～20mA电流的形式输出表征其测量对象的物理量。

在太阳热水控制系统中，水管介质温度范围在0～100℃，温度变送器的出线，电压型输出为三线制，即电压、信号和信号地；电流型输出为二线制，即电源和信号。

水管温度变送器应在工艺管道预制与安装时同时进行；水管温度变送器的开孔与焊接工作，必须在工艺管道的防腐、管内清扫和压力试验前进行；水管温度变送器的安装位置应在介质温度变化灵敏和具有代表性的地方。

（1）压力、压差变送器的安装要点：

选择压力测点（取样口）位置的原则是：对于液体，测点应在工艺管道的下部。

压力测点应选择在管道或风道的直管段上，不应设在有涡流或流动死角的地方，应避开各种局部阻力，如阀门、弯头、分叉管和其他突出物（如温度变送器套管等）。测量容器内介质的压力时，压力测点应选择在容器内介质平稳而无涡流的地方。

（2）水流开关的安装要点：

水流开关的安装，应在工艺管道预制、安装的同时进行。水流开关的开孔与焊接工作，必须在工艺管道的防腐、清扫和压力试验前进行。

（3）流量计安装要求：

在太阳能热水控制系统中，需要测量各种介质（防冻液、水等）的流量和计算介质总量，以达到控制、管理和节能的目的。流量测量是过程控制和经济核算的重要参数。流量测量的方法很多，其测量原理和所应用的传感器结构各不相同，在供热控制系统中使用较多的是涡街流量计、电磁流量计、差压式流量计、涡轮流量计及超声波流量计等。

4. 控制系统主要输出装置安装要求

（1）电磁阀安装要点：

电磁阀阀体上的箭头的指向应与水流和气流的方向一致；电磁阀的口径与管道通径不一致时，应采用渐缩管件，同时电磁阀口径一般不应低于管道口径两个等级；有阀位指示装置的电动阀，阀位指示装置应面向便于观察的位置；电磁阀安装前应按照使用说明书的规定检查线圈与阀体间的电阻；如条件许可，电磁阀在安装前宜进行模拟动作和试压试验；电磁阀一般安装在回水管路上。

（2）电动调节阀安装要点：

电动阀阀体上的箭头的指向应与水流和气流方向一致；电动阀的口径与管道通径不一致时，应采用渐缩管件；同时电动阀口径一般不低于管道口径两个等级并满足设计要求；电动阀执行机构应固定牢固，手动操作机构应处于便于操作的位置；电动阀应垂直安装于水平管道上，尤其是大口径电动阀不能有倾斜；有阀位指示装置的电动阀，阀位指示装置应面向便于观察的位置；安装于室外的电动阀应适当加防晒、防雨措施；电动阀在安装前宜进行模拟动作和试压试验。

5. 现场控制柜的安装

工作站设备包括 PC 机或工业控制机、打印机、UPS 电源、系统模拟显示屏等。

控制网络设备包括各类通信接口设备、网络控制器、网关、集线器、中继器等其他通信设备。控制柜：由各类控制器、输入输出模块或输入输出控制模块、电源及接线端子排组成，其安装要求如下：

现场控制柜的安装位置要尽可能远离输水管道，以免管道、阀门跑水，使控制柜受到损坏；在潮湿、有蒸汽的场所，应采取防潮、防结露的措施；现场控制柜要离电机、大电流母线及电缆 1.5m 以上，以减少电磁干扰。在无法满足要求时，应采取可靠的屏蔽和接地措施；现场控制柜一般选用壁挂式结构，当选用落地柜式结构时，柜前操作净距不小于 1.5m；控制柜的金属框架及基础型钢（落地柜式安装）必须接地（PE）可靠，装有电器的可开启门，门和框架的接地端子间应用裸编织铜线连接，且有标识；控制柜与基础型钢使用镀锌螺栓连接，且防松零件齐全；控制柜的安装位置准确、部件齐全，箱体开孔与导管管径适配；端子排安装可靠，端子有序号，强电、弱电端子隔离布置，端子规格与芯线截面积匹配；控制柜内接线整齐，回路编号齐全，标识正确，编号应清晰、工整、不易脱色，编号应与线号表一致。

15.4 太阳能热水系统的节能效益监测与评估

15.4.1 监测与评估的总体原则

太阳能热水系统最重要的特点是充分利用太阳能，节约常规能源的消耗。因此对太阳能热水系统进行节能效益分析非常重要。节能效益分析是评价太阳能热水系统的一个重要方面，也是系统方案选择的重要依据。

相对于常规热水系统，太阳能热水系统在寿命期内消费的特点是初投资大而运行费用低。初投资大是因为太阳能热水系统是在常规热水系统的基础上增加了太阳集热系统，因此增加了初投资；运行费用低，则是因为充分利用太阳能提供生活热水而减少了常规能源的消耗。太阳能热水系统的节能效益分析根据评估的依据和评估的时期分为太阳能热水系统节能效益的预评估和太阳能热水系统节能效益的长期监测评估。太阳能热水系统节能效益的预评估是在系统设计完成后，根据太阳能热水系统形式，确定的集热器面积及集热器性能参数、设计的集热器倾角及给定的气象条件下在系统寿命期内进行的节能效益分析；太阳能热水系统的长期监测指的是太阳能热水系统建成投入运行后，对于系统的运行进行监测，通过对监测数据的分析，得到实际的节能效益。太阳能热水系统节能效益分析指标包括太阳能热水系统寿命期内节省费用的分析，太阳能热水系统增加初投资的回收年限，以及太阳能热水系统环保效益分析等。

15.4.2 太阳能热水系统节能效益的监测指标

太阳能保证率是系统设计的重要指标，太阳能集热系统效率是评价集热系统性能的重要指标，监测的主要目的是为了获得这两个指标。

15.5 太阳能光伏系统工作原理

白天在光照条件下，太阳能电池组件产生一定的电动势，通过组件的串并联形成太阳能电池方阵，使得方阵电压达到系统输入电压的要求。再通过充放电控制器对蓄电池进行充电，将由光能转换而来的电能贮存起来。晚上蓄电池组为逆变器提供输入电，通过逆变器的作用，将直流电转换成交流电，输送到配电柜，由配电柜的切换作用进行供电。蓄电池组的放电情况由控制器进行控制，保证蓄电池的正常使用。光伏电站系统还应有限荷保护和防雷装置，以保护系统设备的过负载运行及免遭雷击，维护系统设备的安全使用。太阳能光伏系统并网原理见图 15-13。

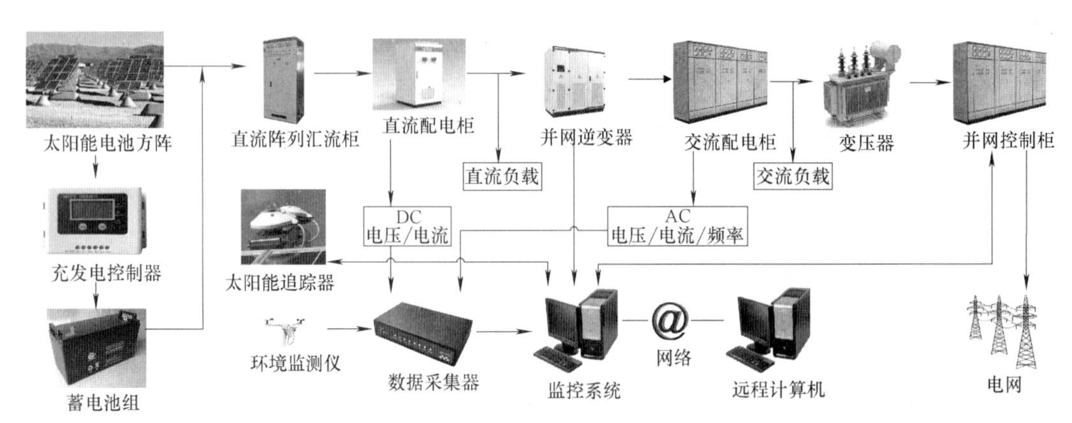

图 15-13　太阳能光伏系统并网原理

15.6　太阳能光伏系统施工准备

15.6.1　技术准备

（1）一般性准备工作：

设计文件齐备，且已通过论证、审批，并网接入系统已获有关部门批准并备案。组织项目人员认真学习、核对熟悉施工图纸，了解设计意图，配合建设单位绘制施工图大样，消除错、漏、碰、缺等问题，解决施工技术与施工工艺之间的矛盾；同时对现场进行实地测量，提取数据，细化施工图设计，将各专业提出的施工图问题汇总，会同设计进行图纸会审。

（2）施工组织设计与施工方案已经批准。编制施工组织设计要兼顾全面、突出重点，以施工图、施工规范、质量标准、操作规程作为组织施工的指导文件，完善施工组织设计和专项施工方案。

15.6.2　施工现场准备

建筑、场地、电源、道路等条件能满足正常施工需要；预留基座、预留孔洞、预埋件、预埋管和相关设施符合设计图样的要求，并已验收合格。

1. 施工临水、临电准备

根据施工情况编制临水、临电施工方案。

2. 施工平面布置

（1）根据施工总平面设计及各分阶段的布置，以充分保障阶段性的重点施工、保证进度计划的顺利实施为目的。在施工实施前，制定详细的各机械使用、进退场计划堆放、运输计划，以及各工种施工队伍进退场调整计划。同步制定以上计划的具体实施方案，严格依照标准、执行奖罚条例，实现施工平面科学、文明的管理。

（2）平面管理计划

施工平面管理的关键是科学的规划和周密详细的计划，在工程进度网络计划的基础上形成材料、机械、劳动力的进退场，垂直运输、安装等分项网络计划，充分均衡地利用平面，制定出合乎实际情况的平面管理计划，同时将该计划输入电脑，实行动态管理。

15.6.3　材料设备采购及供应计划

工程材料由甲方和乙方供应，甲方供应计划，乙方供应计划。施工安装时，项目部严格按照施工进度计划控制材料进场计划。

15.6.4 施工人员通道

根据现场的实际情况，组件安装时，土建结构已施工完毕，施工人员可通过楼层内楼梯、马道到达楼顶。

15.6.5 施工场内材料设备运输

材料运至施工现场后，采用吊车和电动葫芦进行垂直运输至楼顶平台，后经过水平运输至安装位置。

1. 后置埋件、转接件、龙骨运输

(1) 后置埋件、转接件、龙骨的垂直运输：根据工程实际情况，施工电梯可能已经拆除。项目部将采用吊车将后置埋件、转接件、龙骨由地面运至楼层顶部。

(2) 后置埋件、转接件、龙骨水平运输：后置埋件、转接件、龙骨垂直运至楼层顶部后，施工人员在施工通道上将后置埋件、转接件、龙骨运至安装位置附近。

2. 太阳能组件运输

(1) 垂直运输：太阳能组件采用吊车将其吊运至主体结构楼层顶部。

(2) 水平运输：当太阳能组件运至结构楼层顶部时，太阳能板因其板块尺寸较小，采用人工运输的方式将组件运至安装地点附近。

15.6.6 施工现场安全措施

(1) 光伏系统各部件在存放、搬运、吊装等过程中不得碰撞受损。光伏组件吊装时，其底部要衬垫木，背面不得受到任何碰撞和重压。

(2) 光伏组件在安装时表面应铺有效遮光物，防止电击危险。

(3) 光伏组件的输出电缆不得发生短路。

(4) 连接无断弧功能的开关时，不得在有负荷或能够形成低阻回路的情况下接通正、负极或断开。

(5) 连接完成或部分完成的光伏系统，遇有光伏组件破裂的情况应及时设置限制接近的措施，并由专业人员处置。

(6) 接通光伏组件电路后应注意热斑效应的影响，不得局部遮挡光伏组件。

(7) 在坡度大于10°的坡屋面上安装施工，应设置专用踏脚板。

(8) 施工人员进行高空作业时，应佩带安全防护用品，并设置醒目、清晰、易懂的安全标识。

15.7 太阳能光伏系统施工

15.7.1 基座与支架安装

1. 基座安装要求

(1) 安装光伏组件的支架应设置基座。

（2）既有建筑基座应与建筑主体结构连接牢固，并由光伏系统专业安装人员施工。

（3）在屋面结构层上现场砌（浇）筑的基座应进行防水处理，并应符合《屋面工程质量验收规范》GB 50207 的要求。

（4）预制基座应放置平稳、整齐，不得破坏屋面的防水层。

（5）钢基座及混凝土基座顶面的预埋件，在支架安装前应涂防腐涂料，并妥善保护。

（6）连接件与基座之间的空隙，应采用细石混凝土填捣密实。

2. 支架安装要求

（1）安装光伏组件的支架应按设计要求制作。钢结构支架的安装和焊接应符合《钢结构工程施工质量验收规范》GB 50205 的要求。

（2）支架应按设计位置要求准确安装在主体结构上，并与主体结构可靠固定。

（3）钢结构支架焊接完毕，应按设计要求做防腐处理。防腐施工应符合《建筑防腐蚀工程施工规范》GB 50212 和《建筑防腐蚀工程施工质量验收标准》GB/T 50224 的要求。

（4）钢结构支架应与建筑物接地系统可靠连接。

15.7.2 光伏组件安装要求

（1）光伏组件强度应满足设计强度要求。

（2）光伏组件上应标有带电警告标识。安装于可上人屋面的光伏系统的场所必须要有人员出入管理制度，并加围栏。

（3）光伏组件应按设计间距整齐排列并可靠地固定在支架或连接件上。光伏组件之间的连接件应便于拆卸和更换。

（4）光伏组件与建筑面层之间应留有安装空间和散热间隙，该间隙不得被施工等杂物填塞。

（5）在屋面上安装光伏组件时，其周边的防水连接构造必须严格按设计要求施工，不得渗漏。

（6）光伏幕墙的安装应符合《玻璃幕墙工程质量检验标准》JGJ/T 139 的相关规定，光伏幕墙应排列整齐、表面平整、缝宽均匀，光伏幕墙应与普通幕墙同时施工，共同接受幕墙相关的物理性能检测。

（7）在盐雾、大风、积雪等地区安装光伏组件时，应与产品生产厂家协商制定合理的安装施工方案。

（8）在既有建筑上安装光伏组件，应根据建筑物的建设年代、结构状况，选择可靠的安装方法。

15.7.3 电气系统与数据监测安装

1. 太阳能电池组件与功率调节器之间的电气系统布线

（1）由于太阳能电池组件内部有两根电缆引出（有端子箱场所），所以必须确认接线极性，用 P 或+代表正极，用 N 或－代表负极。

（2）太阳能电池组件要按照所需组件串分别串联接线组装在阵列支架上，光伏系统直流侧施工时，应标识正、负极性，并宜分别布线。

2. 电气系统安装应符合如下要求

（1）独立光伏系统的蓄电池上方及四周不得堆放杂物。

（2）逆变器、控制器等设备的安装位置周围不宜设置其他无关电气设备或堆放杂物。

（3）穿过屋面或外墙的电线应设防水套管，并有防水密封措施，并布置整齐。

3. 数据监测系统安装应符合如下要求

（1）环境温度传感器应采用防辐射罩或者通风百叶箱。太阳总辐射传感器应与光伏组件的平面平行。

（2）光伏系统环境温度传感器应安装在光伏组件中心点相同高度的遮阳通风处，距离光伏组件1.5～10m范围内，组件表面温度传感器应安装在光伏组件背面的中心位置，太阳总辐射传感器应牢固安装在专用的台柱上。

（3）数据采集装置施工安装信号线导体采用屏蔽线，信号的标识应保持清楚。

15.7.4 防雷与接地

（1）屋面安装的金属支架及金属导管必须与屋面防雷装置可靠连接。

（2）光伏电源系统的金属桥架、金属导管必须接地可靠，金属电缆桥架两端必须接地牢固可靠，接地标识齐全。

15.8 系统调试与试运行

15.8.1 系统调试应符合下列要求

（1）独立光伏系统工程检测，依据IEC 62124独立光伏系统-设计验证及产品说明书。

（2）并网光伏系统的工程检测，依据《光伏系统并网技术要求》GB/T 19939和地方的相关规定执行。

15.8.2 系统试运行应符合如下要求

（1）在完成了以上分部试运以后，应对逆变器、充电控制器及低压电器分别送电试运行。送电时应核对所送电压等级、相序，特别是低压试运行时应注意空载运行时电压、起动电流及空载电流。在空载不低于1h以后，检查各部位无不良现象，然后逐步投入各光伏方阵支路实现光伏系统的满负荷试运行，并作好负载试运行电压值、电流值的记录。

（2）在光照充足的情况下，光伏系统经过一个月的试运行，无故障后方可移交管理方正式接入电网运行。

16 冷梁及冰蓄冷、低温送风空调技术

16.1 冷梁空调系统简介及施工关键技术

16.1.1 冷梁空调系统简介

1. 冷梁系统及冷梁

冷梁系统是在盘管内的水和管外空气之间的温差驱动下形成气流循环，通过室内空气和盘管之间的对流和辐射来达到空气调节目的的系统。

图 16-1 冷梁

冷梁是一种新的空调末端（图 16-1），其主体是一个冷却盘管，可让空气穿越盘管换热，左右有铝壳支撑，看起来就像横梁一样，即安装形式似梁非梁，所以称为冷梁。冷梁送风系统在室内换热方式及热能传送方式上相当于一个空气—水空调系统，它是风机送风之外的另一种选择，通过调节其进水温度和/或流量可使实际获得的冷（热）量与房间负荷准确匹配。

2. 冷梁系统的分类及组成

根据安装方式不同，冷梁可以分成裸露式和镶嵌式两类。裸露式冷梁（图 16-2）的热效率高，但受建筑限制。镶嵌式冷梁（图 16-3）美观大方，但会减少室内获得的冷量。依据是否有室外空气供给，冷梁还可以分为主动型冷梁和被动型冷梁两种形式。

图 16-2 裸露式冷梁图

图 16-3 镶嵌式冷梁图

主动型冷梁系统是一种集制冷、供热和通风功能为一体的空调系统，它能够提供良好的室内气候环境及单独区域的控制。从中央空气处理机组（AHU）送到主动型冷梁末端的空气称为一次风，一次风以恒定风量和相对较低的静压条件被送至冷梁末端。一次风主要用来消除室内湿负荷，同时也可以供热、供冷和保证新风；末端换热盘管用来进行室内热/冷负荷的处理。图 16-4 为主动型冷梁空调系统示意图。

主动型冷梁主要由外壳、喷嘴、一次空气连接管、换热器（即盘管）、面板等几部分构成，图 16-5 为主动型冷梁末端工作原理图。一次风通过末端单元内的一排喷嘴（可调节）送入混合腔体内，通过喷嘴的高速气流在混合腔内产生负压区域，从而诱导室内空气经过换热盘管后与一次风混合，然后经出风口送入房间内。夏天，房间的热量被冷却盘管带走，达到制冷的作用。冬天换热器中流动的是热水，冷梁起到了制热的作用。

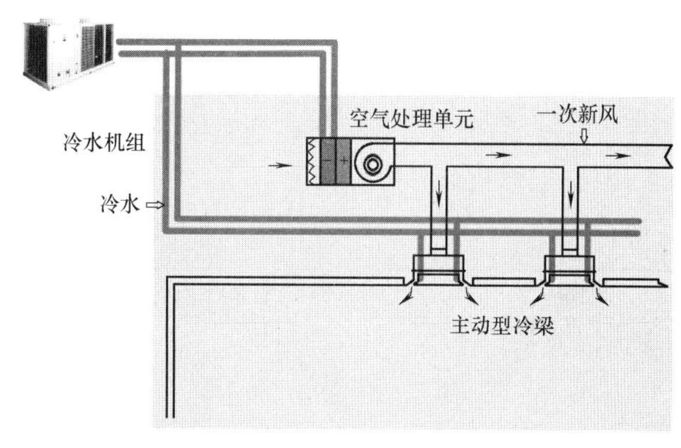

图 16-4　主动型冷梁空调系统示意图

主动型冷梁体积小，结构紧凑，可显著节省建筑空间（尤其在高度方面），且每台冷梁自带送、回风口，使吊顶整齐美观，末端在干工况下工作，可常年定风量变风温运行，新风分布均匀，提高了室内空气品质和热舒适性，设备本身没有风机，室内噪声低，没有强吹风感，也节省电能。由于冷梁系统所需供回水温度较常规系统高，有利于提高冷机的工作效率。主动型冷梁的盘管下一般都配有凝水盘，一旦冷水温度低于露点温度产生结露，凝结水可由凝水盘收集。

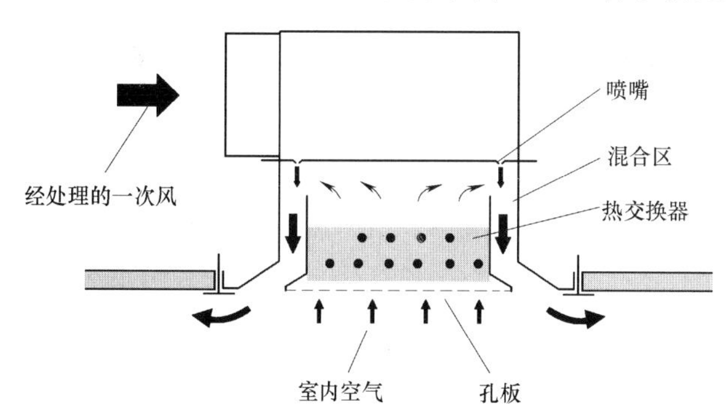

图 16-5　主动型冷梁末端工作原理图

被动型冷梁系统是一种集制冷换热功能的空调系统，该系统要结合独立的一次风系统运行，一次风主要用来消除室内湿负荷和保证新风。图 16-6 为被动型冷梁空调系统示意图。被动型冷梁末端主要由换热水盘管、增强换热的导流框架以及散流器组成，依靠完全自然对流原理进行制冷换热，热气流上升冷气流下沉，会使室内产生循环气流。图 16-7 为被动型冷梁末端工作原理图。

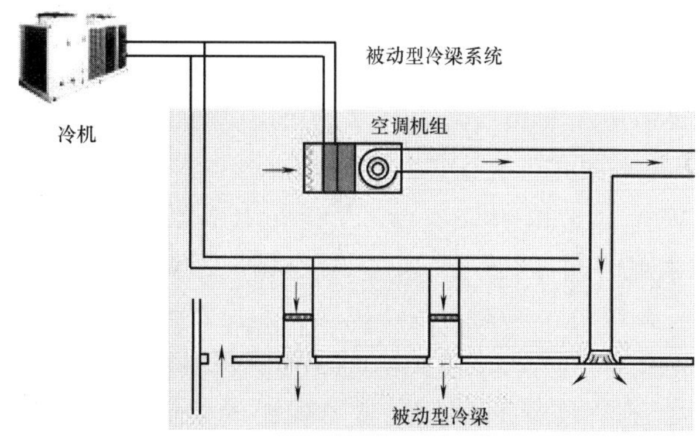

图 16-6　被动型冷梁空调系统示意图

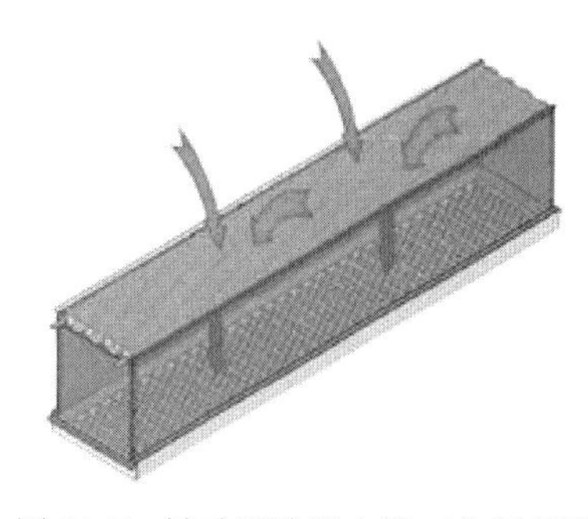
图 16-7　被动型冷梁末端工作原理图

被动型冷梁的优点和主动型冷梁近似，由于其主要依靠自然对流来使气流通过盘管，单位制冷能力取决于盘管的换热能力，其性能比主动型冷梁低。

3. 冷梁系统与普通风机盘管系统的对比

与普通风机盘管系统相比，冷梁系统有其独特的优点和不足，简单比较见表 16-1。

普通风机盘管系统与冷梁系统的对比　　表 16-1

对比项目	普通风机盘管系统	主动型冷梁系统	被动型冷梁系统
室内空气循环动力	风机驱动	无风机驱动	无风机驱动
空调效果	既能供冷也可供热	既能供冷也可供热	仅能供冷，不能供热
换热方式	受迫对流	受迫对流	自然对流
新风系统	需要独立的新风系统	仅需集中处理的新风一次风源	需要独立的新风系统
进出水温度(℃)	7/12 低温冷冻水	16/19 中温冷冻水	16/19 中温冷冻水
送风速度	较小	较大	较小
转动部件	有电动机	无回转部件	无回转部件
舒适度	一般	较高	较高

4. 冷梁系统的适用性

根据冷梁系统的特点，它适用于舒适度和噪声控制要求高、无太多维修空间且换气次数要求较小的区域进行通风、冷却和供暖。冷梁系统最大的缺点是：失控时会产生冷凝水，因此，如何有效探测、避免和控制制冷状态下吊顶的结露问题以及一旦失控时如何处理冷凝水是影响冷梁发展的重要问题。冷梁送风系统的应用会受到以下因素的限制：

(1) 围护结构气密性不良时会造成室外湿热的空气渗入，与冷梁接触可能会产生冷凝水。

(2) 因冷梁系统的盘管为干盘管，不适用于餐厅、健身房、游泳池等室内潜热负荷比较大而有冷凝风险的场所。

(3) 冷梁系统不适用于各等级工业洁净室或生物洁净室等对室内换气次数要求较高场所。

(4) 冷梁系统不适用于化学实验室等室内污染源较多、设有排气柜的场所。

16.1.2 冷梁空调工程的施工关键技术

(1) 冷梁产品在进入施工现场之前要用透明的塑料薄膜将整个冷梁覆盖（包括进风口和进出水管接头），以保护其在现场安装时不被弄脏。在调试之前将薄膜揭掉。

(2) 冷梁一般采用标准模块宽度，可结合吊顶（600mm×600mm）矿棉板或裸吊顶式安装；冷梁本体通常采用吊装，注意承重的安全性。图 16-8 为冷梁吊装示意图。

(3) 完成空调水主管安装、冷梁吊装就位后，首先连接一次风管，再将末端单元的进出水管与主管连接。一次风的风量平衡阀安装在主动型冷梁前面，阀前要留有足够长的直管段（通常≥$3D$）以保证风阀控制精度。水管连接通常分为紧固式连接和金属软管快速插接式连接，如图 16-9、图 16-10 所示。

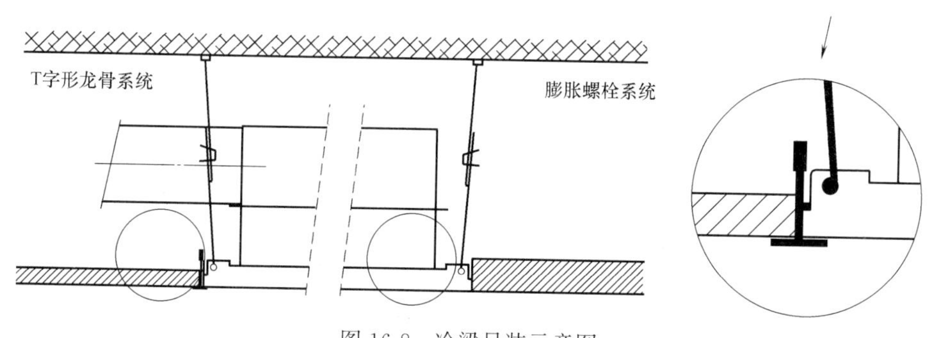

图 16-8　冷梁吊装示意图

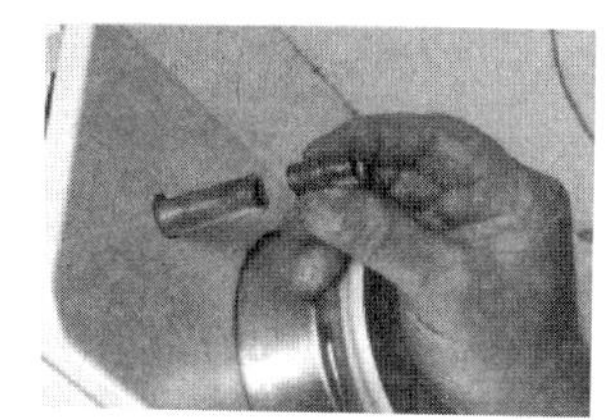
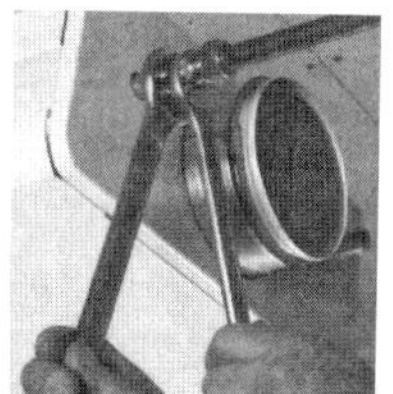

图 16-9　冷梁水管紧固式连接示意图

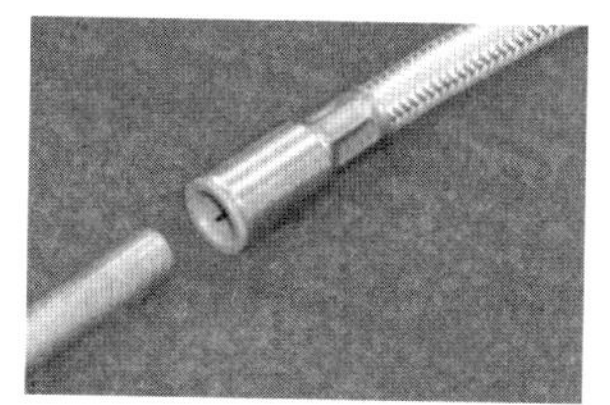

图 16-10　冷梁水管金属软管快速插接式连接示意图

(4) 为了保证冷梁不产生结露，室内空气相对湿度一般控制在 50%以下，同时也需安装结露预防控制系统，如图 16-11 所示。

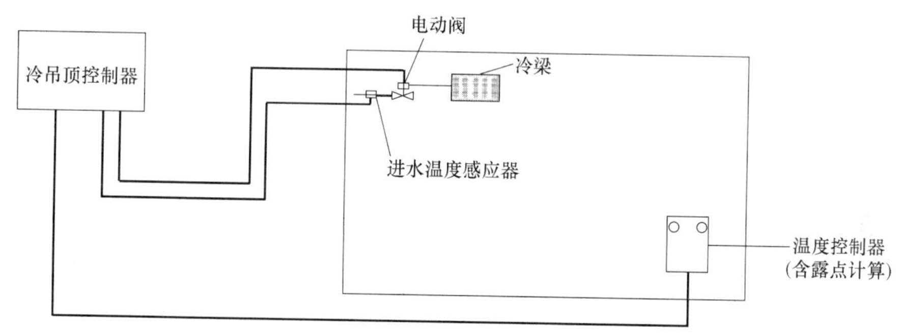

图 16-11　冷梁结露控制系统示意图

进水温度感应器测出进入冷梁的冷却水的温度，温度控制器通过测出室内空气温度、湿度，然后计算出露点温度，与在冷吊顶控制器内进行比较得出偏差，当偏差 e 是负偏差时电动阀关闭，诱导空气停止冷却，室内温度升高，冷梁盘管处便不会结露。

(5) 冷梁空调系统的调试主要包括系统及设备清洁、风系统平衡和测试、水系统平衡和测试、室内温度及速度场测试、噪声测试等，需冷梁设备供应商的技术人员配合调试。

16.2　冰蓄冷空调系统简介及施工关键技术

16.2.1　冰蓄冷空调系统简介

1. 冰蓄冷空调系统的概述

冰蓄冷空调系统，即夜间用电低谷期，采用电制冷机制冷，将冷量以冰的形式贮存起来，白天把储存的冷量释放出来，以满足建筑物空调负荷需要。图 16-12 和图 16-13 分别为传统空调与冰蓄冷空调的逐时负荷图。

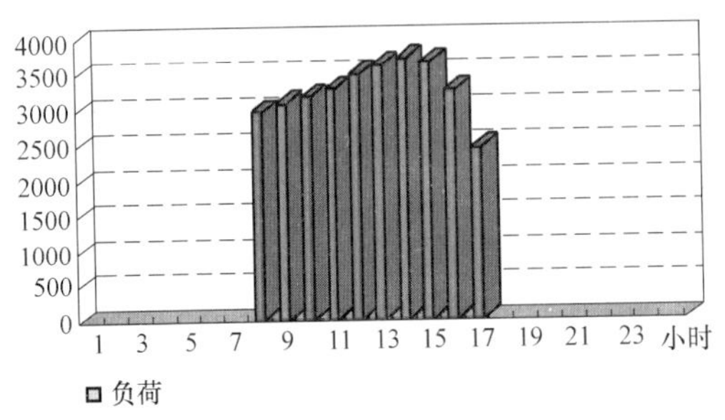

图 16-12　传统空调系统典型逐时负荷图

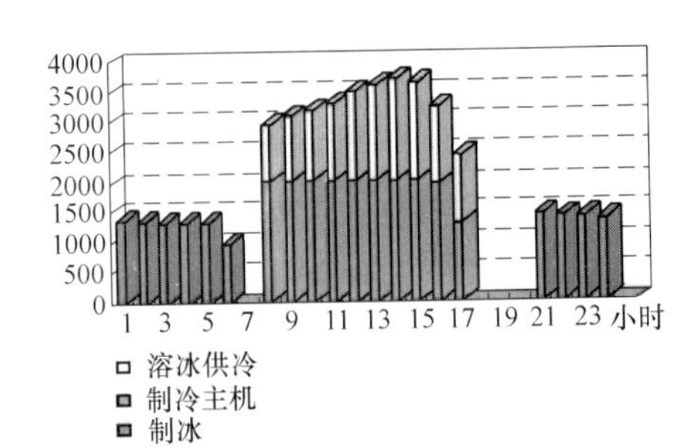

图 16-13　冰蓄冷空调系统典型逐时负荷图

冰蓄冷空调的广泛应用具有重要意义。我国目前实行的是峰谷电价政策，冰蓄冷空调可以把白天高峰时段的电力需求大量转移到夜间低谷时段，充分利用夜间低谷廉价电力，大大降低空调系统运行费用。因此，冰蓄冷空调技术是需大力推行的节能减排技术之一。

与常规空调比较而言，冰蓄冷空调的最大优势，即减少空调系统的运行费用，转移电力高峰期的用电量；且蓄冰系统与大温差系统和低温送风系统相结合，可进一步节省初投资，提高空气品质。

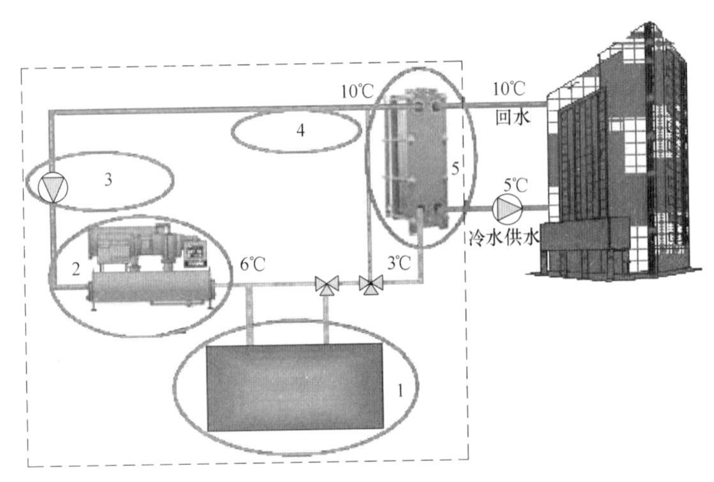

图 16-14　典型的蓄冰系统示意图

1—蓄冰设备；2—双工况机组；3—载冷剂输送设备，即乙二醇泵；
4—载冷剂循环回路；5—板式换热器

当然，由于国家政策、技术、经济条件的限制，冰蓄冷空调也存在自身明显的缺点，即初投资较高，成本有待降低。

2. 冰蓄冷空调系统的组成和主要设备

冰蓄冷空调系统的组成一般包括：蓄冰设备、制冰设备（通常为双工况水冷机组）、载冷剂输送设备、换热设备、载冷剂回路等；图 16-14 为典型的系统示意图。

（1）蓄冰设备

蓄冰设备除了有贮存冰的功能之外，实际上也是一种高效的换热器，冰的贮存及与乙二醇的换热都是在同一个容器内进行的，蓄冰设备在蓄冰和融冰的时候也充当乙二醇与冰之间的换热器。不同蓄冰设备的热工性能也不一样，各有各的融冰曲线与制冰曲线。

蓄冰设备分为盘管式、封装式及动态式蓄冰装置，各种类型的蓄冰设备产品及特点如表16-2所示。

蓄冰设备的类型及产品特点　　**表16-2**

蓄冰设备类型		设备图片	设备特点
盘管式蓄冰设备	钢制冰盘管		蛇形盘管-钢制，连续卷焊(或无缝钢管焊接)而成的立置蛇形盘管，外表面热镀锌，管外径26.67mm，冰层厚度为25～30mm，可内融冰也可外融冰；取冷均匀，温度稳定
	塑料冰盘管	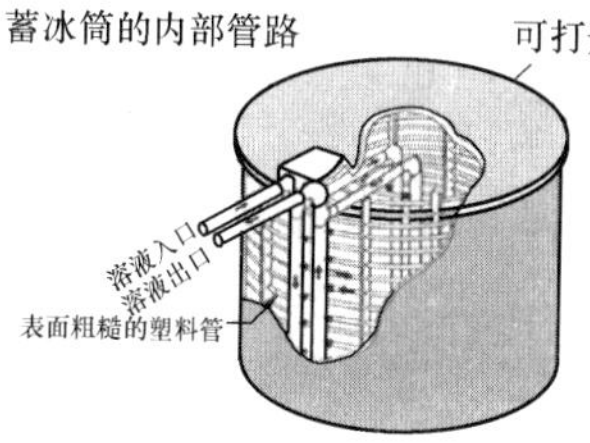	圆形盘管-盘管为聚乙烯管，外径分别为16mm和19mm，冰层厚度为12.7mm。为内融冰方式，并做成整体式蓄冰筒
			U形盘管-盘管由耐高温的石蜡脂喷射成型，每片盘管由200根外径为6.35mm的中空管组成。管两端与直径50mm的集管相连。冰层厚度为10mm，管径很细，载冷剂系统应加强过滤措施
封装式蓄冰装置	冰球	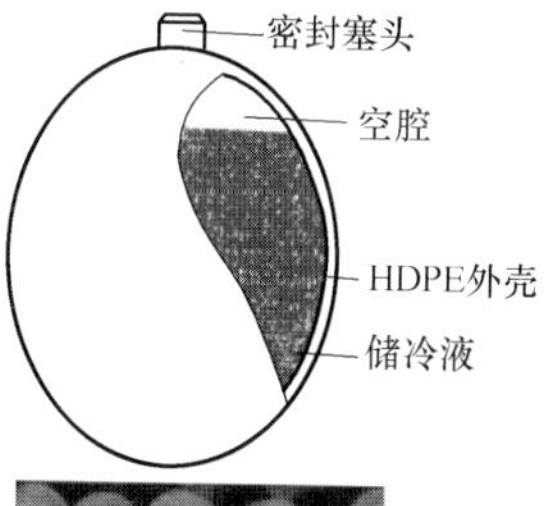	将蓄冷介质封装在球形小容器内，并将许多蓄冷球密集地放置在密封罐或槽体内。载冷剂在小容器外流动，将其中蓄冷介质冻结或融化。运行可靠，单位取冷率高，流动阻力小，载冷剂充注量大
			蕊芯冰球：为增强换热和配重，在冰球两侧设置中空金属蕊芯

续表

蓄冰设备类型		设备图片	设备特点
封装式蓄冰装置	冰板		由高密度聚乙烯制成 815mm×304(或 90)mm×44.5(mm)中空冰板，板中充注去离子水。冰板有次序地放置在卧式圆形密封罐内，制冷剂在板外流动换热。运行可靠，单位取冷率高，流动阻力小
动态蓄冰装置	冰晶式(共熔盐类)		将低浓度载冷剂经制冰机冷却至冻结点温度以下，产生细小(直径 100μm)均匀的冰晶，与载冷剂形成泥浆状的冰水混合物，储存在蓄冰槽内。融冰速率高，供冷温度低(0～1℃)，制冷与供冷可同时进行
	冰片滑落式		在制冷机的板式蒸发器上淋水，其表面不断冻结薄冰片，然后滑落至蓄冰槽内储存冷量。融冰速率高，供冷温度低(1～1.5℃)，制冷与供冷可同时进行

(2) 制冰设备

蓄冰系统中，一般采用双工况主机白天制冷，夜间制冰。

(3) 乙二醇泵

乙二醇呈弱酸性，对金属等具有腐蚀性；故常用的乙二醇泵采用不锈钢泵轴、机械密封型、全封闭式风冷标准电机。

(4) 换热设备

一般在冰蓄冷空调系统中设置换热设备，空调负荷侧冷冻水闭式循环；设置换热器的空调出水温度一般在 2℃以上。

(5) 载冷剂的选择

冰蓄冷空调系统使用质量比 25%～30%的工业级缓蚀性乙烯乙二醇溶液，防腐防冻。载冷剂管路系统严禁选用内壁镀锌或含锌的管材及配件，管路系统中的阀门宜采用金属硬密封。

3. 冰蓄冷空调系统的基本分类

常按融冰方式，分为内融冰和外融冰。

内融冰系统：来自用户或二次换热装置的温度较高的载冷剂（或制冷剂）在盘管内循环，通过盘管表面将热量传递给冰层，使盘管外表面的冰层自内向外逐渐融化取冷，故称为内融冰。它的特点是控制简单、过程均匀，具有较高的制冰率，一般可达到50%以上，可有效降低蓄冰槽体积，节省安装空间。其缺点是由于采用载冷剂进行蓄冰与融冰，增加了一次传热损失；冰层自内向外融化时，在盘管表面与冰层之间形成薄的水层，融冰换热热阻较大，影响取冷速率。内融冰详见图16-15、图16-16。

外融冰系统：温度较高的空调回水直接送入蓄冰槽，使盘管表面的冰层自外向内逐渐融化，故称为外融冰。由于空调回水与冰直接接触，换热效果好，取冷快，释冷温度能稳定地维持在1～3℃。但是，为使外融冰系统快速融冰放冷，蓄冰槽内水的空间应占一半，故蓄冰槽的蓄冰率（IPF）不大于50%，蓄冰槽容积较大。同时，由于盘管外表面冻结的冰层不均匀，易形成水流死角，使冰槽局部形成永不融化的冰层，故需采取搅拌措施。外融冰详见图16-17、图16-18。

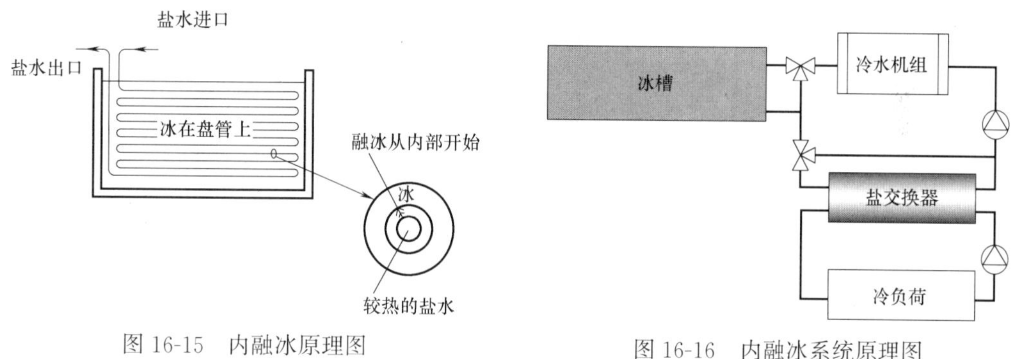

图16-15　内融冰原理图

图16-16　内融冰系统原理图

注：其中，冷水机组为双工况机组（包括空调、制冰空况）；盐水为乙二醇溶液。

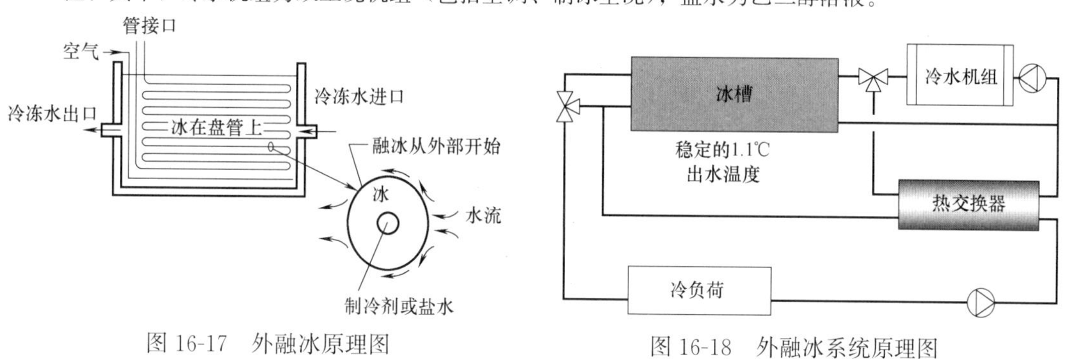

图16-17　外融冰原理图

图16-18　外融冰系统原理图

注：其中，冷水机组为双工况机组（包括空调、制冰空况）；制冷剂为乙二醇溶液。

16.2.2　蓄冰槽防水保温施工关键技术

蓄冰槽渗漏是冰蓄冷空调系统的质量通病，且一旦发生很难治理。《冰蓄冷系统设计与施工图集》06K610中提供的蓄冰槽防水及保温做法共有2种：一种是憎水珍珠岩保温结构，一种是硬聚氨酯发泡保温结构，详见图16-19。

为提高蓄冰槽侧壁的防水性能和抗撞击能力，可在蓄冰槽侧壁沥青防水卷材和保温层外再增加一层20mm厚防水砂浆，将最外层防水层的做法修改为：4mm厚7布8胶玻璃

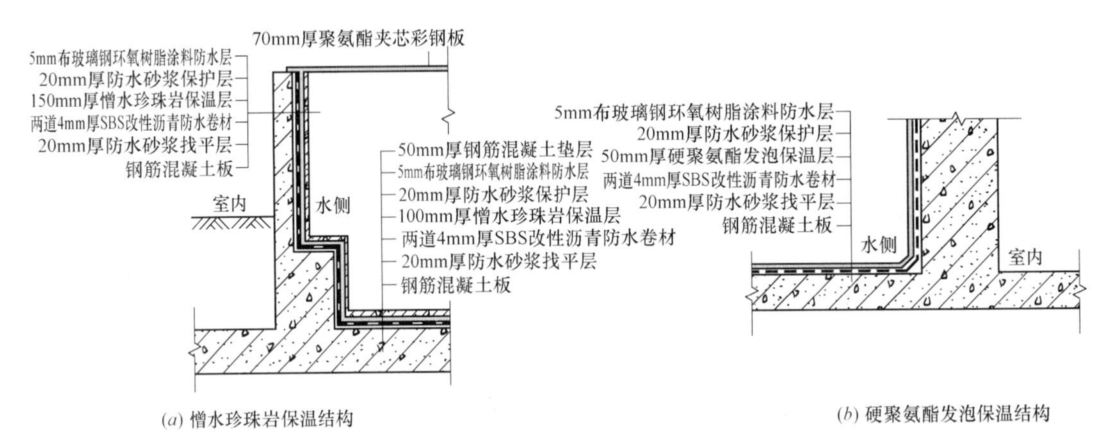

图 16-19 《冰蓄冷系统设计与施工图集》06K610 中蓄冰槽防水及保温做法

钢环氧树脂防水层，形成更可靠的蓄冰槽防水保温结构，做法如图 16-20 所示。

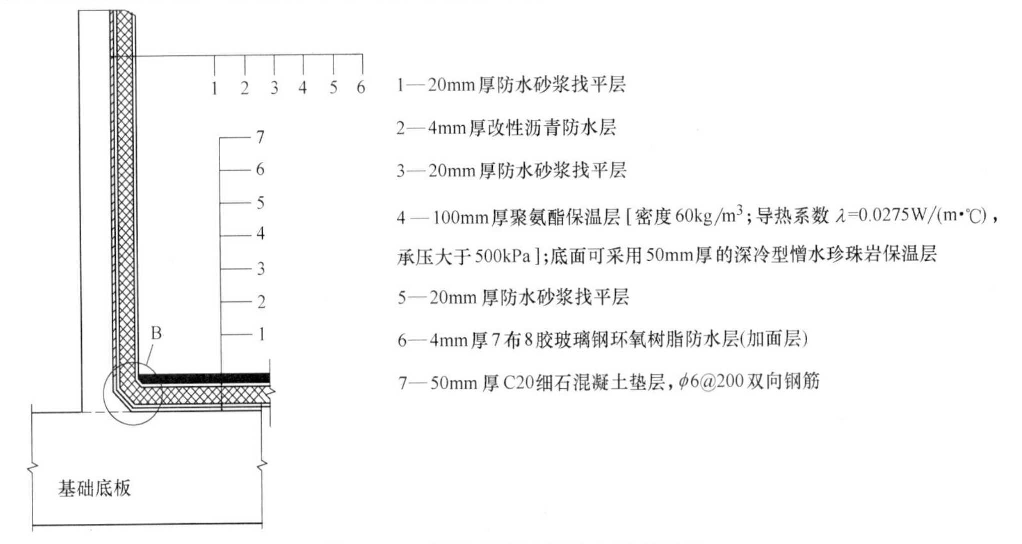

图 16-20 增强型蓄冰槽防水保温做法

16.2.3 蓄冰钢盘管的吊装施工关键技术

为避免钢制冰盘管在冰槽内运输、组装时磕碰池壁破坏防水效果，可提前在顶板结构梁上预埋方钢板（或用膨胀螺栓固定），在钢板上焊接、加装用工字钢制作的滑轨，然后在工字钢滑轨上安装 2 台电动滑车，详见图 16-21，用机械方式搬运冰盘管，并配合以液压叉车进行组装。

冰盘管在混凝土冰槽内吊装过程中，应做好冰槽侧壁的成品保护措施；蓄冰盘管吊运完成后，滑轨不再拆除，用于未来的设备维修、蓄冰槽清理。

蓄冷装置安装完毕应进行水压试验和气密性试验。

16.2.4 冰蓄冷系统乙二醇溶液灌注的施工关键技术

冰蓄冷系统一般设计采用 25％或 30％的工业级缓蚀性乙烯乙二醇水溶液作载冷剂，

图 16-21　预制滑轨现场布置图

施工时一般用95%以上高纯浓度的工业级缓蚀性乙烯乙二醇溶液，配合去离子水稀释，向蓄冰系统内灌注直至达到设计浓度。

1. 乙二醇溶液的灌注程序

乙二醇溶液的灌注施工参见流程图 16-22。

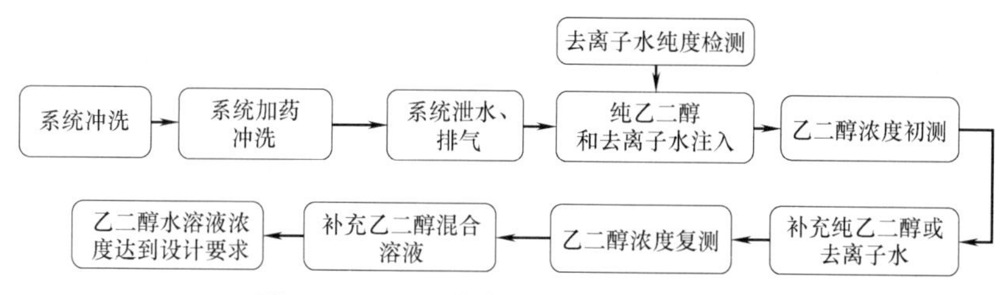

图 16-22　乙二醇溶液的灌注施工流程图

整个灌注过程分为首次灌注、第二次灌注和最后的补液 3 个主要过程。

现场通过临时水泵和皮管，将室外纯乙二醇和去离子水注入地下冷冻机房乙二醇系统管路内或乙二醇补液箱内。

2. 去离子水纯度检测

乙二醇溶液灌注前须对去离子水进行质量检验，主要用 TDS 试笔（图 16-23）测量其电导率；应在静止状态下测量，最佳测试温度为 25℃，电导率应$<3\mu s/cm$。当电导率高时，水中其他杂质离子的含量高；如果电导率低，其他杂质离子基本没有，即达到理论上的纯度。

3. 乙二醇溶液的灌注及测量的关键技术

首次灌注：首先按比例向系统内一次灌注纯乙二醇和去离子水至系统总容积的 80%，启动乙二醇循环泵连续循环运行 4h 后，通过如水泵、冷机、板换泄水阀及冰盘管排气阀等处取溶液测乙二醇冰点。乙二醇溶液的冰点测量使用手持防冻液冰点仪（图 16-24），从现场取液点取几滴液体滴在棱镜上，然后向着光观察，就可以快速读出被测溶液的冰点。通过测乙二醇溶液冰点的方法可得到乙二醇溶液的浓度，如浓度为 25%的乙二醇溶液冰点约为－10.7℃。

如测量冰点低于设计冰点，说明乙二醇溶液浓度偏高，第二次灌注需调整纯乙二醇和去离子水比例，增加去离子水注入量，减少纯乙二醇的注入量；如测量冰点高于设计冰点，说明乙二醇溶液浓度偏低，增加纯乙二醇的注入量，减少去离子水注入量。

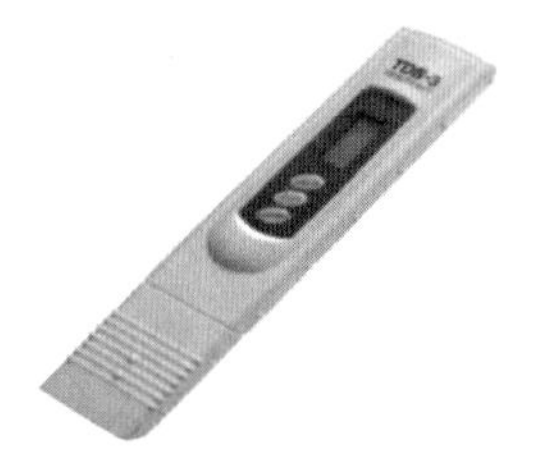

图 16-23　TDS 试笔

图 16-24　冰点仪

第二次向系统内注入系统总容积的 10%，使系统内溶液达到管道总容积的 90%，同样启动乙二醇循环泵连续运行 4h 后，通过不同的排水点取溶液测乙二醇冰点，根据第二次测量冰点与设计冰点的偏差，调整后续灌注纯乙二醇和去离子水比例。

剩余部分通过水箱进行纯乙二醇和去离子水混合，测量混合溶液的冰点满足要求，再通过补液装置注入系统内，期间系统要不间断运行混合并测量冰点，根据测量情况来调整水箱内混合液的比例，最终将系统灌满，冰点也符合要求。

16.3　低温送风空调系统简介及关键施工技术

16.3.1　低温送风空调系统简介

（1）《实用供热空调设计手册》（第二版）中：相对于送风温度在 12～16℃范围内的常温空调而言，所谓低温送风空调系统，是指系统运行时送风温度≤11℃的空调系统。

（2）低温送风系统与常温送风系统的送风温度及所需冷媒温度的对比，如表 16-3 所示。

低温送风空调系统与常温送风空调系统的对比　　　表 16-3

空调系统类型	送风温度(℃)		进入盘管冷媒温度(℃)
	范围	名义值	
常温送风系统	12～16	13	7
低温送风系统	9～11	10	4～6
	6～8	7	2～4
	≤5	4	≤2

（3）低温送风系统的特点

与常温空调系统相比，低温送风系统具有很显著的优点，即在总冷负荷一定的情况下，可实现大温差送风，使得空调风及空调水的流量大大减小，风管及水管断面积较常规空调系统减小、水泵等动力设备容量减小、电力节约、空调箱数量减少、空调机房面积减小，节省初投资；低温送风更可提高空气品质。

低温送风系统的送风管道保冷层厚度应按设计送风温度确定，保冷层应设隔汽层。送风管道的法兰、阀门及其他连接附件应采取保温措施。低温送风风管系统的严密性应符合现行国家标准《通风与空调工程施工质量验收规范》GB 50243 的相关规定。

低温送风系统的空气处理机组，应满足低温设计工况下的性能要求；当采用风机盘管机组时，风机盘管机组应进行专项设计；采用送风末端装置时应避免送风口结露。低温送风空调系统在每次启动后，应采用逐渐降低送风温度的控制方案。

16.3.2 低温送风防结露施工的关键技术

空调系统的漏风和冷桥是产生结露的最大隐患，在低温或超低温送风系统更加突出，除空调管道的保温层比常规空调的稍厚外，更要杜绝冷桥现象的发生。

1. 风管制作安装过程中重点控制严密性

低温送风空调系统在风管的制作及安装工艺上，应重点控制风管的严密性。

(1) 低温送风系统，风管应优选镀锌铁皮法兰连接，以保证严密性及强度。

(2) 保温风管边长大于等于800mm，或者风管长度大于1250mm，或者风管单边面积大于1.0m^2，均应采取加固措施。低温送风系统风管加固常采用楞筋加固，不采用角钢腰箍加固方式，如图16-25所示。

(3) 风管制作中，应重点控制风管合口的咬口形式、风管与法兰的翻边、缝隙处的密封处理。低温送风系统风道连接全部采用联合角咬口（图16-26）；在管道合口前，需要在联合角的母口内，用密封胶灌入（防止由于部分管道合缝不严密漏风），然后再进行管道的子母口咬合（图16-27）。

图16-25 风管加固方式示意图

图16-26 风管连接采用联合角咬口

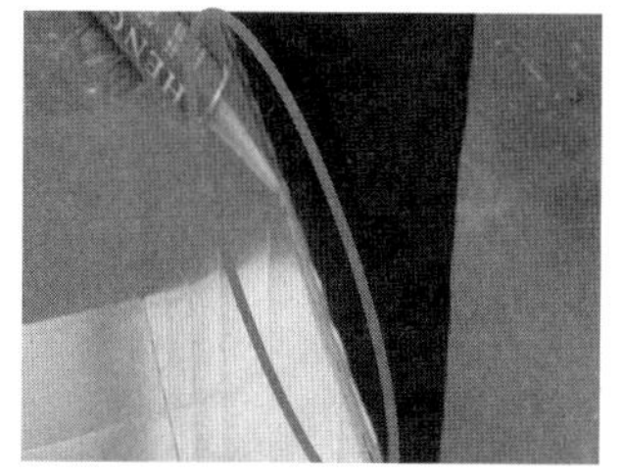

图16-27 联合角母口打密封胶

风管铆接应采用镀锌铆钉，严禁使用拉铆钉，铆接完后，应将铆钉周围用密封胶进行处理（图16-28）。同时，在法兰盘的铁皮翻边角处，打密封胶并延伸到管道四道口内100mm处（图16-29）。

图16-28 用密封胶处理铆钉处

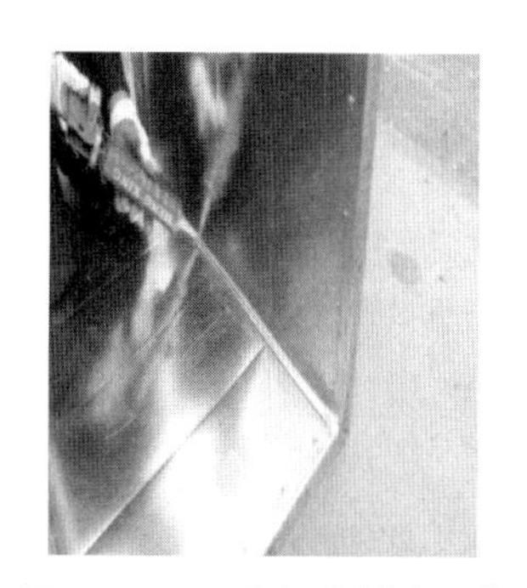

图16-29 四角打密封胶延伸

2. 风管漏风量检测

(1) 低温送风系统风管的严密性应符合中压风管的规定，其强度及严密性试验压力应为1.2倍的工作压力，且不低于750Pa，矩形金属风管在工作压力下的风管允许漏风率应符合：$Q \leqslant 0.0352P^{0.65}$。

(2) 将漏风压差读数对照“漏风量－压差”表查出漏风量。将漏风量除以被测风管的表面积得出单位面积漏风量；将得出的数值与对应的漏风率相比较，当小于或等于最大泄漏率时，风管严密性为合格，反之为不合格。

3. 低温送风空调系统防结露保温的主要施工技术

(1) 空调管道保温层厚度的校核计算

建筑工程中暖通空调管道的保温设计厚度与所选品牌保温材料的标准规格经常不匹配，施工前将保温厚度进行校核计算，并结合实际采购的保温材料的制造规格进行整合和优化。

1) 暖通空调管道常用的保温厚度的计算方法有三种：经济厚度计算法、防结露法和热（冷）损失法。

①采用经济厚度法计算保温厚度，计算公式如下：

平面保冷层厚度：

$$\delta = 1.897 \times 10^{-3} \sqrt{\frac{f_n \cdot \lambda \cdot \tau \cdot (t_a - t)}{P_i \cdot S}} - \frac{\lambda}{\alpha_s} \tag{16-1}$$

圆通面保冷层厚度：

$$D_1 \ln \frac{D_1}{D_0} = 3.795 \times 10^{-3} \sqrt{\frac{f_n \cdot \lambda \cdot \tau \cdot (t_a - t)}{P_i \cdot S}} - \frac{\lambda}{\alpha_s} \quad \delta = \frac{D_1 - D_0}{2} \tag{16-2}$$

式中 δ——保冷层实际厚度（mm）；

f_n——冷价（元/10^6kJ）；

τ——年运行时间（h）；

t_a——环境温度（℃）；

t——设备或管道壁的外表面温度（℃）；

α_s——保冷层外表面对大气的换热系数，凯门富乐斯一般为9W/($m^2 \cdot K$)；

P_i——保冷结构的单位价格（元/m^3）；

D_0——管道或圆桶设备外径（m）；

D_1——保冷层外径（m）；

S——保冷工程投资偿还年分摊率（%）。

② 采用防结露法计算保温层厚度，计算公式如下：

平面保冷层厚度：

$$\delta = \frac{\lambda}{\alpha_s} \times \frac{T_s - T}{T_a - T_s} \tag{16-3}$$

圆通面保冷层厚度：

$$D_1 \ln \frac{D_1}{D_0} = \frac{2\lambda}{\alpha_s} \times \frac{T_s - T}{T_a - T_s} \quad \delta = \frac{D_1 - D_0}{2} \tag{16-4}$$

③ 采用热（冷）损失法计算保温层厚度，计算公式如下：

平面保冷层厚度：

$$\delta=\lambda\times\left(\frac{T-T_{\alpha}}{q}-\frac{1}{\alpha_{s}}\right) \tag{16-5}$$

圆通面保冷层厚度：

$$D_{1}\ln\frac{D_{1}}{D_{0}}=2\lambda\times\left(\frac{T-T_{\alpha}}{q}-\frac{1}{a_{s}}\right)\quad \delta=\frac{D_{1}-D_{0}}{2} \tag{16-6}$$

式中 T——介质温度（℃）；

T_{α}——环境温度，指室外环境温度（℃）；

T_{s}——保冷层外表面温度，根据《设备及管道绝热技术通则》GB/T 4272，$T_{s}=T_{d}+(1\sim3)$，常取1℃；

T_{d}——露点温度，根据环境温湿度查看焓湿图（℃）；

λ——保冷层材料导热系数（W/m·K)；

δ——保冷层实际厚度（mm）；

α_{s}——保冷层外表面对大气的换热系数，凯门富乐斯一般为9W/(m^{2}·K)；

D_{0}——管道或圆桶设备外径（m）；

D_{1}——保冷层外径（m）；

q——单位热（冷）损失量（W/m^{2}）。

2）保温计算方法选用原则

在选用暖通空调管道保温计算方法时，首先根据管道的具体功能判断管道的类别（单冷管道、单热管道或冷热合用管道），然后根据管道的类别来选用所对应管道保温材料厚度的计算方法。管道保温材料厚度计算方法选用原则详见表16-4。

管道保温材料厚度计算方法选用表 **表16-4**

计算方法 / 管道类型	经济厚度法	防结露法	热损失法	厚度取值
单冷管道	√	√		两者较大值
单热管道	√		√	两者较大值
冷、热合用管道	√（冷、热）	√（冷）	√（热）	四者较大值

3）保温材料厚度的选型

每个品牌的保温材料都有其标准厚度的产品，比如国内某品牌橡塑保温材料的厚度包括：9mm、13mm、19mm、25mm、32mm、38mm等规格（大于38mm的可双层叠加使用），针对特定品牌标准规格的保温材料，可用以下方法选用管道保温材料厚度：

对于矩形风管，可根据选用的管道保温材料厚度计算方法直接计算保温材料厚度值δ，取特定品牌保温材料标准厚度产品中厚度最接近δ且大于δ的厚度规格，则该厚度即为管道保温材料的选型厚度。

（2）低温送风系统管道保温的主要施工技术

1）风管保温垫料的选择

为了防止保温板与吊架直接接触，其两者之间的垫料选用刷沥青的木板，低温送风系统也可选择 200mm（宽）×20mm（厚）的 B1 级阻燃型挤塑板，详见图 16-30、图 16-31 所示，其加工周期短、美观适用、安全可靠、保温实际效果好，是一项可以广泛推广的技术。

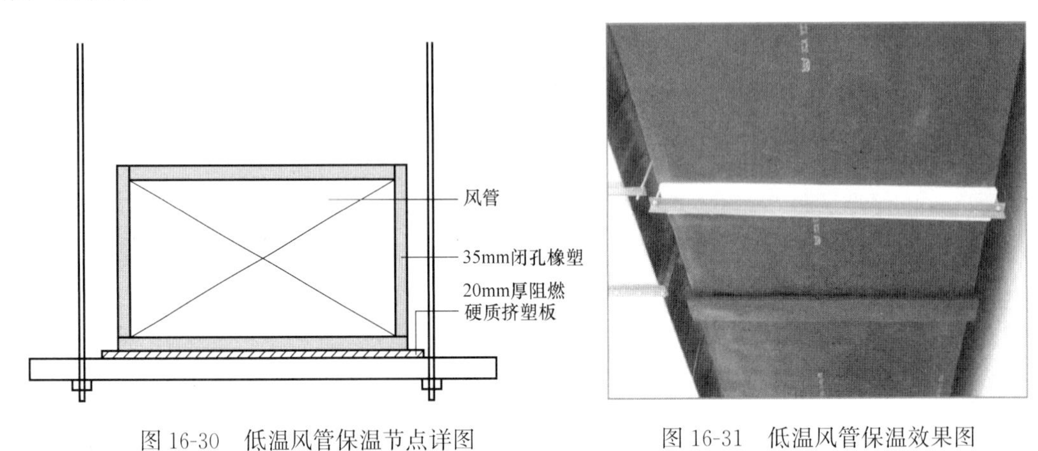

图 16-30 低温风管保温节点详图　　图 16-31 低温风管保温效果图

2）风管连接法兰盘处的防结露保温节点做法，详见图 16-32。

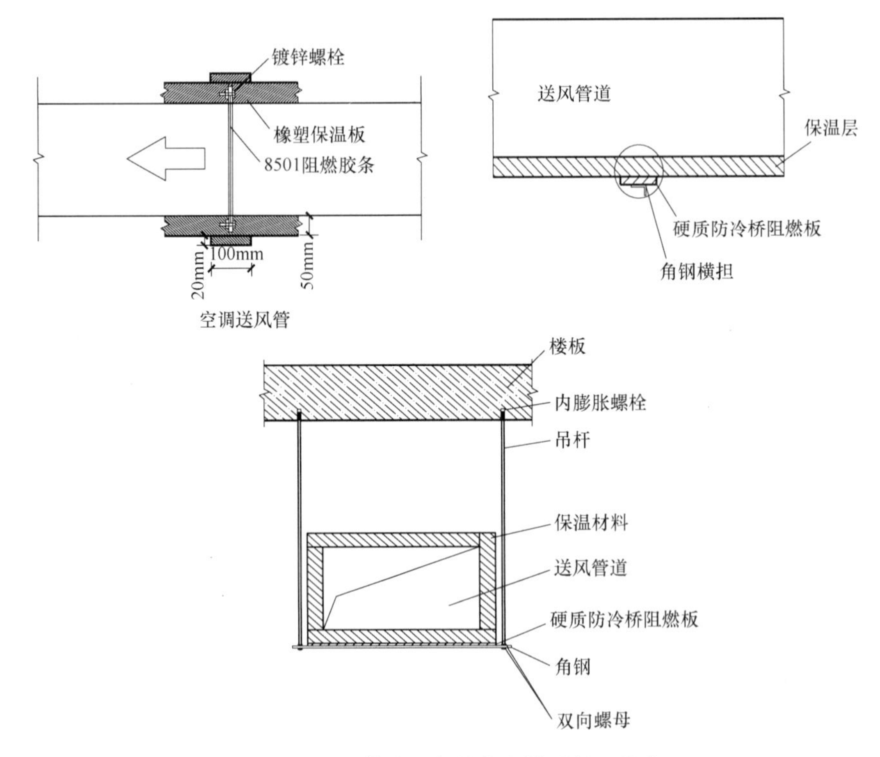

图 16-32 风管法兰盘处的防结露保温节点

（3）低温空调水管道的保温节点做法

1）空调水管道的保冷节点做法（图 16-33）。

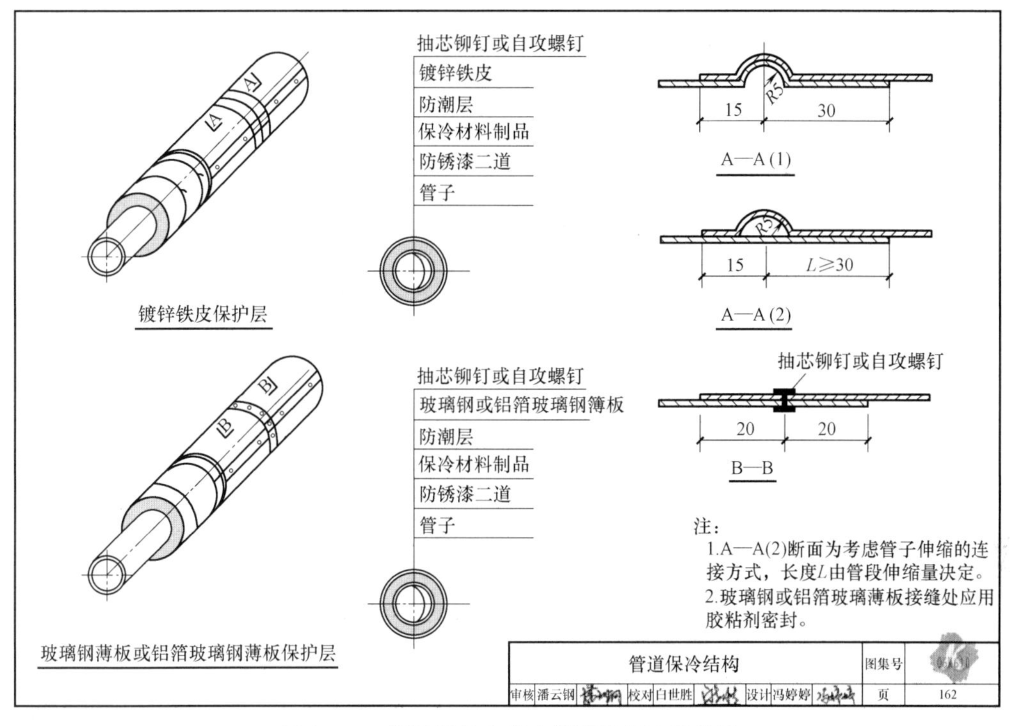

图 16-33 低温送风空调水管道的保冷节点图

2）垂直管道的保冷节点做法（图 16-34）

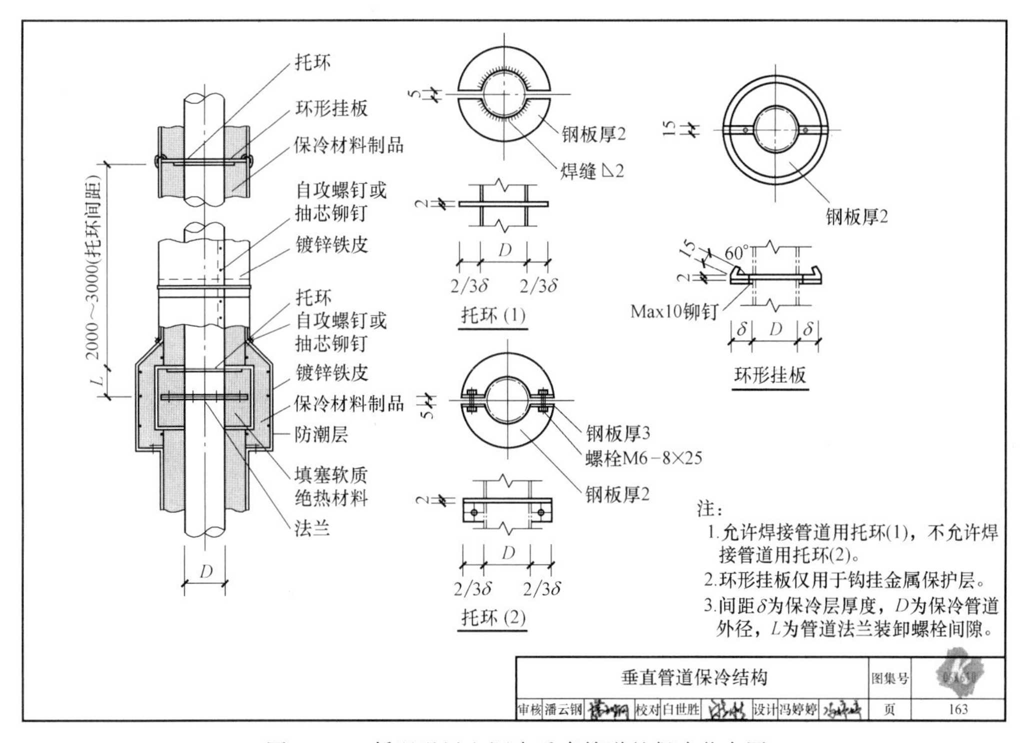

图 16-34 低温送风空调水垂直管道的保冷节点图

3）弯头、三通的保冷节点做法（图 16-35）

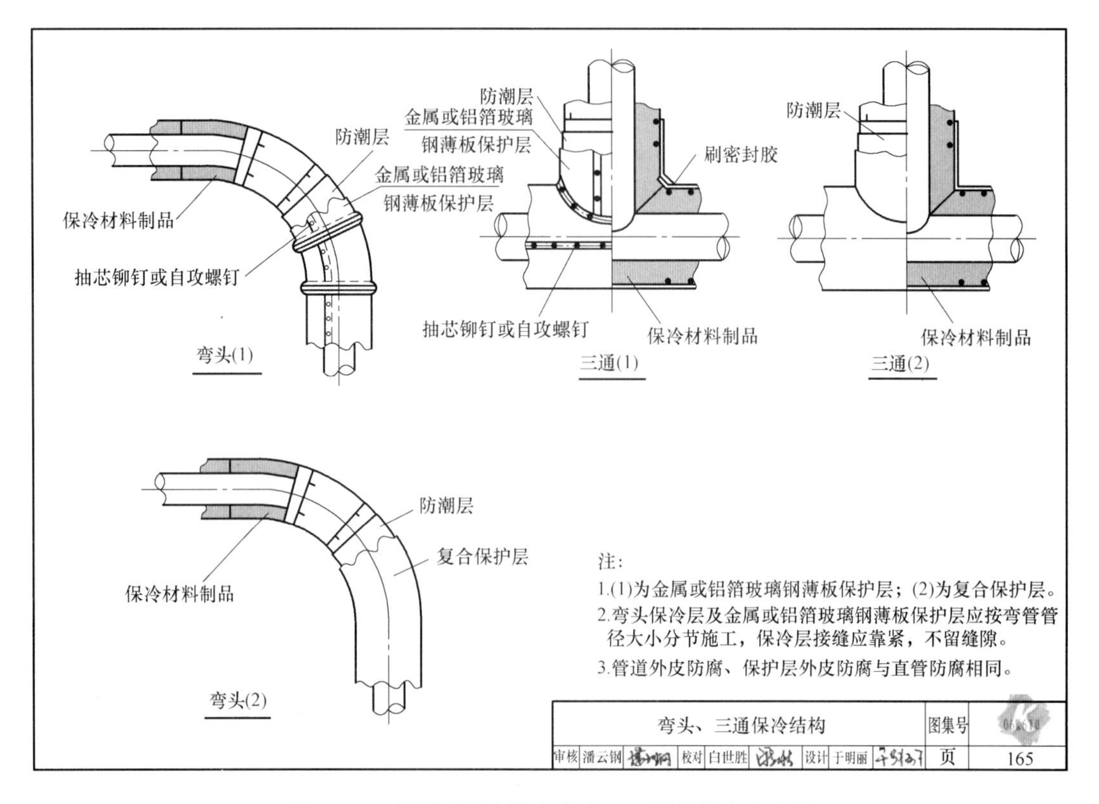

图 16-35　低温送风空调水弯头、三通的保冷节点图

4）吊架的保冷结构做法（图 16-36）

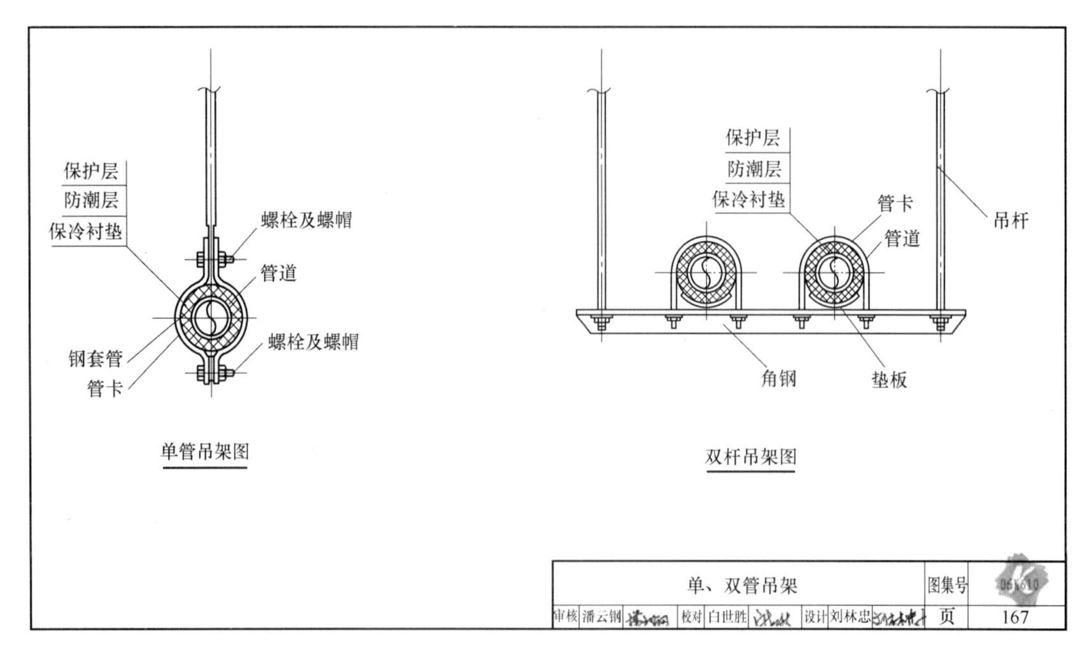

图 16-36　低温送风空调水吊架的保冷节点图

5）阀门、法兰可拆卸式保冷节点做法（图 16-37）

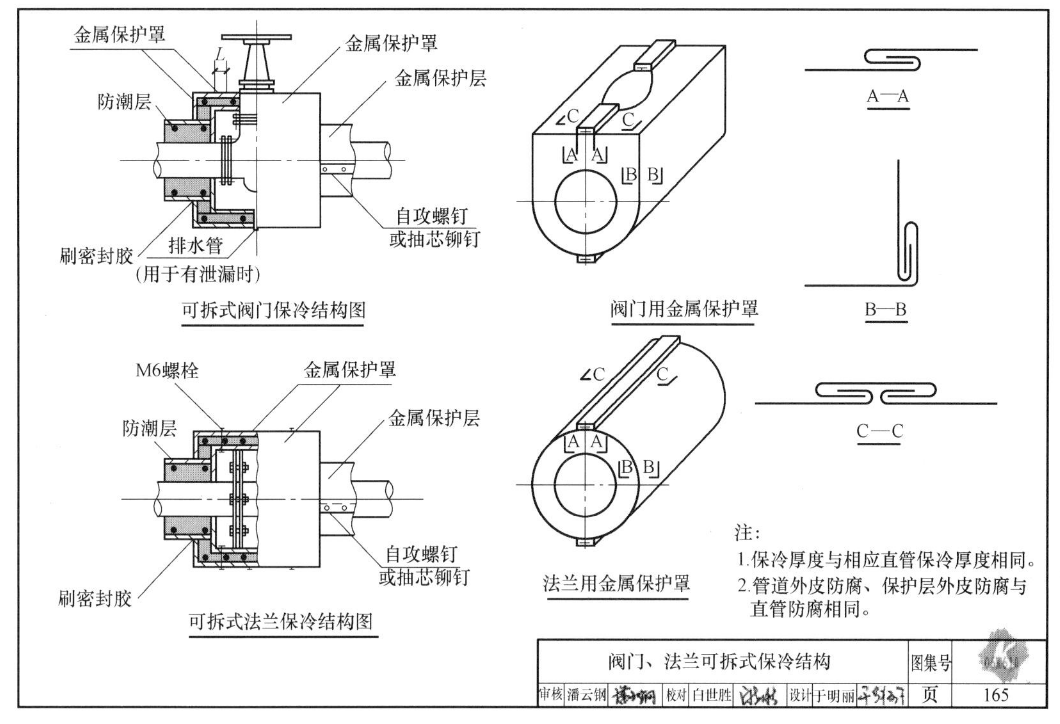

图 16-37　低温送风空调水阀门、法兰可拆卸式保冷节点图

6）阀门、法兰不可拆卸式保冷节点做法（图 16-38）

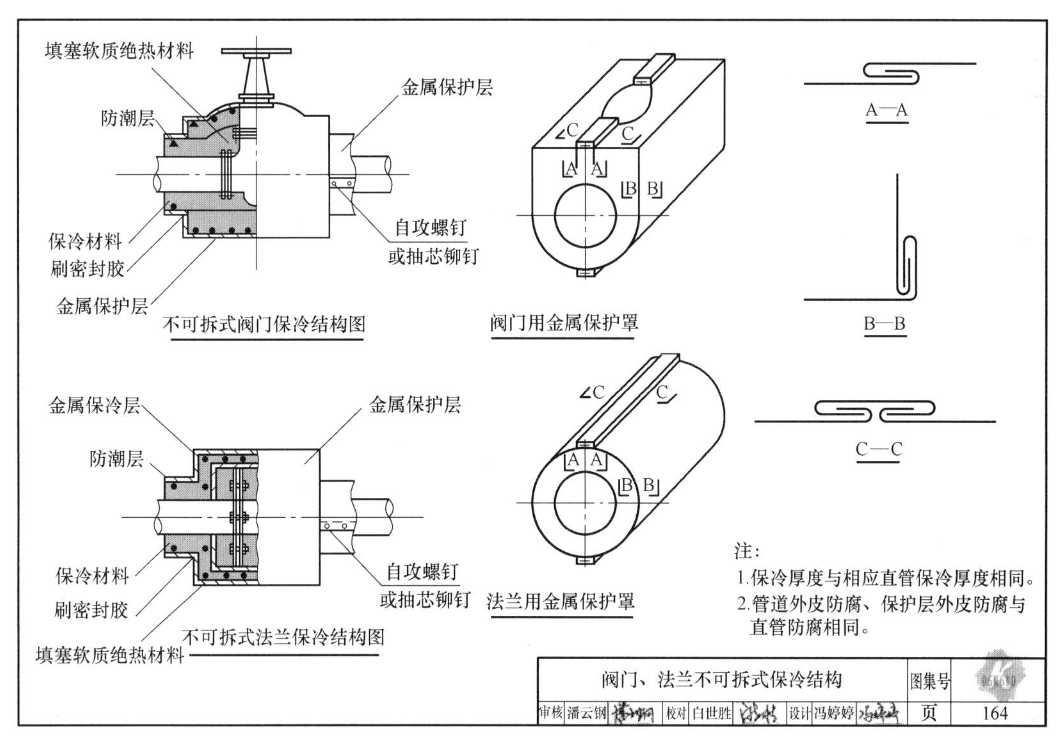

图 16-38　低温送风空调水阀门、法兰不可拆卸式保冷节点图

16.4 冰蓄冷、低温送风空调工程的管理、调试技术及案例

16.4.1 冰蓄冷及低温送风空调工程的管理要点

1. 承包商的选择

选用有强大技术实力、有类似工程经验的专业承包商，该承包商对蓄冰及低温送风空调技术有透彻理解，具有完善的商务管理、施工保障、供应商服务及后期维护等专业保障体系，有能力完成系统风、水平衡调试，拥有有经验的调试人员、调试仪器、调试成功案例，对容易产生的问题具有足够的预见和把控能力。

2. 自控承包商的选择

建议楼控系统和冰蓄冷及低温送风空调系统的承包商尽量选用同一家单位，且对所有空调设备及执行机构的内在关系、冰蓄冷系统的控制策略及优化控制具有丰富的经验。便于配合，避免推诿扯皮。

建议楼控系统尽量采用国际著名品牌原产地的楼控产品，包括控制器、执行器、传感器、成套设备等，控制软件配套供应，通信协议必须是开放的、可兼容的。

建议制冷系统设群控，自成体系，并通过通信介入中央控制中心，以集中管理。

3. 主要材料及设备采购的要点

（1）建议选择主要设备应充分考虑其技术成熟性、先进性、应用可靠性以及性能价格比，设备采购招投标的评标过程中应注重或适当提高技术方面的分值比例。

（2）主要设备采购应关注的方面：

1）蓄冰盘管：制冰率、取冷速率、制冷及融冰曲线、制造商的技术实力、工程业绩、产品质量。

2）冷水机组、双蒸发机组：机组效率、环保冷媒、用电条件、专利技术的使用、高效性的论证、维修要求等。

3）水泵：水泵效率、电机配用、水泵特性曲线的匹配度、制造商的技术实力、工程业绩、产品质量。

4）板换：换热效率、接管尺寸、维修方便性、技术实力、工程业绩、产品质量。

5）冷却塔：通风换热要求、专业认证、制造商的技术实力、工程业绩、产品质量。

6）空调箱：冷却盘管的压降、水温、排数、迎面风速、部分负荷性能、凝水排放等，箱体防冷桥构造，风量和机外余压的要求，风机、变频器等主要部件品质，制造商的技术实力，工程业绩，产品质量。

7）变风量末端：风速传感器性能，消声组件，风机动力型的形式，设计风量，是否需要加热组件，专业认证，制造商的技术实力，工程业绩，产品质量。

8）低温风口：防结露性能，流形控制性能，风量及风压要求，专业测试，制造商的技术实力，工程业绩，产品质量。

4. 施工管理过程中的注意事项

（1）蓄冰槽的防泄/渗漏施工管理；

（2）低温送风系统风管的严密性和防冷桥施工技术管理；

(3) 空调设备材料的采购、选型；
(4) 空调专业与楼控专业的配合及控制策略的精度和实现；
(5) 冰蓄冷和低温送风空调系统的调试、运行的组织与实现；
(6) 冷冻站、空调机房等关键部位的施工质量管理；
(7) 重点部位的消声降噪施工技术应用。

16.4.2　冰蓄冷及低温送风空调系统的试运转及调试

1. 冰蓄冷及低温送风空调系统的试运转及调试内容及工作流程

按照国家标准《通风与空调工程施工质量验收规范》GB 50243 和《通风与空调工程施工规范》GB 50738 的要求，通风空调系统安装完毕投入使用前，必须进行系统调试，调试内容应包括设备单机试运转及调试、系统非设计满负荷条件下的联合试运转及调试两大内容。这也就是我们常说的通风与空调工程的 T. A. B. 测试，其中，T-(Testing) 测试，A-(Adjusting) 调整，B-(Balancing) 平衡。

冰蓄冷及低温送风空调系统的调试主要包括蓄冰系统、空调水系统、空调通风系统和楼控系统的调试，具体的调试内容及工作流程如图 16-39 所示。

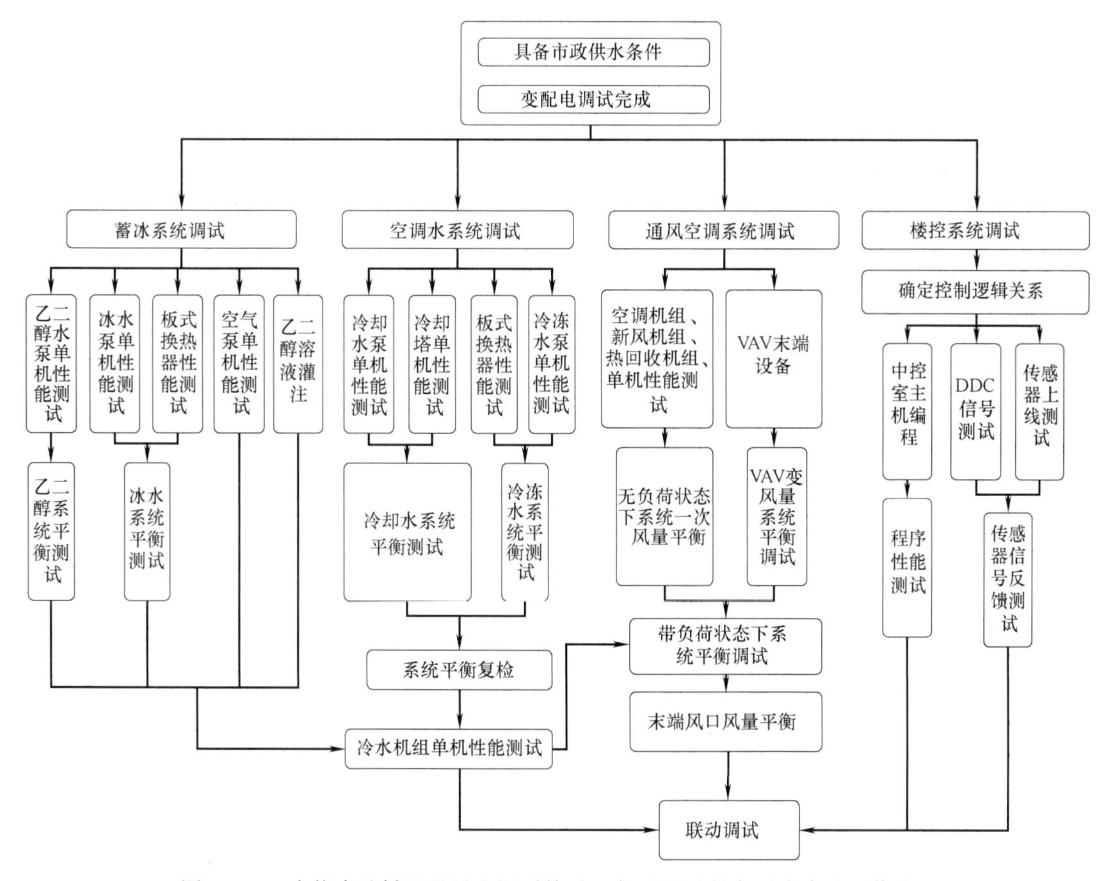

图 16-39　冰蓄冷及低温送风空调系统试运行及调试的主要内容及工作流程

2. 设备单机试运转及调试

(1) 冰蓄冷及低温送风空调系统试运转及调试前，应结合现场状况和各机器设备的位置，仔细阅读和检查冰蓄冷系统暖通及电气施工图，确认系统各设备、管道、电气安装工作已按照图纸及相关规范要求施工完毕；所有的设备（冷水机组、水泵、板换、电动阀门、温度及压力传感器、水流开关、液位计、流量计、控制柜等）根据设计图纸进行挂牌；系统管道流向要求作箭头标志，明示管道系统的流向、流动介质（乙二醇、冷冻水、冷却水）；逐一对控制系统的控制点进行检测，保证正常使用条件。

（2）水泵（包括冷冻水泵、冷却水泵、冰水泵及乙二醇泵）试运转与调试可按表16-5的要求进行。

冰蓄冷及低温送风空调系统水泵的试运转及调试要求　　表16-5

项目	方法和要求
启动	(1)启动时先"点动"，观察水泵的旋转方向是否正确，并检查叶轮与泵壳有无摩擦声和其他不正常现象； (2)水泵启动时，应用钳形电流表测量电动机的启动电流，待水泵正常转动后，再测量电动机的运转电流，保证电动机的电压及运转电流不超过额定值； (3)启动水泵后，检查水泵坚固连接件有无松动，用金属棒或长柄螺丝刀，仔细监听轴承内有无杂声，以判断轴承的运转状态
试运转	(1)水泵运行时不应有异常振动和声响，壳体密封处不得渗漏，紧固连接部位不应松动，轴封的温升应正常； (2)水泵运转经检查一切正常后，再进行2h的连续运转； (3)水泵连续运转2h后，测定滚动轴承外壳最高温度不得超过75℃；滑动轴承外壳温度不得超过70℃； (4)水泵连续运转2h后，各密封处不应泄漏。在无特殊要求情况下，机械密封的泄漏不大于15mL/h； (5)运转中如未再发现问题，水泵单机试运转即为合格
性能测试（流量、扬程测试）	(1)调整支路阀门开启状态，确保末端流量至少与一台水泵流量相匹配； (2)水泵运行正常后，先进行水泵电流及电压的测定，再进行转数测量； (3)水泵运行正常后，可通过设置在水泵进、出口上的压力表数值并计算水泵的扬程； (4)通过水泵出口的直管道，采用超声波流量计对水泵的流量进行测试。每台水泵均按上述测量要求逐一进行性能测试(其中乙二醇泵流量、扬程测试在系统管路中灌注完乙二醇溶液后进行)； (5)水泵并联性能测试时，保证所有水泵开启后，总流量与末端设备总流量相匹配，偏差不大于设计总流量的10%。调节水泵出口的阀门，利用仪器测量水泵并联时的各水泵进、出口的压力(计算扬程)、流量、运行电流和转速等值。确保各台水泵流量一致并确定偏差不大于设计流量的10%
分析和调整	如果实际测量流量、扬程达不到设计要求，检查过滤器是否堵塞，系统末端设备是否按要求全部开启，主管路上的电动阀运行是否正常；如果清洗过滤器等检查工作实施后仍不能达到设计要求，则由厂家配合调整水泵叶轮来实现
注意事项	水泵启动时应将水泵进出口阀门关小，逐渐开启至最大，避免电机电流过载

（3）空气处理机组试运转与调试可按表16-6的要求进行。

空气处理机组的试运转及调试要求　　表16-6

项目	方法和要求
启动	(1)启动时先"点动"，检查叶轮与机壳有无摩擦和和异常声响，风机的放置方向应与机壳上箭头所示方向一致； (2)机组启动时，应用钳形电流表测量电动机的启动电流，待风机正常运转后，再测量电动机的运转电流，运转电流值应小于电机额定电流值；如运转电流值超过电机额定电流值，应将总风量调节阀逐渐关小，直至降到额定电流值

续表

项目	方法和要求
试运转	(1)额定转速下的试运转应无异常振动和声响； (2)机组运转经检查一切正常后，连续试运转时间不应少于2h
性能测试(风量、机外余压等测试)	(1)机组运行正常后，先进行风机电流及电压的测定，再进行转数测量； (2)机组运行正常后，采用毕托管、微压计，通过设置在主风管直管段上的测试点，测试机组的风量和机外余压； (3)通过机组供、回水管的直管道，采用超声波流量计对机组的水流量进行测试； (4)在机组四周各个方向，离机组一定水平距离及离地高度1.5m处，用声级计测量机组的噪声，调整固定螺栓、减振器/垫、风机角度等，使噪声及振动符合技术规定； (5)有加湿、热回收等功能的机组，在供应商的配合下完成相关测试
分析和调整	如果实际测量风量、机外余压达不到设计要求(设计值的90%以下)，检查过滤器是否压损太大，系统主管路上的风阀是否按要求全部开启，末端设备运行是否正常；如果替换或清洗过滤器等检查工作实施后仍不能达到设计要求，则由厂家配合调整风机叶片角度，调整皮带轮的间距或更换皮带轮等来实现

（4）冷却塔试运转与调试可按表16-7的要求进行。

冷却塔的试运转及调试要求　　表16-7

项目	方法和要求
启动	(1)启动时先“点动”，观察风扇叶轮的旋转方向是否正确，并检查风扇叶轮与外壁有无摩擦、卡碰和其他不正常现象； (2)冷却塔启动时，应用钳形电流表测量电动机的启动电流，待冷却塔正常动转后，再测量电动机的运转电流，保证电动机的电压及运转电流不超过额定值
试运转	(1)冷却塔运行时本体应稳固、无异常振动，各类紧固件均无松动； (2)运转经检查一切正常后，再进行2h的连续运转； (3)连续运转2h后，测定滚动轴承外壳最高温度不得超过75℃；滑动轴承外壳温度不得超过70℃； (4)运转中如未再发现问题，冷却塔单机试运转即为合格
性能测试(流量、温度等测试)	(1)逐台启动冷却塔，运行正常后，先测定风机的运转电流值，不应超过额定值，再进行叶轮风机的转数测量；当电机输出电流接近额定电流时，测量冷却塔的进水、出水温度，检验其是否达到使用要求； (2)测量风机轴承的温升，应符合设备技术文件的要求和验收规范的规定； (3)调节浮球阀调整螺栓，使浮球阀按照设置的水位开户或关闭，使喷水量和吸水量达到平衡，并观察补给水和积水盘的水位等运行状况； (4)在塔的进风口方向，离塔壁水平距离为一倍塔体直径及离地高度1.5m处，用声级计测量冷却塔的噪声，调整固定螺栓、减振器、风机角度等，使噪声及振动符合设备技术文件的规定； (5)各冷却塔运行正常后，调整与其连接的阀门，用超声波流量计在连接的直管道上分别测量各台冷却塔水流量； (6)冷却塔并联性能测试时，末端负荷应能匹配。所有冷却塔开启后，各台冷却塔流量基本一致，并每台偏差不大于设计流量的10%
分析和调整	(1)冷却塔冷却能力的计算：冷却量＝比热(kcal/h)×水流量(kg/h)×温差(℃) 评价：冷却能力＝标准冷却量/设计标准冷却量×100% 冷却能力不应小于产品冷却能力的90%； (2)在设备各项性能测试时，如出现偏差较大等情况时，设备本身的原因，由厂家及时整改；如管路上过滤器堵塞等情况，施工单位应及时解决问题，重新测试
注意事项	(1)冷却塔在试运行过程中，管道内残留的以及随空气进入的泥沙尘土会沉积到积水池底部，因此试运行工作结束后，应清洗集水池和水过滤器； (2)冷却塔试运行后期如长期不使用，应将循环管路及集水池中的水全部放出，防止形成污垢和冻坏设备

（5）冷水机组试运转与调试可按表16-8的要求进行。

冷水机组的试运转及调试要求 表16-8

项目	方法和要求
启动	(1)由设备厂家负责设备的启动，人机操作界面上的各项参数应基本符合设计要求； (2)冷水机组启动顺序：冷却水泵→冷却塔→空调末端装置→冷冻水泵→冷水机组； (3)冷水机组关闭顺序：冷水机组→冷却塔→冷却水泵→空调末端装置→冷冻水泵； (4)冷水机组启动时，应用钳形电流表测量电动机的启动电流，待正常动转后，再测量电动机的运转电流，保证电动机的电压及运转电流不超过额定值
试运转	(1)冷水机组运行时本体应稳固，无异常振动、噪声、阻滞等现象，各类紧固件均无松动； (2)运转经检查一切正常后，冷水机组与冷冻水系统须运转8h以上，冷水机组与乙二醇系统须循环运行8h以上，运转中如未再发现问题，冷水机组单机试运转即合格
性能测试	(1)与冷水机组连接的管路系统具备联动条件，末端具备足够的冷负荷条件； (2)逐台启动冷水机组，运行正常后，测量的主要技术参数有： 冷冻水进口、出口的压力、压差、温度、流量； 冷却水进口、出口的压力、压差、温度、流量； 制冷机的启动电流和运行电流、电压； (3)各冷水机组运行正常后，通过水泵进、出口上的压力表数值计算水泵扬程； (4)调整与冷水机组连接的阀门，用超声波流量计在连接的直管道上分别测量各台冷水机组冷冻水蒸发器流量、乙二醇蒸发器流量和冷凝器冷却水流量，利用红外线测温仪测量各出、入口温度； (5)冷水机组并联性能测试时，末端负荷应能匹配。所有冷水机组开启后，再调节与冷水机组连接的阀门(包括电动阀)，再利用仪器分别测量并联时的各冷水机组进、出口的压力(计算扬程)、流量大小、运行电流和转速等值。确保各台冷水机组流量基本一致，每台偏差不大于设计流量的10%
分析和调整	冷水机组的性能系数一般以COP表示。它标志着制取单位冷量所需消耗的能量，所以，是评价设备节能性能的主要指标。 $COP=Q/\sum N$　　冷水机组$COP=c\times G\times(t_2-t_1)/\sum N$ 式中：Q——制冷机的产冷量(kW)； $\sum N$——制冷系统的轴功率(制冷主机、辅机、循环水泵、冷却水泵、风冷冷凝器风机的总和)(kW)； G——冷水流量(kg/s)； c——冷水的比热容[kJ/(kg·℃)]； t_1、t_2——冷水的进、出口温度(℃)。 在设备各项性能测试时，如出现偏差较大等情况，如是设备本身的原因，由厂家检查并及时整改。如管路上过滤器堵塞等情况发生，施工单位应及时解决问题后，重新测试

（6）板式换热器试运转与调试可按表16-9的要求进行。

板式换热器的试运转及调试要求 表16-9

项目	方法和要求
性能测试(流量、压降及温度测试)	(1)与换热器连接的管路系统具备联动条件，末端负荷具备条件； (2)打开与换热器连接的阀门(包括电动阀)，用超声波流量计在连接的直管道上分别测量冷冻水进、出口流量及冰水系统管路进、出口流量。利用红外线测温仪测量对应各系统管路出、入口温度； (3)在通水运行正常后，通过设置在换热器进、出口上的压力表数值计算压降大小； (4)并联性能测试时，确定末端负荷应能匹配。通过调节与各台换热器连接的阀门，利用仪器分别测量各台设备流量大小及进、出口的压力(计算压降大小)及温度大小等值。确保各台设备流量基本一致并偏差不大于设计流量的10%
分析和调整	换热器的性能由换热量来衡量： 换热量＝比热(kcal/h)×水流量(kg/h)×温差(℃) 换热器性能计算须在所有设备及管路系统调试完成后进行，其与设计值的相差应为±10%。此工作由换热器厂家完成，必须全程跟踪并详细记录

（7）蓄冰设备（包括空气泵）的试运转与调试可按表16-10的要求进行。

蓄冰设备的试运转及调试要求　　表16-10

项目	方法和要求
前提条件	(1)与蓄冰设备相连的乙二醇泵、冰水泵、冷水机组、冷冻水泵、板式换热器、冷却塔、冷却泵的单机试车及性能测试已合格； (2)冰厚度传感器调试正常使用
空气泵试运转	管路正常并验收合格后，冰槽内完成注水，由厂家负责打开空气泵，确定鼓出的空气分布均匀
性能测试（流量、压降及温度测试）	(1)打开与蓄冰钢盘管连接的阀门(电动阀)，用超声波流量计分别测量乙二醇系统管路供、回(主、支)管流量及冰水系统管路供、回水管流量； (2)利用红外线测温仪，测量相关系统管路出、入口温度； (3)与冰盘管连接的管路呈异程布置，并联性能测试时，确定末端负荷应能匹配。在主管流量偏差不大于设计流量的10%大小时，通过调节与各组冰盘管连接的阀门，利用仪器分别测量各组冰盘管进、出口的压力(计算压降大小)、流量大小等值。确保各组冰盘管流量基本一致且偏差不大于设计流量的10%

3．系统非设计满负荷条件下的联合试运转及调试

（1）系统非设计满负荷条件下的联合试运转及调试一般包括下列内容：

1）监测与控制系统的检验、调整与联动运行；

2）系统风量的测定和调整（通风机、风口、系统平衡）；

3）空调水系统的测定和调整；

4）变风量（VAV）系统联合试运转与调试；

5）室内空气参数的测定和调整；

6）防排烟系统测定和调整。

（2）系统非设计满负荷条件下的联合试运转及调试应符合下列规定：

1）系统总风量调试结果与设计风量的允许偏差应为－5%～＋10%；建筑内各区域的压差应符合设计要求。

2）变风量空调系统联合调试应符合下列规定：

系统空气处理机组应能在设计参数范围内对风机实现变频调速。

空气处理机组在设计机外余压条件下，系统总风量应满足风量允许偏差应为－5%～＋10%的要求；新风量与设计新风量的允许偏差为0～＋10%。

各变风量末端装置的最大风量调试结果与设计风量的允许偏差应为0～＋15%。

3）空调冷（热）水系统、冷却水系统总流量与设计流量的偏差不应大于10%。

水泵的流量、压差和水泵电动机的电流不应出现10%以上的波动。

水系统平衡调整后，定流量系统的各空气处理机组的水流量允许偏差应为15%；变流量系统的各空气处理机组的水流量允许偏差应为10%。

冷水机组的供回水温度和冷却塔的出水温度应符合设计要求；多台冷机或冷却塔并联运行时，各台制冷机及冷却塔的水流量与设计流量的偏差不应大于10%。

4）舒适性空调的室内温度应优于或等于设计要求。

5）冰蓄冷系统运行的充冷时间、蓄冷量、冷水温度、融冰放冷时间等应满足相应工况的设计要求。

（3）监测与控制系统的检验、调整与联动运行（表16-11）

监测与控制系统的检验、调整与联动运行要求　　表16-11

项目	方法和要求
控制线路检查	（1）核实各传感器（包括温度、压力传感器、液位计、水流开关、流量计等）、控制器和调节执行机构的型号、规格和安装位置是否与施工图相符； （2）仔细检查水流开关、流量计等的安装方向是否与介质流向相符； （3）仔细检查各传感器（包括温度、压力传感器、液位计、水流开关、流量计等）、控制器和执行机构接线端子上的接线是否正确
调节器及检验仪表单体性能校验	（1）检查所有传感器（包括温度、压力传感器、液位计、水流开关、流量计等）的型号、精度、量程与所配仪表是否相符，并进行刻度误差和动特性校验，均符合要求； （2）控制器应做模拟试验，模拟试验时宜断开执行机构，调节特性的校验及动作试验与调整，均应达到产品技术要求及设计标准； （3）调节阀和其他执行机构应作调节性能模拟试验，测定全行程距离与全行程时间，调整限位开关位置，标出满行程的分度值，均应达到产品技术文件要求，部分工作可由专业供应商配合完成
监测与控制系统联动调试	（1）全面检查系统在单体性能校验中拆去的仪表，断开的线路应恢复；线路应无短路、断路及漏电等现象； （2）正式投入运行前应仔细检查连锁保护系统的功能，确保在任何情况下均能对空调系统起到安全保护的作用； （3）自控系统联动运行应按以下步骤进行： 1）将控制器手动-自动开关置于手动挡位，仪表供电，被测信号接到输入端； 2）手动操作，以手动旋钮检查执行机构与调节机构的工作状况，符合要求； 3）断开执行器中执行机构与调节机构的联系，使系统处于开环状态，将开关无扰动地切换到自动位置上。改变给定值或加入一些扰动信号，执行机构应相应动作； 4）手动施加信号，检查自控连锁信号和自动报警系统的动作情况。顺序连锁保护应可靠，人为逆向不能启动设备；模拟信号超过设定上下限时自动报警系统发出报警信号，模拟信号回到正常范围时应解除报警； 5）系统各环节工作正常，应恢复执行机构和调节机构的联系

（4）系统风量的测定和调整

空调机组单机测试完毕后进行风管及末端风口风量的测定、平衡。干、支管的风量可用毕托管、微压计等进行测试。对空调系统的风量调整采用“流量等比分配法”或“基准风口调整法”，从系统的最远、最不利环路开始，逐步调向空调机组。

（5）空调水系统的测定和调整

空调水系统平衡调试需按系统平衡阀（静态平衡阀、动态平衡阀）及其他可调节阀门的设置情况制定相应的调试方案。空调水主干管上设有流量计的，可直接读取冷热水的总流量；设有平衡阀的，通过平衡阀两端流量测孔以及厂家配套测量仪器可读取水流量；其他空调冷热水及冷却水管路的总流量以及空调机组的水流量均可采用便携式超声波流量计测定。

空调水管路上的截止阀、蝶阀、闸阀、各类平衡阀都具有一定的流量调节能力，尤其是平衡阀，具有良好的流量调节特性；因此在调节流量时，优先调节平衡阀，再考虑调节其他阀门。

1）静态水力平衡调试：是通过在管道系统中静态阀门对系统管道特性阻力数比值进行调节，使其与设计要求管道特性阻力数比值一致，系统总流量达到设计流量时，各末端设备流量均同时达到设计流量，系统实现静态水力平衡。

2）动态水力平衡调试：是通过在管道系统中增设动态水力平衡设备（流量调节器或压差调节器），当其他用户的阀门开度发生变化时，通过动态水力平衡设备的屏蔽作用，使自身的流量并不随之发生变化，末端设备流量不互相干扰，此时系统实现动态水力平衡。

静态平衡调试完成后，将各种动态平衡阀与弱电专业相连，根据弱电专业要求，对动态平衡阀进行预设，然后与弱电专业进行联调。

（6）蓄冰系统的联动试运行

在确认主机无故障，水泵、电动蝶阀等相关设备单独运行正常时，在PLC侧检测该设备的全部控制点，确认其满足设计和监控点要求时，启动联动控制方式，分工况地运行系统，确认系统各设备按设计和工艺要求的顺序自动投入运行和关闭自动退出运行这两种方式。各工况下具体动作如下：

1）系统待机工况：

关闭冰蓄冷系统中的所有电动阀门→将所有电动装置（水泵、制冷主机等）处于停机状态→记录制冷主机蒸发器侧、冷凝器侧进出口的温度和压力，记录乙二醇泵进出口压力，记录板式换热器冷热侧进出口温度和压力，记录冷冻水泵进出口压力，记录分集水器温度和压力。

2）主机单独供冷工况：

打开对应回路的电动阀门（参见系统流程图及各运行工况下电动阀门状态表）→启动乙二醇泵→启动冷却水泵→启动冷却塔风机→启动冷冻水泵→启动制冷主机→主机单供冷工况启动完成。记录制冷主机蒸发器侧、冷凝器侧进出口的温度和压力，记录乙二醇泵进出口压力，记录板式换热器冷热侧进出口温度和压力，记录冷冻水泵进出口压力，记录分集水器温度和压力，记录乙二醇侧、冷冻水侧流量。

系统停机时，先关闭制冷主机→关闭乙二醇泵→关闭冷却塔风机→关闭冷却水泵→关闭冷冻水泵→系统恢复到待机工况。

3）蓄冰工况：

打开对应回路的电动阀门（参见系统流程图及各运行工况下电动阀状态表）→启动初级乙二醇泵→启动冷却水泵→启动冷却塔风机→启动制冷主机→蓄冰工况启动完成。记录制冷主机蒸发器侧、冷凝器侧、蓄冰装置侧进出口的温度和压力，记录初级乙二醇泵进出口压力，乙二醇侧流量。

蓄冰结束时，关闭制冷主机→ 5min后关闭乙二醇泵→关闭冷却塔风机→直到主机乙二醇侧检测温度系统≥0℃关闭冷却水泵→恢复到待机工况。

4）融冰供冷工况：

打开对应回路的电动阀门（参见系统流程图及各运行工况下电动阀状态表）→启动乙二醇泵→启动冷冻水泵→单融冰供冷工况启动完成。记录蓄冰装置侧进出口的温度，记录乙二醇泵进出口压力。记录乙二醇侧、冷冻水侧流量。

5）主机与融冰联合供冷工况：

打开对应回路的阀门→启动乙二醇泵→启动冷却水泵→启动冷却塔风机→启动冷冻水泵→启动制冷主机→主机与融冰联合供冷工况启动完成。记录制冷主机蒸发器侧、冷凝器侧、蓄冰装置侧进出口的温度和压力，记录板式换热器冷热侧进出口温度和压力，记录乙二醇泵、冷冻水泵、冷却水泵进出口压力，记录分集水器温度和压力，记录乙二醇侧、冷冻水侧流量。

主机融冰联合供冷结束，关闭制冷主机→关闭乙二醇泵→关闭冷却塔风机→关闭冷却水泵→关闭冷冻水泵→系统恢复到待机工况。

蓄能空调系统联合调试前，应按设计要求对各运行模式进行试运行。试运行一个蓄能-释能周期结束后，应进行不少于两个蓄能-释能周期的工况测试。

（7）冰蓄冷低温送风系统的性能试验

冰蓄冷空调系统在调试阶段应至少进行一个蓄能-释能周期的性能试验，蓄冰装置和制冷机组性能参数数据应进行检测和记录。

在调试阶段宜对槽体内外表面温度进行检测，并宜对槽体绝热层构造和厚度进行验算和核实。对现场制作的蓄冰槽防水层应进行 24h 漏水检测。

4. 低温送风空调系统的“预冷”软启动

低温送风空调系统刚运行时，由于室内空气湿度较高，易在风口表面产生结露，因此，低温送风系统初始运行或者经过夜晚、周末节假日等长时间停止运行后重新启动时，应考虑采用软启动“预冷”。即调节空调冷水流量或温度、设定冷风温度下调时间表、逐步减少末端加热量等措施实现软启动，送风温度随室内空气相对湿度的降低而逐渐降低。在空调停止运行期间，房间内温度和湿度的变化将取决于停机时间的长短、内外环境条件、围护结构的防潮隔汽和建筑物门窗的气密性等因素。

表 16-12 为北京某大厦空调系统开始运行时送风温度缓慢下调时间表。

北京某大厦低温送风系统软启动“预冷”的时间表 **表 16-12**

时间	风量限制	送风温度
上班前两小时	最大风量的 40%	13℃
上班前一小时	最大风量的 65%	10℃
工作时间	100%最大风量	7℃

16.4.3 冰蓄冷及低温送风空调技术的工程案例——中国石油大厦

1. 工程概况

北京某石油大厦（图 16-40）工程主体地上 22 层，地下 4 层，建筑高度 90m，总建筑面积为 200838m^2，集办公、会议、商务、餐饮、文体活动、停车等功能的多功能建筑，容纳办公总人数约 3000 人。

2. 冰蓄冷系统概述

制冷机房位于地下 4 层，设置冰蓄冷装置、离心式双蒸发器制冷机组、多机头磁悬浮式冷水机组、一二次冷冻水泵、冷却水泵、热交换器等设备。

冰蓄冷装置采用冰盘管外融冰方式，其布置方式采用主机上游的串联形式。蓄冰钢盘管放置在预制的钢筋混凝土槽内，蓄冰工况时，蓄冷温度为−8℃；融冰工况时，供冷温度为 1.1℃；冰蓄冷装置的总蓄冷容量约为 16000TH。

本工程选用 3 台双蒸发器制冷机组作为制冷主机，空调工况时，单台制冷量为 1100 冷吨；另设 2 台多机头磁悬浮冷水机组作为基载主机，单台制冷量为 450 冷吨。冷却塔位于屋顶，其总装机容量为 3000m^3/h。

蓄冰系统采用开式系统，其载冷剂采用溶液浓度为 30%的乙二醇水溶液，系统补液为手动设置，膨胀水箱设在地下 3 层水箱间内。

蓄冰系统与冷冻水系统采用间接连接方式，系统如图 16-40 所示。供冷时，1.1℃的冰水经板式热交换器热交换，为大厦提供低温及常温冷冻水，低温冷冻水供回水温度为 2.2/13.2℃，供各空调箱使用；常温冷冻水供回水温度为 6/13℃，供风机盘管使用。蓄冰工况时，双蒸发器离心式制冷机产生的低温乙二醇溶液进入冰盘管，吸热升温后经泵 P2 回至机组；同时，夜间供冷由基载制冷机负担。空调工况时，温度为 13.3℃的二次冷水回水，经基载制冷机预冷后，由泵 P1 进入双蒸发器离心式制冷机及板式换热器，产生温度为 2.2℃的二次冷水供水，通过泵 P4 送至各空调末端装置。

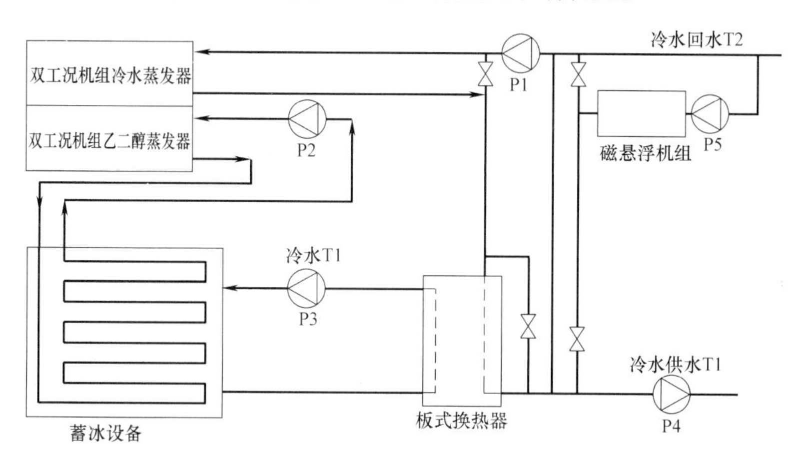

图 16-40 北京某石油大厦蓄冰系统图

3. 低温送风空调系统介绍

(1) 低温送风系统冷源选择

本工程低温送风系统冷源采用外融冰冰蓄冷（图 16-41），制冷机组融冰工况时能提供 1.1℃冷冻水；供冷工况时 1.1℃的冷冻水通过板式换热器的热交换，为大厦空调箱提供了供回水温度为 2.2/13.2℃的冷冻水。在夏季空调工况时，出风温度在空调机组表冷器处为 5.5℃，至送风口的送风温度为 7℃。

(2) 主要设计参数如表 16-13。

低温送风系统设计参数 表 16-13

内容	设计参数	备注
室内温湿度	24℃/40%	相对湿度较常温系统降低 10%
送风温度	7℃	
空调供回水温度	2.2℃/13.3℃	
空调送风量	2397921m^3/h	送风量较常温系统减少 28%，大大减少送风管路占用建筑空间，特别是吊顶内的空间，大大减少送风系统的投资和运行能耗
系统循环水量	1500 m^3/h	循环水量减少 55%，大大减少用于输送冷冻水的管网占用建筑空间，大大减少管网系统的投资和冷冻水输送的运行能耗
空调箱数量	67 台	
空调系统用电量	7026kW	不含换热站
空调机房面积	4600m^2	空调机房减少的面积使有效办公面积增加了 2000m^2

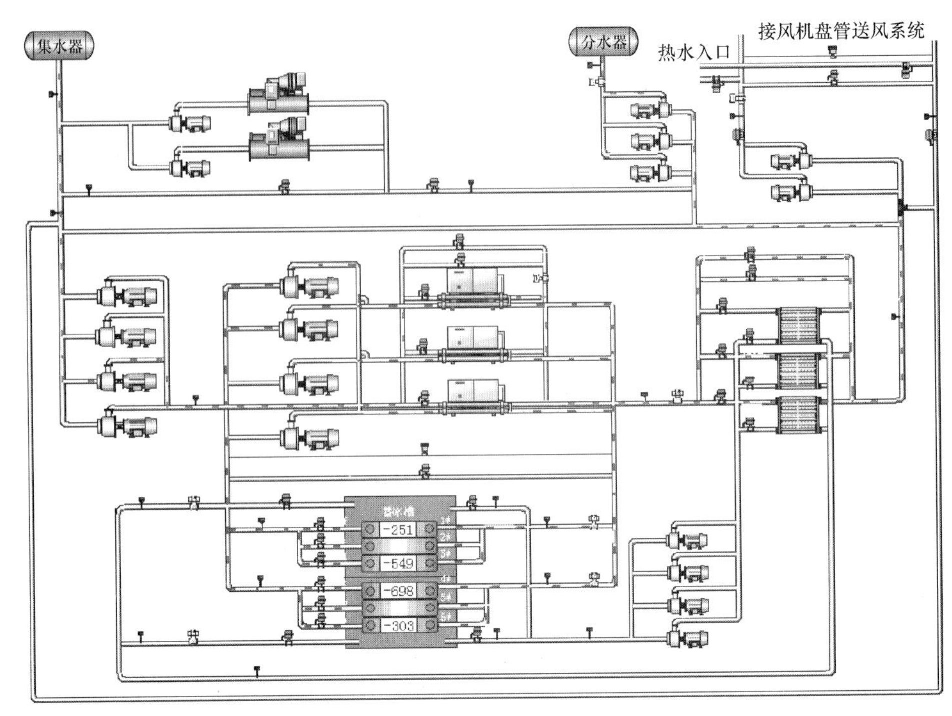

图 16-41　低温送风系统冷源-外融冰蓄冷

17 电缆敷设技术

电缆敷设是建筑电气工程中的重要分项工程，应按《电气装置安装工程 电缆线路施工及验收标准》GB 50168 和《建筑电气工程施工质量验收规范》GB 50303 的规定执行。

本章内容主要包括长距离水平电缆机械敷设技术和超高层建筑电缆敷设技术。

17.1 电缆运输与保管

电缆在运输装卸过程中，不得使电缆及电缆盘受到损伤；严禁将电缆盘直接由车上推下；电缆盘不应平放运输、平放贮存。

运输或滚动电缆盘前，必须保证电缆盘牢固，电缆绕紧。滚动时必须顺着电缆盘上的箭头指示或电缆的缠紧方向。

电缆及其有关材料如不能立即安装，应按下列要求贮存：

(1) 电缆应集中分类存放，并应标明型号、电压、规格、长度。电缆盘之间应有通道。地基应坚实，当受条件限制时，电缆盘下应加垫木或其他措施。存放处不得积水。

(2) 电缆附件的绝缘材料的防潮包装应密封良好，并应根据材料性能和保管要求进行贮存保管。

(3) 电缆及其附件在安装前进行保管时，其保管期限应不超过一年。当需要长期保管时，应符合设备保管的专门规定。

(4) 电缆在保管期间，电缆盘及包装应完好，标识应齐全，封端应严实。当有缺陷时，应及时处理。

17.2 长距离水平电缆机械敷设技术

17.2.1 原理及特点

随着建设规模的不断扩大，用电负荷在不断增加，电缆的规格越来越粗、长度越来越长。传统的人工电缆敷设已经不能满足现场施工的需要，这就需要采取电缆机械敷设技术。

电缆机械敷设技术的原理：根据敷设电缆的型号规格、长度和敷设路径等条件数据，计算电缆敷设需用牵引力，合理确定电缆敷设机械设备型号，确定电缆盘和导向轮的安放位置。通过电缆输送机、电缆牵引机等机械设备将电缆沿敷设路径进行敷设。

电缆机械敷设技术具有以下特点：

(1) 与传统的人工敷设相比，机械敷设可用于高空作业、地下管沟作业等恶劣环境条件下的施工，大幅度减少危险条件下作业人员的数量，减少作业风险。

(2) 电缆机械敷设速度是传统人工敷设的数倍，能缩短施工工期，提高效率，节省人工成本。

（3）电缆机械敷设在直线段、转角处设置直滑车和转角滑车，避免了敷设过程中电缆外皮与钢制梯架直接接触而造成绝缘层的损伤，确保电缆的高质量敷设。

电缆机械敷设技术通常适用于长度50m以上的普通电力电缆和铠装电力电缆的施工。

17.2.2 施工准备

（1）人员：人员数量可根据预敷设电缆的规格型号、预敷设电缆的单根长度来安排。应对操作人员进行技术交底、安全交底。

（2）机械：根据工程量配置电缆敷设的机械设备，设备在施工前应进行性能检测，确保机械设备性能良好。

（3）材料：根据工程实际情况以及回路长度编制电缆表，根据电缆表向电缆厂家订货，提出电缆盘电缆长度。

（4）牵引力计算：电缆机械敷设的水平牵引力按式（17-1）计算。

$$T=9.8\mu WL \tag{17-1}$$

式中 T——牵引力（N）；

μ——摩擦系数，按表17-1选取；

W——电缆每米重量（kg/m）；

L——电缆长度（m）。

常用牵引件摩擦系数 **表17-1**

牵引件	摩擦系数
滚轮上	0.1～0.2
钢桥架上	0.15～0.2
塑料桥架上	0.4

最大牵引强度须符合表17-2的要求。

电缆最大允许牵引强度 **表17-2**

牵引方式	牵引头(N/mm²)		钢丝网套(N/mm²)	
受力部位	铜芯	铝芯	铅套	铝套
允许牵引强度	70	40	10	40

（5）侧压力计算：110kV及以上电缆应按式（17-2）计算侧压力。

$$P=T/R \tag{17-2}$$

式中 P——侧压力（N/m）；

T——牵引力（N）；

R——弯曲半径（m）。

转弯处的侧压力应符合产品技术文件的要求，无要求时不应大于3kN/m。

17.2.3 技术要点

（1）电缆敷设前应先进行外观检查、验收：产品的合格证、技术文件应齐全；电缆的规格、型号、长度符合设计要求；电缆外观无损伤，电缆封端应严实。当外观检查有怀疑时，应进行受潮判断或试验。

（2）电缆敷设前必须进行试验，试验合格后才能进行敷设。高压电缆试验项目包括：测量绝缘电阻、直流耐压泄漏试验。

（3）敷设前，应熟悉图纸，按电缆深化图对电缆盘进行编号，将电缆盘运至指定位置。电缆盘编号及运输务必准确，需有专人负责。

（4）电缆的起点处的作业应由熟悉现场情况的技术人员指导，以保证电缆的规格、型号使用正确。

（5）电缆盘支架应牢固，应能承受特殊电缆重量的重压及滚动荷载，撑起电缆盘的横杆钢管应牢固可靠。

（6）根据 17.2.2 节计算出的电缆牵引力，选择相应型号的卷扬机以及电缆输送机。

（7）利用自制支撑装置将电缆盘撑起，轴上套钢管，以减少摩擦力。电缆盘的摆放方向应保证电缆敷设时，电缆能从盘的上端引出，不应使电缆在支架上或地面上摩擦拖拉，见图 17-1。

（8）电缆测试完成后，再次用胶带缠绕电缆头，并检查密封性，防止电缆头拉脱。

（9）进行电缆牵引前，在电缆终端头处装电缆牵引头（金属网罩）。

（10）电缆转弯处设有专人看护，保证电缆的转弯半径符合施工规范要求。

（11）机械设备的布置：电缆终点处应设置电缆牵引机，敷设线路的适当位置上设置电缆输送机，电缆直线滑车每隔 6m 设一个，电缆转弯处须设置大转角滑车，见图 17-2。

图 17-1　电缆盘支撑示意图

(*a*) 电缆输送机

(*b*) 电缆直线滑车

图 17-2　电缆输送机及电缆直线滑车示意图

（12）电缆敷设时由专人统一指挥，发出指令，保证电缆行停一致，使电缆受力均匀，不受损伤。

（13）电缆敷设机应低速慢行，电缆运动过程中要保证电缆在电缆滚子上匀速慢行，多台电缆敷设机要保持同步运行，速度不宜超过 15m/min。电缆敷设示意图见图 17-3。

图 17-3　电缆敷设示意图

（14）牵引时每个输送机、电缆滑车位置应设专人看护，并应有专人沿途检查，发现卡口或滑车翻倒等现象及时通知卷扬机处联系人停止卷扬机牵引。

（15）电缆敷设时务必按照电缆排布图敷设，敷设完成后及时进行电缆固定。

（16）敷设电缆时，要注意电缆允许敷设的最低温度，在敷设前 24h 内的平均温度以及敷设现场的温度不应低于规范规定的要求，若温度过低应采取措施。电缆允许敷设最低温度见表 17-3。

电缆允许敷设最低温度表　　　　**表 17-3**

电缆类型	电缆结构	允许敷设最低温度(℃)
橡皮绝缘电力电缆	橡皮或聚氯乙烯护套	−15
	铅护套钢带铠装	−7
塑料绝缘电力电缆	（不限结构）	0

（17）电缆固定、标识

1）电缆敷设后，电缆首尾两端、转弯两侧及每隔 5～10m 处设固定点。当电缆敷设到位后，由电缆的首端往回整理绑扎。

2）在沿电缆梯架敷设的电缆在其两端、拐弯处、交叉处应挂标志牌，直线段每间隔 20m 增设标志牌。标志牌规格应一致，并有防腐性能，挂设应牢固。标志牌上应注明电缆编号、规格、型号、电压等级及起始位置。

（18）验收

1）在电缆线路验收时，应检查电缆本体、附件及其有关辅助设施的质量。

2）标示牌的质量应可靠，内容应正确，不漏装、错装。

3）为保证电缆安全运行，应确保：

① 不同回路、不同电压、交流、直流电缆分别敷设在不同梯架、托盘、槽盒内，若必须敷设在同一个梯架、托盘、槽盒内时，务必电缆中间加设隔板，确保无干扰；

② 电缆沟盖板齐全，电缆沟道内无杂物障碍、积水。

4）在电缆敷设完成后必须进行耐压试验、绝缘试验及泄漏性试验，试验数据应符合相关规范要求。

5）验收时，应检查电缆线路的两端相位是否一致，并与电网相位相符合。

17.2.4　质量安全控制要点

(1) 施工前进行深化设计，将电缆按图排布好，确保电缆敷设后排列整齐，不交叉。

(2) 电缆敷设前首先应进行外观检查、验收，产品的合格证技术文件齐全，电缆外观无损伤，电缆的规格、型号、长度符合设计要求。

(3) 电缆应有出厂质量证明文件，包括：

1) 合格证、厂家检测报告；

2) 电缆质量证明文件应为原件，如果是复印件，复印件和原件内容一致，并加盖原件存放单位公章，注明原件存放处，并有经办人签字和时间。

(4) 电缆绝缘皮标识清楚，标识间距不大于1m，要标明生产厂名、规格型号和米数；标识字迹清晰，用浸有汽油或酒精的棉布以1m/s的速度匀速连续擦拭5次，字迹仍清晰可辨。

(5) 电缆端部需进行防护，防止水气进入其绝缘层。

(6) 电缆按规定验收后，放置于干燥清洁处，并不得受力变形和弄脏。电缆不安装时，其储存场所宜干燥，有遮盖，应避免酸、盐、碱等腐蚀性物质的侵蚀。电缆在保管期间，电缆盘及边装应完好，标志应齐全，封端应严密。

(7) 在运输装卸过程中，不应使电缆盘受到损伤。严禁将电缆盘直接由车上推下，电缆盘不应平放运输和平放储存。运输或滚动电缆盘前，必须保证电缆牢固，并绕紧；滚动时，必须顺着电缆盘上的箭头指示或电缆的绕紧方向。电缆敷设时必须上部出线，避免电缆划损。

(8) 电缆敷设前应进行绝缘、耐压、泄露试验，待试验合格后才可进行敷设。

(9) 应不定期对各个工序及施工情况进行抽检，检查相关工序，对出现的问题及时进行纠正处理乃至整改，以免造成后期大规模的返工。

(10) 机具使用前必须检验合格，以保证电缆敷设质量和人员安全。

1) 电缆牵引机、电缆输送机各机构转动平稳，没有异常响声；

2) 控制、操纵装置动作灵敏可靠；

3) 急停开关灵敏、可靠；

4) 电缆供电系统充分、正常；

5) 钢丝绳规格正确，断丝和磨损达到标准要求；

6) 各部位滑轮、滑轮组转动灵活、可靠，无卡塞现象；

7) 旋转网套连接器与电缆相匹配；

8) 电缆牵引机、电缆输送机、各放线滑车固定牢固。

17.3　超高层建筑电缆提升敷设技术

17.3.1　技术简介

电缆提升敷设技术是指利用一台或多台卷扬机吊运电缆，采用自下而上垂直吊装敷设的技术，这种技术适用于超高层建筑中高度较高的区域电缆敷设，其安装流程如下：

井口测量→编制电缆排布表→选择布置起重设备→选择吊具及布置→电缆盘安放位置确定→井道电缆吊装→电缆卡具固定。

超高层建筑大多为民用建筑，采用核心筒的结构形式，电气竖井布置在中心位置，这增加了电缆垂直敷设的难度。主要特点如下：

（1）电缆井垂直高度太高，吊装运输的电缆太长，电缆自重太重，上端缆段易被自身重量拉伤，同时电缆摇摆幅度较大；

（2）电缆井内空间较小，无法设置大吨位、大容绳量卷扬机；

（3）操作空间狭窄，不方便多人同时同层施工；

（4）电缆数量密集的情况下，易被洞口划伤破坏。

17.3.2 井口测量

电气竖井满足吊装条件后，对相应各楼层井口进行测量，做好测量记录，对宽度小于300mm的井口做出标识。

17.3.3 编制电缆排布表

根据项目配电系统的实际情况编制电缆排布表，需要标明电缆长度、功能、回路编号、始终端等信息。

17.3.4 选择布置起重设备

1. 起重设备布置

吊装卷扬机布置在电气竖井的最高设备层或以上楼面，除设置定滑轮外，还需在地面上设置导向滑轮，用作电缆水平段的导向。对于超高层电缆吊装，卷扬机除吊装最高设备层的电缆外，还要考虑吊装同一井道内其他设备层的高压或低压电缆。

2. 起重设备选择

根据电缆重量计算选择卷扬机，一般选择2～3t慢速卷扬机。若不能满足要求，可相应调整滑轮组的门数，同时还应考虑卷扬机的容绳量是否满足要求。

3. 钢丝绳选择

承载破断拉力可按 $P=k \cdot W$ 计算，W 为钢丝绳受力，k 为安全系数，一般取5或6；通过查钢丝绳规格型号表，选用合适的钢丝绳。

17.3.5 吊具选择

（1）主吊具。在电缆始端采用具有消除电缆及钢丝绳旋转扭力，以及垂直受力锁紧特性的头网套连接器，作为主吊具一，见图17-4。在上水平段与垂直段的拐弯处，采用具有垂直受力锁紧特性的覆式侧拉型中间网套连接器，作为主吊具二，见图17-5，用以增加摩擦，满足二次倒缆需要。两主吊具之间的距离为上水平段电缆敷设的长度。

（2）辅助吊具。隔50m增设一副覆式侧拉型中间网套连接器B，见图17-6，直至电缆终端。主要作用是分担主吊具的吊重，使电缆垂直段均匀受力，其具有垂直受力锁紧特性。

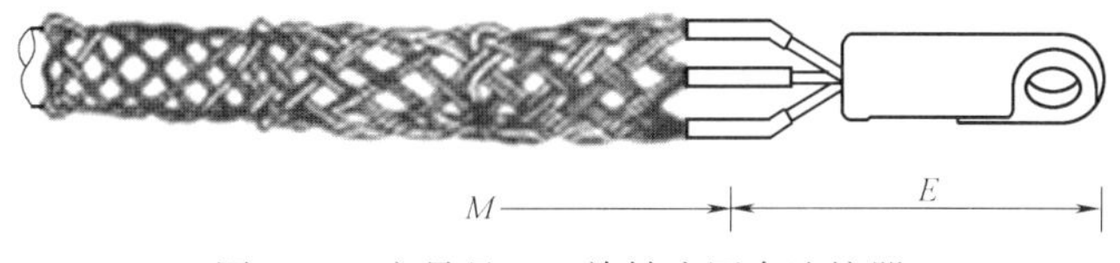

图 17-4　主吊具一：旋转头网套连接器

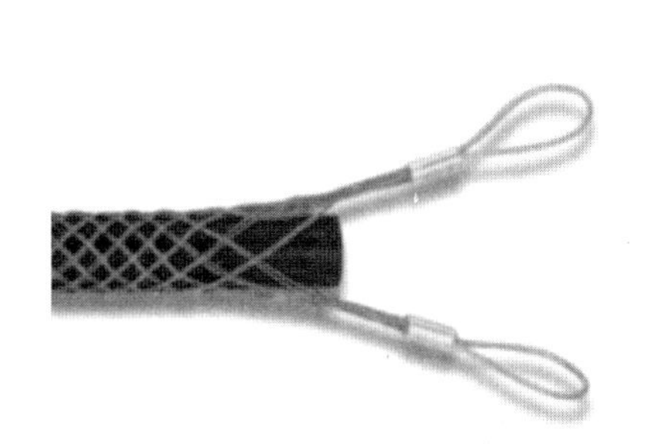

图 17-5　主吊具二：覆式侧拉型中间网套连接器 A

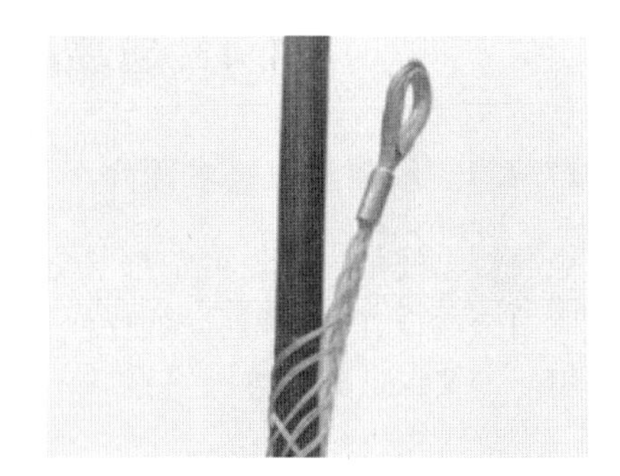

图 17-6　辅助吊具：覆式侧拉型中间网套连接器 B

（3）防晃型吊具

采用防晃型吊具，可控制电缆摆动幅度，见图 17-7。

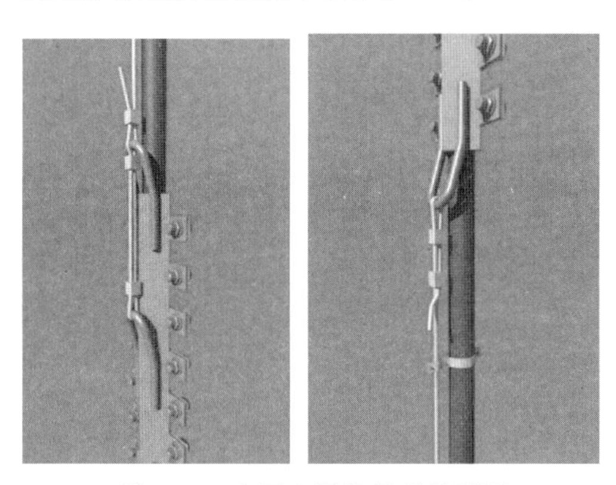

图 17-7　专用电缆防晃型吊具图

（4）专用抱箍卡具，用以固定电缆与吊装绳的卡具。

17.3.6　电缆敷设吊装

（1）吊装过程中，在电气竖井的井口安装防摆动的定位装置，以控制电缆摆动。

（2）将主吊具一固定在顶部定滑轮的吊钩上，进行电缆试吊，确认各环节无误后，方可正式起吊。在吊装过程开始阶段，将电缆与主吊绳渐渐并拢。每隔 5～10m 用专用抱箍卡具连接用以增加摩擦力，并在专用抱箍卡具内加设胶皮保护层，以防电缆外绝缘层损伤；在主吊具二以下垂直段电缆每隔 50m 增设 1 个辅助吊具。并使电缆垂直段均匀受力。

（3）当电缆始端提升到水平安装层时停止起吊，转换吊点，将主吊具二固定在吊钩上，拆除主吊具一，利用主吊具二作为新的提升吊点。

（4）随着卷扬机提升，上水平段电缆逐步进入水平安装层，依次拆除专用抱箍卡具。

电缆经导向滑轮靠卷扬机牵引，需倒缆的水平段电缆，可系于周围结构柱上。电缆向前一段，相应向前固定一段。直至利用主吊具二将电缆提升到安装高度。

（5）吊装工作完成后，自下而上逐步拆除各种吊具、卡具。同时将电缆固定在电缆梯架上，并保证安装牢固、可靠。

17.4 超高层建筑电缆顺放敷设技术

17.4.1 顺放敷设技术简介

顺放敷设技术，是先将整盘电缆吊运至高层，利用高位势能把电缆由上往下垂直输送敷设，用分段设置的“阻尼缓速器”对下放过程产生的重力加速度加以克制，确保做到既安全快捷，又保证电缆绝缘完好。

电缆盘可根据项目结构情况，利用塔吊或其他方式将所敷设的电缆盘整体吊运至所设置的位置。

阻尼缓冲器的结构由 3 个导轮和型钢支架组成，见图 17-8。

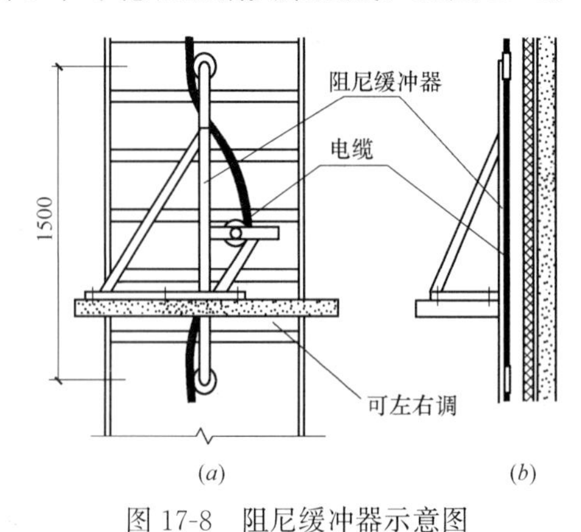

图 17-8 阻尼缓冲器示意图

17.4.2 施工流程

施工流程如下：

井内梯架安装→井口测量→编制电缆排布表→电缆盘吊装安放→阻尼缓速器设置安装→井道电缆顺放→电缆固定→拆卸阻尼缓速器。

17.4.3 施工要点

（1）在进行电缆顺放安装开始之前，竖井内梯架须安装完成，井口测量、电缆排布表参照本章 17.3.2 条和 17.3.3 条进行。

（2）电缆敷设架安装须靠近电缆梯架，以便于电缆从导轮处移至梯架进行排列、固定，同时敷设架须固定在坚实的建筑结构上，如楼板、框架、剪力墙。在高层起点处装一个制动器。

（3）导轮装配时，导轮与轴杆配合需稍紧（可在导轮两侧加垫橡胶片，用轴端螺栓调节松紧)，上下导轮位置固定不变，中间导轮可左右调整，以适应不同规格电缆允许的弯曲半径。通过导轮转动的摩擦，使电缆在导轮上转动的摩擦力加大，从而有效地衰减下放电缆的重力加速度。

(4) 每根电缆敷设的基本步骤为：电缆规格位号确认→绝缘检查→缆盘上架→缆头牵引下放→垂直段电缆依次绕经各阻尼器导轮进行敷设→水平段敷设→终端尺寸预留→自上而下将电缆从阻尼器移入桥架排列固定→始端尺寸预留→裁截电缆→挂编号牌。

缆头到终端后，垂直段的电缆从“阻尼缓速器”导轮脱出移入桥架作排列固定，必须自上而下一段接一段操作，不能同时进行，避免同时脱出造成上部电缆负荷过重。

17.5 超高层建筑高压垂吊式电缆敷设技术

17.5.1 垂吊式电缆简介

超高层建筑用电负荷越来越大，普通电缆作为垂直供电干线有一定的局限性，电缆垂直敷设难度在不断增加，为使施工更方便快捷，国内已经使用一种特殊结构的电缆——超高层 10kV 垂吊式电缆。

该类型电缆不受长度与重量的限制，可靠其自身支撑自重，解决了普通电缆在长距离的垂直敷设中容易被自身重量拉伤的问题。

垂吊式电缆具有施工快捷、占用空间少、维护成本低、抗震性强、性能稳定的优点。

17.5.2 垂吊式电缆结构

垂吊式电缆由上水平敷设段、垂直敷设段、下水平敷设段组成。

其结构为：电缆在垂直敷设段设有 3 根钢丝绳，钢丝绳用扇形塑料包覆，并与三根电缆芯相绞合，见图 17-9。下水平敷设段电缆不设钢丝绳。

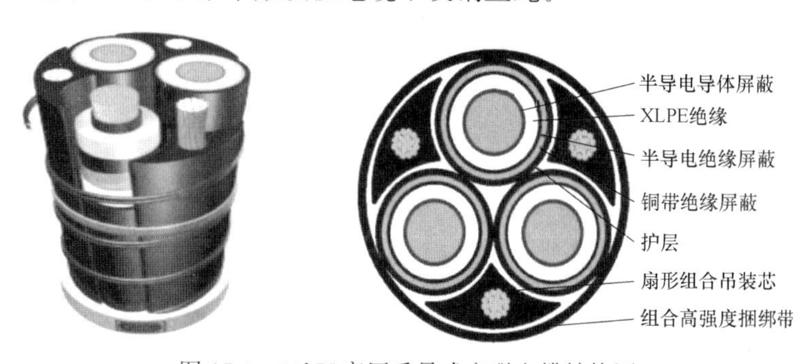

图 17-9 10kV 高压垂吊式交联电缆结构图

17.5.3 垂吊式电缆特性

电缆中选用的任意两根钢丝绳的最小破断力总和均大于 4 倍电缆垂吊部分的重力，保证了电缆的吊装安全；为减少电缆吊装敷设时垂直部分来自钢丝的侧压力，选用扇形塑料包覆柔性钢丝绳，填充在电缆的外围空隙，使得扇形弧面与电缆表面紧密接触，这样电缆受到钢丝绳的侧压力会均匀地分散在电缆的表面，不会出现压力集中。

垂吊式电缆采用专用吊具吊装，吊具由吊环、吊具本体、连接螺栓（钢丝绳拉索锚具）三个部件组成，吊具由生产厂家配套制作。

电缆在出厂前，每根电缆头端的3根钢丝绳头拆弯后分别浇铸在吊装圆盘（专用吊具）的下方连接螺栓的锚杯上，在电缆装盘时，把3个锚杯钢丝绳浇铸体与吊装圆盘分离，吊装圆盘单独装箱运输，待电缆吊装敷设时，再把吊装圆盘与3个钢丝绳浇铸锚杯安装成一体。

17.5.4 施工准备

1. 吊装工艺选择

对布置在面积较小、吊装高度较高楼层上的卷扬机，采用在电气竖井内垂直跑绳，通过主吊绳换钩、绳索脱离的分段提升的方法。

2. 井口测量

在电气竖井具备安装条件后，对每个井口的尺寸及中心垂直偏差进行测量。并保证吊装圆盘能顺利通过井口。

17.5.5 机具附件制作

1. 穿井梭头设计制作

为使吊装圆盘顺利穿越电气竖井口，应设计制作穿井梭头（图17-10），避免吊装圆盘被井口卡住，造成电缆受损。

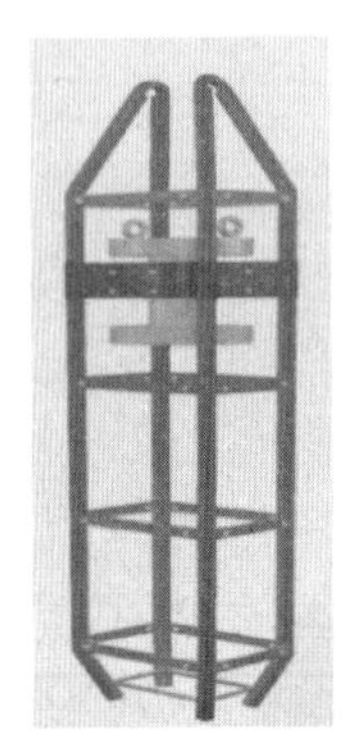
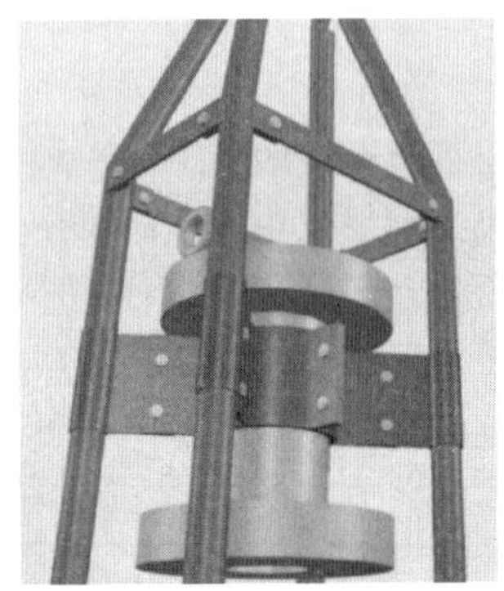
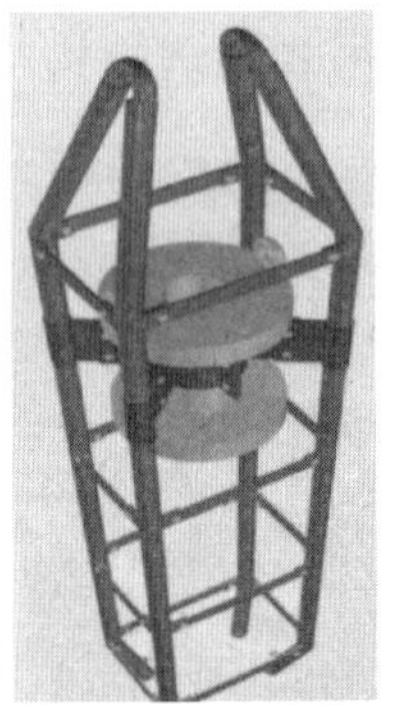

图17-10 穿井梭头示意图

2. 井口台架制作安装

（1）按井口尺寸设计台架尺寸，一般伸出井口100mm。例如，井口300mm×1200mm的台架尺寸为500mm×1400mm。

（2）槽钢台架选用10号槽钢制作，采用焊接连接，台架应除锈，刷防锈漆和灰色面漆。

（3）按电缆排列顺序在台架上开螺栓连接孔，开孔尺寸应与固定电缆的卡具和固定吊装圆盘的吊装板孔径一致。

（4）槽钢台架应坐落在井口底边的钢梁上，在槽钢台架的四角处采用$\phi 12$的膨胀螺栓固定在井口边上。

17.5.6 吊装设备布置

根据吊装重量及高度，选择相应的卷扬机。在吊装设备确定后，选择跑绳数，要求垂直段电缆主吊绳和上水平段电缆吊绳跑绳的安全系数大于3.5。

1. 吊装卷扬机布置

(1) 牵引用导向滑轮与卷扬机设于同一楼面上，导向滑轮与卷扬机配套使用。

(2) 利用结构钢梁或钢柱作为卷扬机、导向滑轮的锚点；若无结构条件作锚点，可用膨胀螺栓固定锚点。

(3) 卷扬机采用带槽卷筒，安装时卷扬机与导向滑轮之间的距离应大于卷筒宽度的15倍，确保当钢丝绳在卷筒中心位置时滑轮的位置与卷筒轴心垂直。

2. 悬挂滑轮的受力横担设置

在高于设备操作层以上一至二层楼面的井口处设置高1.2m的钢桁架，横置3根可承重钢管作为悬挂滑轮的受力横担（图17-11）。

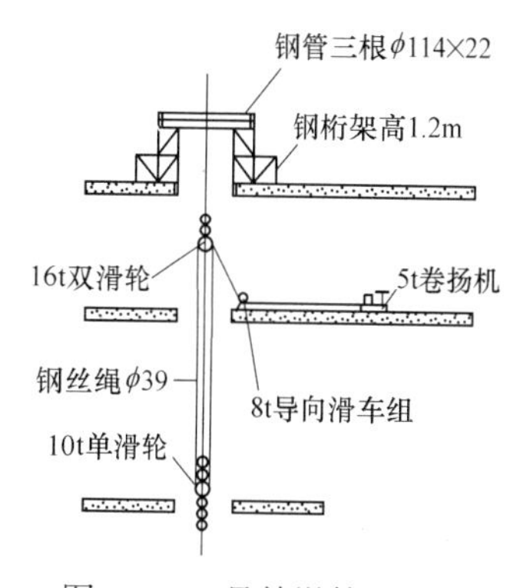

图17-11 悬挂滑轮的受力横担设置示意图

3. 索系连接

卷扬机布置完成后，穿绕滑轮组跑绳，并在电气竖井内放主吊绳。主吊绳可通过辅吊卷扬机从设备操作层放下，或由辅吊卷扬机从一层向上提升，到位后上端与主吊卷扬机滑轮组连接，构成主吊绳索系。

17.5.7 机具附件组装连接

1. 吊装圆盘连接

当上水平段电缆全部吊起，且垂直段电缆钢丝绳连接螺栓接近吊装圆盘时停下，将主吊绳与吊装圆盘吊索（千斤绳）用卡环连接，同时将垂直段电缆钢丝绳通过连接螺栓与吊装圆盘连接。连接时，应调整连接螺栓，使垂直段电缆内3根钢丝绳受力均匀，调整后紧固连接螺栓。

2. 组装穿井梭头

吊装圆盘连接后，组装穿井梭头。组装时，吊装圆盘2个吊环必须保持在穿井梭头侧面的正中，以保证高压垂吊式电缆在千斤绳的夹角空间内，不与其发生摩擦，在穿井时吊环侧始终沿着井口长面上升。

3. 防摆动定位装置安装

电缆在吊装过程中，由人力将电缆盘上的电缆经水平滚轮拖至一层井口，供卷扬机提升。在二层电气竖井井口安装防摆动定位装置（防晃滚轮），可以有效控制电缆摆动，同时起到保持电缆垂直吊装的定位作用。

17.5.8 吊运上水平段和垂直段电缆

1. 上水平段电缆头捆绑

把吊装圆盘临时吊在二层井口上方约0.5m处，将上水平段电缆从电缆盘中拖出，穿入吊装圆盘后伸出1.2m，采用金属网套套入电缆头，与卷扬机吊绳连接。

当主吊绳已受力，上水平段电缆处于松弛状态，这时将上水平段电缆与主吊绳并拢，并用绑扎带捆绑，由下而上每隔 2m 捆绑，直至绑到电缆头。

2. 卷扬机分段提升法吊运电缆

先由 1 号主吊卷扬机采用在电气竖井内垂直跑绳，当滑轮组到达设备层井口下方时，由 2 号、3 号卷扬机配合，进行主吊绳换钩、脱离。在 1 号卷扬机跑绳滑轮组换钩时，由 2 号卷扬机主吊绳承担吊装荷载，3 号卷扬机提走要脱离的主吊绳，依次按这样的方式进行每节主吊绳的换钩、脱离。

当剩下最后一节主吊绳时，为使上水平段电缆能够继续随着主吊绳提升，再由 2 号主吊卷扬机采用水平跑绳吊完余下较短的部分。

在水平跑绳过程中，每次锁绳必须用三个骑马式绳夹，水平跑绳每跑完一次，需将主吊绳与锚点锁紧，以防止吊起电缆的滑落。

当上水平段电缆吊至设备层，第二绑节露出井口时叫停，解除第一绑节，以下绑节都以这种方式解除，需要注意的是必须待下绑节露出井口时才能解除上绑节，避免电缆与井口摩擦，解绳后的上水平段电缆用人力沿桥架敷设。

3. 吊装圆盘固定

当吊装圆盘吊至所在设备层井口台架上方 60～70mm 处时叫停，将吊装板卡入吊装圆盘的上颈部。此时应使吊装板螺栓孔对准槽钢台架的螺栓孔，用 M12×80 的螺栓将吊装板与槽钢台架连接固定。然后卷扬机松绳、停止，使吊装板压在槽钢台架上，至此电缆吊装工作完成。

4. 辅助吊索安装

吊装圆盘在槽钢台架上固定后，要对其辅助吊挂，目的是使电缆固定更为安全可靠，起到了加强保护作用。

辅助吊点设在所在设备层的上一层，吊架选用 14 号槽钢，用 M12×60 螺栓与槽钢台架连接固定。吊索选用 $\phi 20$ 钢丝绳，通过厚 10mm 钢板固定在吊架上。

辅助吊装点与吊装圆盘中心应在同一垂直线上，两根吊索应带有紧线器，安装后长度应一致，并处于受力状态。辅助吊索安装见图 17-12。

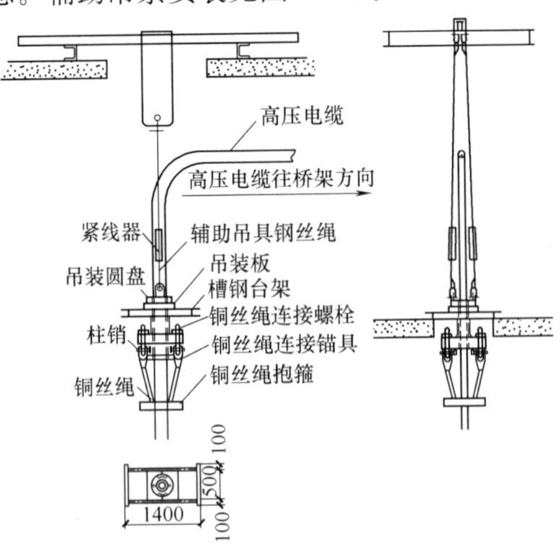

图 17-12　辅助吊索安装示意图

17.5.9 机具附件拆卸及电缆固定

1. 拆卸穿井梭头

当穿井梭头穿至所在设备层的下一层时叫停，拆卸穿井梭头。拆卸时要将该层井口临时封闭，以防坠物。拆卸完后，应检查复测吊装电缆 3 根钢丝绳的受力情况，必要时调整与吊装圆盘连接的螺栓，使其受力均衡。

2. 楼层井口电缆固定

在吊装圆盘及其辅助吊索安装完成后，电缆处于自重垂直状态下，将每个楼层井口的电缆用抱箍固定在槽钢台架上，电缆与抱箍之间应垫有胶皮，以免电缆受损伤。

17.5.10 水平段电缆敷设

上水平段电缆在提升到设备层后开始敷设。

下水平段电缆在上水平段电缆和垂直段电缆敷设完成后进行。

通常采用人力敷设水平段电缆。为减轻劳动强度，提高效率，在桥架水平段每隔 6m 设置一组滚轮。

电缆敷设完成后，应排列整齐，绑扎牢固，按要求挂电缆标志牌。

17.6 电缆敷设实例

17.6.1 长距离水平电缆机械敷设实例

1. 工程概况

某电子厂房项目占地面积约 65 万 m^2，建筑面积约 $67m^2$。共布置有变配电室 20 个，电缆总计 370km，其中 $3\times300mm^2$ 铠装大规格电缆共计 45km。长度 400m 以上的电缆 72 根，最长的 $3\times300mm^2$ 铠装电缆 818m，最长的 $3\times400mm^2$ 铠装电缆 480m。

根据业主要求和现场实际情况，大规格电缆敷设需在一个月内完工，经过综合比较分析，最终确定采用机械敷设技术。

2. 电缆机械敷设技术介绍

(1) 敷设前，熟悉图纸，按电缆深化设计图对电缆盘进行编号，将电缆盘运至指定位置，电缆盘编号运输务必准确，需有专人负责。

(2) 电缆的起点由熟悉现场情况的技术人员指导，以保证电缆的规格、型号使用正确。

(3) 电缆盘支架应牢固，能承受特殊电缆重量的重压及滚动荷载，撑起电缆盘的横杆钢管应牢固。

(4) 根据施工方案中计算出的电缆牵引力，选择相应型号的卷扬机以及电缆输送机：电缆输送机选择 DCS-8B 型，电缆牵引机选择 JQY-80 型。

(5) 利用自制支撑轴将电缆盘撑起，轴上套钢管，以减少摩擦力。并且电缆敷设时，电缆应从盘的上端引出，不应使电缆在支架上及地面摩擦拖拉（图 17-13）。

(6) 电缆测试完成后，再次用胶带缠绕电缆头，并检查密封性，防止电缆头拉脱。

图 17-13　电缆盘支撑图

进行电缆牵引前，在电缆终端头处装电缆牵引头（金属网罩）。

（7）电缆转弯处设有专人看护，保证电缆的转弯半径符合施工规范要求。

机械设备的布置：电缆终点处应设置电缆牵引机，敷设线路的适当位置上设置电缆输送机，电缆直线滑车6m一个，电缆转弯处必须设置大转角滑车。

（8）设专人指挥协调，使电缆受力均匀，不受损伤，电缆摆放整齐，减少交叉，逐根绑扎牢固。电缆敷设时应由总指挥统一指挥，发出指令，保证电缆行停一致。

（9）电缆敷设机应低速慢行，电缆运动过程中要保证电缆在电缆滚子上匀速慢行，多台电缆敷设机要保持同步运行（图 17-14、图 17-15）。

图 17-14　电缆牵引头安装图

图 17-15　电缆牵引敷设图

（10）牵引时每个输送机、电缆滑车位置应设专人看护，并应有专人沿途检查。

通过采用机械敷设技术，45km电缆敷设20天内完成，克服了传统人工敷设方式拖、拉、拽造成的划伤，确保了关键工期，节省了大量人工，取得了良好的社会效益和经济效益。

17.6.2　超高层建筑电缆敷设实例

1. 工程概况

某城市中心建筑面积433954m^2，建筑主体为118层，结构高度580m，总高度632m。

城市中心的110kV主变电站设在B2层及B1层，在其他楼层共设有11座10kV分变电站。高压电缆由B1层主变电站引出至强电井向下至B2层，经水平桥架至主楼强电A井、B井；应急电源由B1层应急发电机引出，至B1层主楼强电EP井，分别引至各楼层10kV分变电站。

2. 电缆吊装特点和难点

（1）采用国内最新研发的新型电缆

高压电缆要求采用国内最新研发的低烟无卤A级“阻燃”“耐火”交联聚乙烯绝缘、

聚烯烃护套电缆。铠装层里有无机金属水合物如氢氧化铝、氢氧化镁，代替传统的聚丙烯撕裂膜绳或玻璃纤维。

（2）电缆敷设距离长、弯曲多、施工难度大

本工程 99F 和 116F 的 7 根电缆在吊到 392m 第一垂直段接着需要经过有 4 只 90°弯头的 26m 长水平段后，分别还有 71m 和 148m（第二）垂直段和约 32m 水平段。全长约 768m 电缆重量达到 13t，全部为粗钢丝铠装电缆。由于水平段转弯多并且弯曲半径大，在桥架内无法采用机械牵引，需配备相当多劳动力在脚手架上进行人力牵引。

（3）卷扬机吨位大

第一垂直段 402m，电缆最重一根达到 7678kg，综合考虑包括牵引头夹具、摩擦系数等，需采用 12t 卷扬机。

（4）吊装牵引装置的设计是关键点

在采用起端牵引头工况下，重量达到 7678kg。垂直段敷设时电缆本体不能承受自身重量，须采用辅助钢丝绳的方法来吊装垂直段电缆，将电缆固定在钢丝绳上，把牵引电缆改成牵引钢丝绳，把主要荷载传导到钢丝绳上。

（5）电缆井操作空间狭小

电缆井的深度为 600mm，支架 160mm，梯架 200mm，实际操作宽度只有 340mm，在电缆牵引过程中极易碰到楼板和梯架。

3. 电缆垂直敷设关键技术介绍

（1）卷扬机配置

根据电缆井内需吊装的电缆重量，牵引头、夹具卸扣、钢丝绳自重，动载系数计算卷扬机计算荷重，$P_1=9720.9$kg；

考虑到导向轮的摩擦系数，卷扬机拉力＝10304.2kg；

选择 JM-12B 型卷扬机，底座尺寸 2000mm×2000mm，提升速度 5m/min，钢丝绳长度 900m，满足要求。

（2）力矩保护器设置

力矩保护器安装在固定滑轮与吊点之间。

（3）智能重量显示限制器

主要用于各种重量和力值测量和过载保护场合。整套装置主要有电阻应变式传感器和智能重量显示限制器（二次仪表）两部分组成。具有声光报警并切断起重机起升回路电源和数字显示重量等功能。

（4）电缆夹具的安装

将电缆固定在钢丝绳上。第一个夹具夹在 8m，第二个夹具夹在 16m，以下电缆在电缆垂直牵引过程中每间隔 30～50m 用夹具将电缆固定的钢丝绳上（50m 电缆的重量约为 50×19.1＝955kg）。在电缆夹具上面安装锥形引导帽。

在吊装上部放置转弯滚轮。

（5）电缆牵引

各项准备工作全部到位后，启动卷扬机，在牵引的过程中，全程安排人员监护，保持通信畅通。

当电缆牵引到位后，解开第一个夹具，将电缆头引导至水平段后绑好牵引绳，然后再

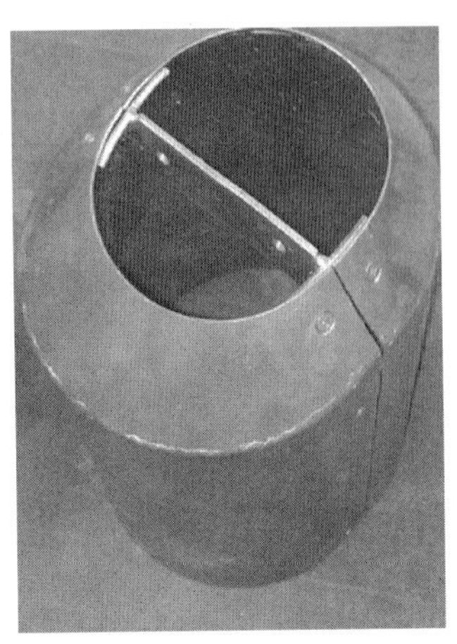

图 17-16 电缆夹具锥形引导帽

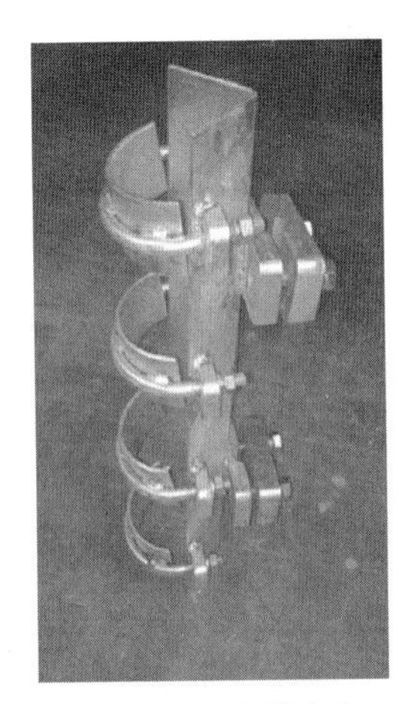

图 17-17 电缆夹具

启动卷扬机将水平段电缆拉出，依此类推，将水平段电缆分 30～50m 一次，将水平电缆全部拉出（图 17-16、图 17-17）。

18 智慧建造施工技术

18.1 智慧建造的概念体系

智慧建造是指在工程建造过程中运用信息化技术方法、手段最大限度地实现项目自动化、智慧化的工程活动。它是一种新兴的工程建造模式，是建立在高度的信息化、工业化和社会化基础上的一种信息融合、全面物联、协同运作、激励创新的工程建造模式。

我国建筑业发展还存在着信息化程度低、从业人员素质参差不齐等问题，智慧建造难以一步到位，必然需要经历漫长的发展过程，需要在可靠的信息化手段的基础上，逐步向智慧化发展。因此，应搭建智慧建造框架体系，紧紧围绕提高劳动生产率，从关键环节入手，逐步完善应用体系。智慧建造的概念体系由广义和狭义两种类型构成。

18.1.1 广义智慧建造

广义的智慧建造是指在建筑生产的全过程，包括工程立项策划、设计、施工阶段，通过运用以 BIM 为代表的信息化技术开展的工程建设活动。其内涵主要包括以下几个方面：

（1）智慧建造的目标是实现工程建造的自动化、智慧化、信息化和工业化。

（2）智慧建造的实现要依托科学技术的进步以及系统化的管理。

（3）智慧建造的前提条件是保证工程项目建设的质量与安全。

（4）智慧建造包含设计和施工阶段，是相辅相成、有机融合，是信息不断传递、不断交互的过程。

18.1.2 狭义智慧建造

狭义的智慧建造是指在设计和施工全过程中，立足于工程建设项目主体，运用信息技术实现工程建造的信息化和智慧化。着眼于工程项目的建造阶段，通过 BIM、物联网等新兴信息技术的支撑，实现工程深化设计及优化、工厂化加工、精密测控、智能化安装、动态监控、信息化管理等应用。

深化设计及优化：机电管线综合，精装排布。

工厂化加工：混凝土预制构件，机电设备、管线。

精密测控：施工现场精准定位，复杂形体放样。

智能化安装：智能安装机器人。

动态监控：施工期监测。

信息化管理：项目 OA 系统，协同管理系统，物联网管理系统。

智能建造不仅是工程建造技术的变革创新，更将从建造方式、产品形态、经营理念、市场形态以及行业管理等方面重塑建筑业。

建造方式：从工程施工到“制造-建造”。实现规模化生产与满足个性化需求相统一的大规模定制，是人类生产方式进化的方向。如果说智能制造是致力于推动制造业从规模化生产向大规模定制方向发展，那么智能建造则强调在发挥工程建造个性化生产优势的基础上，充分汲取制造业大规模生产的理论技术成果，推行“制造-建造”生产方式，走出一条与智能制造路径不同，却又殊途同归的创新之路。

产品形态：从实物产品到“实物＋数字”产品。智能建造所交付的工程产品，不仅局限于实物工程产品，还伴随着一种新的产品形态——数字化（智能化）工程产品。借助“数字孪生”技术，实物产品与数字产品有机融合，形成“实物＋数字”复合产品形态，通过与人、环境之间动态交互与自适应调整，实现以人为本、绿色可持续的目标。

经营理念：从产品建造到服务建造。在经济服务化转型的大背景下，智能建造提供的集成与协同机制，一方面使得真正以用户个性化服务需求为驱动的工程建造成为可能，另一方面也会使得更多的技术、知识性服务价值链融合到工程建造过程中；技术、知识型服务将在工程建造活动中发挥越来越重要的价值，进而形成工程建造服务网络，推动工程建造向服务化方向转型。

市场形态：从产品交易到平台经济。当前，平台经济模式正在席卷全球。智能建造将不断拓展、丰富工程建造价值链，越来越多的工程建造参与主体将通过信息网络连接起来，在以“迈特卡夫定律”为特征的网络效应驱使下，工程建造价值链将得以不断重构、优化，催生出工程建造平台经济形态，大幅降低市场交易成本，改变工程建造市场资源配置方式，丰富工程建造的产业生态，实现工程建造的持续增值。

行业管理：从行政监督到数字化治理。加快推进社会治理现代化，是实现“两个一百年”奋斗目标和中华民族伟大复兴中国梦的战略考量。智能建造将以开放的工程大数据平台为核心，推动工程行业管理理念从“单向监管”向“共生治理”转变，管理体系从“封闭碎片化”向“开放整体性”发展，管理机制从“事件驱动”向“主动服务”升级，治理能力从以“经验决策”为主向以“数据驱动”为主提升。

18.1.3 智慧建造的发展趋势

（1）以 BIM 技术为载体，实现建设全过程的信息共享。BIM 技术的推广与应用为实现建筑工程数字化建造提供数据基础。

（2）信息技术与先进建造技术的融合使建筑工程向“智慧建造”迈进。随着 BIM、云计算、物联网等信息化技术的日趋成熟，使工程建造向着更加智慧、精益、绿色的方向发展，最终实现真正的数字化建造和智慧建造。

（3）由项目部式管理模式向企业总部集约化管理模式转变。以社会化精密化测控、机械化安装、信息化管理等主要特征分工、工厂化加工的数字化建造，需要集约化的管理模式作支撑。项目部式管理模式已无法适应数字化建造的管理需求，总部集约化的管理将成为主流的管理模式。

（4）基于“互联网思维”的商业模式和产业模式变革。实现真正意义上的数字建造必将带来整个建筑业商业模式与产业模式的变革。

随着行业的快速发展，及智慧城市的推进，利用信息化先进手段，促进行业集约化、精益化、现代化转型升级，让人们尽享更便利生活，并与环境和谐相处，从而构建智慧的城市，促进建筑业进入智慧建造的新时代。

18.2 智慧建造的支撑技术

18.2.1 BIM技术

当前，我国工程建设行业正在开展BIM工程应用实践和推广。BIM技术被广泛地应用在深化设计、管线综合、施工工作面管理、方案优化、精细算量、物料追踪等。是在计算机辅助设计等技术基础上发展起来的多维模型信息集成技术，它是对建筑工程物理特征和功能特性信息的数字化承载和可视化表达。其能够支撑建筑全生命周期各参与方之间的信息共享，支持对工程环境、能耗、经济、质量、安全等方面的分析和模拟，为建筑业的提质增效和产业升级提供技术保障。成为工程建设的一个不可或缺的重要手段。

18.2.2 物联网

物联网通过在建筑施工作业现场安装各种信息传感设备，按约定的协议，把任何与工程建设相关的物品与互联网连接起来，进行信息交换和通信，以实现智能化识别、定位、跟踪、监控和管理。物联网可有效弥补传统方法和技术在监督中的缺陷，实现对施工现场人、机、料、法、环的全方位实时监控，变被动“监督”为主动“监控”。物联网具备三大特征：一是全面感知利用传感器、二维码等技术，随时随地获取用户或者产品信息；二是可靠传送，通过通信网与互联网，信息可以随时随地地交互、共享；三是智能处理，利用云计算、模式识别等智能计算技术，对海量的信息数据进行分析与处理，并实现智能决策与控制。

18.2.3 云计算

在工程建设过程中，云计算作为基础应用技术是不可或缺的，物联网、移动应用、大数据等技术的应用过程中，普遍搭建云服务平台，实现终端设备的协同、数据的处理和资源的共享。传统信息化基于企业服务器部署的模式逐渐被基于公有云或私有云的信息化架构模式所取代，特别是一些移动应用提供了公有云，用户只需要在手机上安装APP，注册后就可以使用，避免施工现场部署网络服务器，简化了现场互联网应用，有利于现场信息化的推广。

18.2.4 移动互联网

移动互联网整合了互联网与移动通信技术，将各类网站和企业的大量信息及各种各样的业务引入移动互联网之中，搭建一个适合业务和管理需要的移动信息化应用平台，能够满足用户需要，并能够提供有竞争力的服务。包括：①更大数据吞吐量，并且低时延；②更低的建设和运行维护成本；③与现有网络的可兼容性；④更高的鉴权能力和安全能力；⑤高品质互动操作。

移动应用对于建筑施工现场管理有着天然的符合度，施工现场人员的主要工作职责和日常工作发生地点一般在施工生产现场，而不是办公区的固定办公室。基于PC机的信息化系统难以满足走动式办公的需求，移动应用解决了信息化应用最后一公里的尴尬。通过项目应用，被广泛地应用在现场即时沟通协同、现场质量安全检查、规范资料的实时查询等方面。同时移动应用于物联网技术、云技术和BIM技术的集成，在手机视频监控、二维码扫描跟踪、模型现场检查、多方图档协同工作上得到深度应用，产生了极大的价值。

18.2.5 大数据

大数据分析是指对大量结构化和非结构化的数据进行分析处理，从中获得新的价值，具有数据量大、数据类型多、处理要求快等特点，需要用到大量的存储设备和计算资源。

目前，工程建造阶段的大数据应用还处于起步阶段。随着智慧工地的实施与应用，更多的物联网、BIM技术被引入，建设项目产生的数据将成倍地增加。从创建节约型社会到以人为本、科技惠民，都将在大数据的支撑下走向“智慧化”，大数据真正成为智慧城市的智慧引擎。

18.3 智慧建造信息化实现途径

18.3.1 工程项目信息采集系统

工程项目信息采集系统是取建设项目全生命周期信息。在具体阶段中的作用机理体现如下：在立项规划阶段，根据业主方需求设计、构建工程目标系统的总体框架，采用系统方法将总目标分解为职能管理目标，细化该目标至工程各阶段和组织各个层次，而后将建设项目全过程信息交互的基础，其功能是将基础信息、目标及细化结果导入智慧建造平台中，为各参与方决策、计划、实时控制提供依据。设计阶段是实现工程价值、控制成本的关键环节，该阶段应结合规划过程目标划分及信息集成平台，对各专业系统设计方案进行综合评价、碰撞检查、系统集成，最终形成一个符合工程目标总要求的设计方案。通过BIM、物联网等技术对设计方案所包含的建筑构配件、产品、特征等信息进行参数化、标准化处理，在此基础上进行信息流的存储和交互。信息采集系统可实现上述信息与采购阶段的对接，保障设计、采购阶段信息传递过程的准确、高效、低成本。在项目施工及运维阶段，可利用RFID、GIS/GPS、可视化等感知、捕获、测量技术手段构建现场监控系统，获取项目建设过程所涉及的人员、机械、材料、环境等信息以及工程项目的运行状况。通过BIM、物联网、云计算等技术将所获取信息与数据接入信息网络，最后依托智能计算技术，对海量的感知数据和信息进行分析和标准化处理，实现工程信息统一管理和维护，进而保证信息真实性和时效性。

18.3.2 建设项目管理职能信息集成

由于工程项目同时存在质量、成本、进度、安全等多个相互制约的管理职能，为更好地达成项目全生命周期目标，需要在建设过程中对其进行统筹规划。基于智慧建造的信息集成平台从项目整体出发，对工程项目实施全过程中的职能信息进行系统性管理、决策和优化。其基本思路诠释如下：

（1）制定项目计划，明确项目各职能信息。从项目立项应根据业主方需求制定项目总体计划，并在其框架下细分为质量、成本、进度、安全等多个部分。随着生产要素的不断投入，通过工程项目信息采集系统获取、处理、存储信息，建立基于不同职能的分布式数据库系统，以服务于工程项目的各职能管理工作。

（2）比较项目职能实际进度和预期进度，项目管理人员需针对执行计划过程中出现的新情况，通过集成化管理平台进行动态调整，沿着"计划—执行—检查—纠偏—新计划"的控制流程，使项目实施结果逐步靠近最终目标。

（3）分析偏差原因，采取控制措施。找出发生偏差的影响因素，利用控制体系改变相应的进度计划、费用计划、合同计划、采购计划等，最终拿出切实可行的方案。上述思路亦可实现对单个项目管理职能的全过程信息集成管理。以项目合同管理为例，建设合同标准和规范的录入、合同相关信息的采集、合同的变更和索赔、合同的违约责任处理、合同终结报告和报表等过程，均可通过项目管理职能信息集成系统完成。简言之，职能信息集成管理旨在实现以项目管理职能为主线的项目进度、成本、质量、安全等多要素集成化管理，为参与方提供信息交互、共享和反馈的路径。

18.3.3 基于区块链技术的供应链信息集成平台

信息传递滞后且失真、参与各方信息不对称等问题广泛存在于项目建设过程中，致使各参与方之间由于信息缺失而产生信任危机。结合相关研究，构建基于区块链技术的工程项目供应链信息集成平台，即以项目建设供应链中的上下游企业同步、协调和集成优化的计划为指导，以区块链、物联网等技术集成为支撑，促使供应链上的信息流、资金流、物流的三流合一，将业主方、设计方、施工方、监理方、运营方、建材供应方等链接为一个整体，构建高度集成的项目供应链信息平台。

智慧城市是城市建设的重要内容，智能建筑是建筑设计的终极目标。而建造过程的智慧化同样也是未来建造行业发展的必然要求。最基本的思路即采用高新技术对建造行业进行系统改造和提升，实现智慧建造。

18.4 智慧建造的建造技术

18.4.1 智慧建造的高新技术系统和应用

智慧建造的主导思想即高新技术改造。在这方面，可以借鉴的成功经验即工业化生产过程，它也是一个不断智慧化进步的过程，通过技术的进步，工业化生产逐渐过渡到智慧制造，因此，建筑业的建造过程也是一个应用高新技术并使之过渡到智慧建造的过程。

按照国际和我国的历史发展经验和实例，可以将相关科学技术分为强相关类（A类）和相关类（B类）：

A类主要有：信息技术、机械工程技术、材料工程技术、电子通信与自动控制技术、计算机科学技术。

B类主要有：测绘技术、生物学技术、动力与电气工程技术、能源科学技术、化学科学等。

强相关的A类学科已经逐步与建造技术相互融合，推动了建筑业的科技进步，如前述焊接机器人技术、液压爬升模板技术、BIM技术等，但仍旧处于技术应用的初级阶段。相关的B类学科技术在建造技术中还处于探索和初步实践阶段，研究采用更多的技术挖掘和融合，将更有利于促进高新技术在建筑业的进步和应用。

建造过程本身内容是非常复杂的，但仍可以按照主要组成部分进行分类，来构建智慧化的系统。一般按照建造的实际情况和内容，可以划分为四个大类：施工、监管、管理、检测和监测的智慧化。

18.4.2 智慧施工

智慧施工即建造过程的智慧施工系统及其技术。分为以下几个主要方面：

1. 施工机械智慧化

如以塔吊为例，通过集成信息和物联技术，可以实现作业机械智慧化使用。

2. 施工设施智慧化

以整体模架系统为例，它通过集成液压技术、机械技术和电子技术，实现了支模自动化作业，如现在开发和应用的液压爬升体系和整体顶升钢平台体系，在同步控制和带模板提升方面都基本实现了自动化和信息化，在劳动生产效率大大提升的同时，安全性和可靠性也得到了充分的保证。

3. 建造与虚拟建造同步智慧化的协同

虚拟建造正成为目前研究最大的热点，即BIM技术的应用。BIM技术将数据建模分析和虚拟现实有机地结合在一起，并与实际建造对象进行对照和分析，实现建造过程的实体和模型的智慧化协同，以大幅度减小前期失误，提升建造的效率。

18.4.3 智慧监管

智慧监管即建造过程中的智慧监管体系及其技术。主要包括如下几个方面：

1. 施工安全的智慧监管

如以动火隐患控制为例，通过采用GPS定位、标签技术、RFID技术的动火智慧监管，可以实现建造过程中的零火警目标。

2. 施工质量的智慧监管

如以钢筋工程为例，通过高清视频技术，可以远距离完成钢筋施工质量的监管，实现监管的智慧化。

3. 劳动力的智慧监管

劳动力是建造的关键要素，实现对劳动力的智慧化管理，是管理模式的巨大进步。通过将劳动力数据进行信息化的采集和归纳分析，可以实现有效的劳动力管理。

18.4.4 智慧管理

智慧管理即建造过程中商务、合约等的办公自动化的技术。如ERP等技术已经得到了广泛的应用，但仍旧存在较大的发展空间。

18.4.5 智慧检测和监测

智慧检测和监测是指建筑建造过程的检测和使用过程的监测都可以采用更加先进的传感器技术、无线传输技术、数据采集和处理技术。

将上述内容进行有机的流程改造和整合，可以更为有效地提升建造的效率。

18.4.6 基于 BIM 的管线综合

机电工程施工中，给水排水及采暖、通风与空调、建筑电气和智能建筑等各种管线错综复杂，管路走向密集交错，若在施工中发生碰撞情况，则会出现拆除返工现象，甚至会导致设计方案的创新修改，不仅浪费材料、延误工期，还会增加项目成本。基于 BIM 技术的管线综合技术可将建筑、结构、机电等专业模型整合，再根据各专业要求及净高要求将综合模型导入相关软件进行碰撞检查，根据碰撞报告结果对管线进行调整、避让，对设备和管线进行综合布置，从而在工程开始施工前发现问题，通过深化设计进行优化和解决问题。

18.4.7 机电管线及设备工厂化预制

工厂模块化预制技术是将建筑给水排水及采暖、通风与空调、建筑电气和智能建筑等领域的建筑机电产品按照模块化、集成化思想，从设计、生产到安装和调试深度结合集成，通过这种模块化及集成技术对机电产品进行规模化的预加工，工厂化流水线制作生产，从而实现建筑机电安装标准化、产品模块化及集成化。利用这种技术，不仅能提高生产效率和质量水平，降低建筑机电工程建造成本，还能减少现场施工工程量、缩短工期、减少污染，实现建筑机电安装全过程绿色施工。

18.5 智能化建筑的特点及智能建筑工程体系结构

18.5.1 智能化建筑与传统的建筑相比具有许多鲜明的特点

（1）发展迅速，内涵容量大。各种高新技术和设备将不断引入 3A 系统，如多媒体电脑、宽带综合业务数据网等。

（2）灵活性大，适应变化能力强

1）智能化建筑环境具有适应变化的高度灵活性，如房间设计为活动隔断、活动楼板，大开间可分成有不同工位的小隔间，每个工位楼板由小块楼板拼装而成，这样建筑开间和隔墙布置就可随需要而灵活变化。

2）管线设计具有适应变化的能力，可以适应租户更换、使用方式变更、设备位置和性能变动等各种情况。

（3）能源利用率高，能运行在最经济、可靠的状态

如空调系统采用了焓值控制、最优启停控制、设定值自动控制与多种节能优化控制系统，使建筑能耗大幅度下降，从而获得巨大的经济效益。

18.5.2 智能建筑工程体系结构

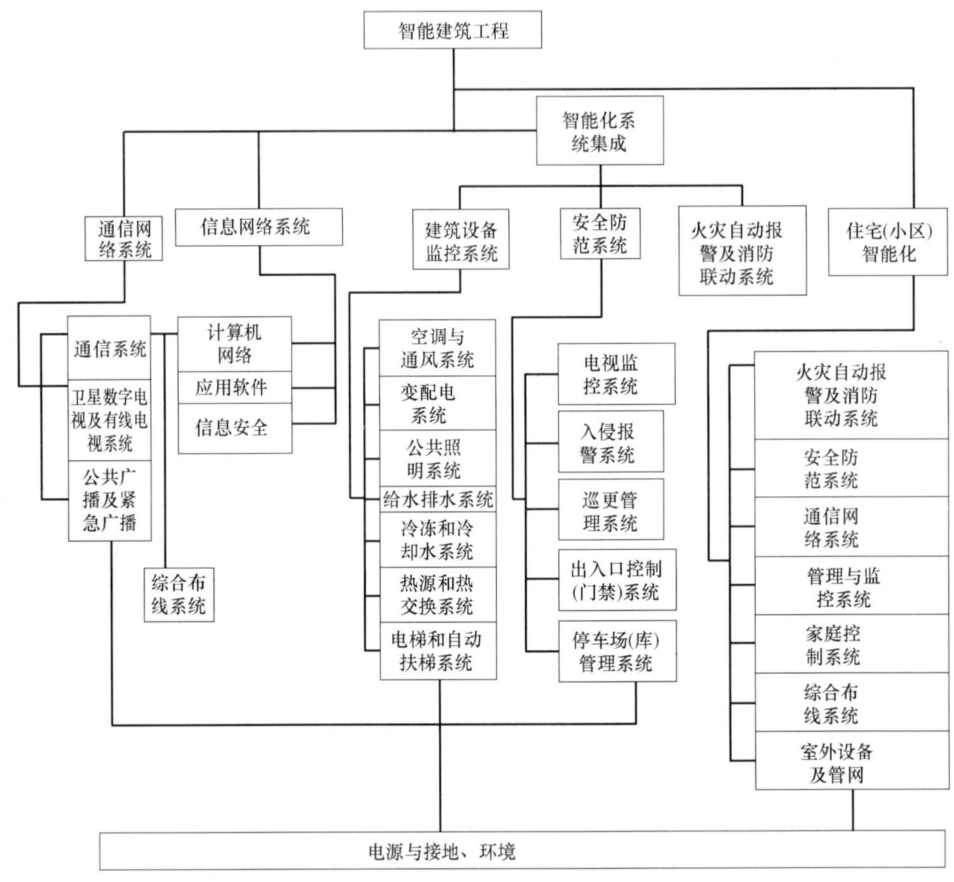

图 18-1 智能化建筑工程体系结构图

18.6 智能建筑集成化管理

通过计算机网络已将各种不同功能的子系统在物理上集成到一起，为了达到整体最优组合，应在汇集建筑物内、外各种形态信息的基础上，实现对这些智能化系统的集成化管理（一体化管理）。

18.6.1 集成化管理系统

智能建筑系统的管理，关系到建筑物运营、使用的成效，为实现对各子系统的集成化管理而开发出的各种业务支持系统称为智能建筑物管理系统（IBMS），它是以系统集成技术为基础开发出的大批配套应用系统软件。建筑智能化系统集成示意见图 18-2。

图 18-2 中，(*a*) 图反映早期的智能系统，各个系统没有交集，是独立、相互分离的子系统，说不上真正的智能系统；(*b*) 图虽有交集，交集的区域小，只是部分相互渗透，属于弱智能化；(*c*) 图系统相互交集，系统集成，属于高强智能化。

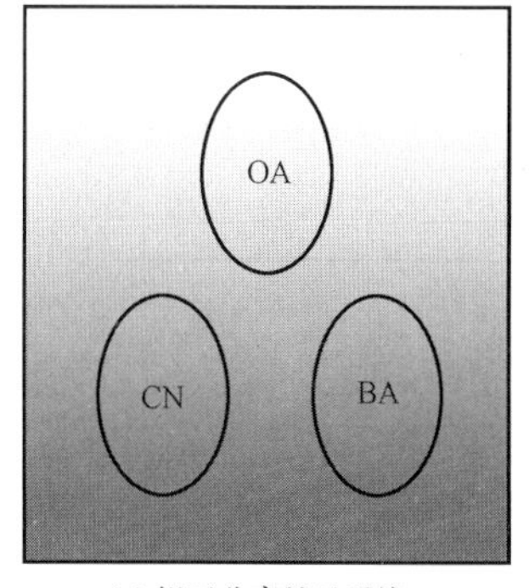

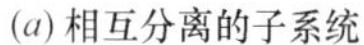
(a) 相互分离的子系统

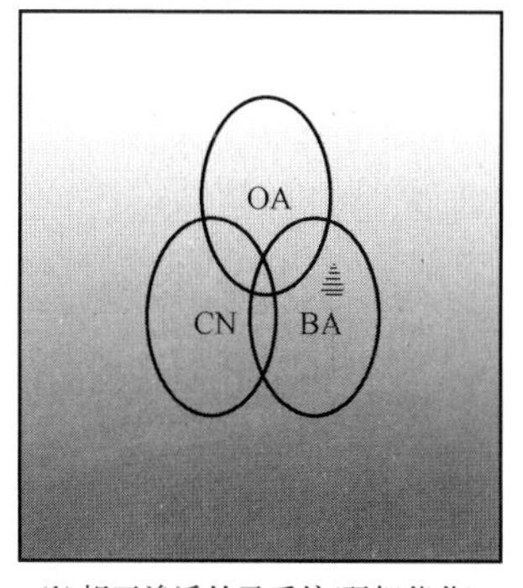

(b) 相互渗透的子系统(弱智能化)

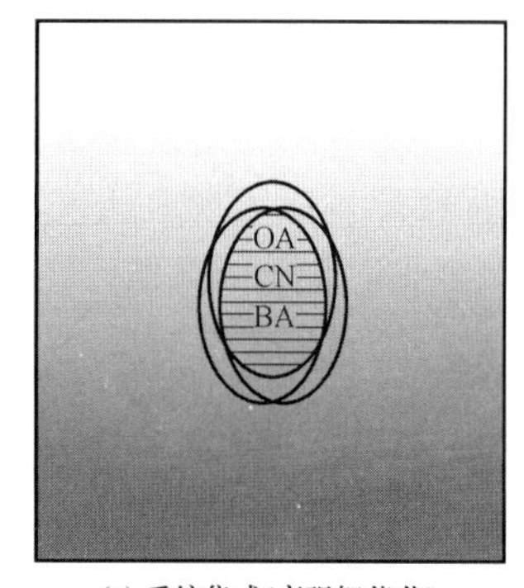

(c) 系统集成(高强智能化)

图 18-2 建筑智能化系统集成示意图

IBMS 在 BA、CN、OA 三要素的基础上开发出来，它与三要素的有机结合是实现智能建筑系统运营管理的信息组织基础。与三要素的逻辑关系如图 18-3 所示。

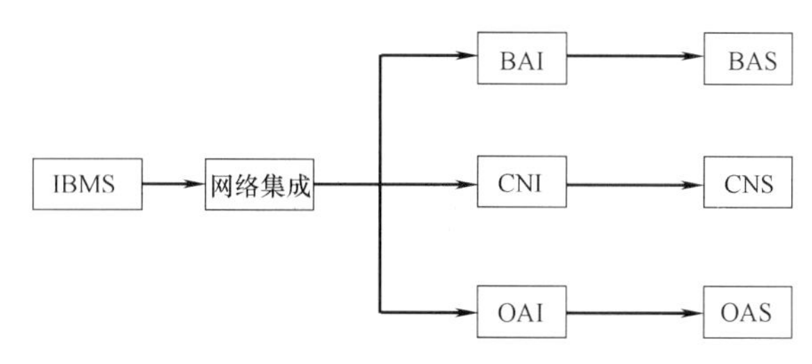

图 18-3 IBMS 逻辑关系图

为了实现三个不同类型子系统即 BAS、CNS、OAS 与 IBMS 之间的信息交换，要有相应的软件接口 BAI、CNI 和 OAI，并且要使接口界面标准化、规范化。

IBMS 的功能是，在网络集成的基础上，对整个建筑物各大子系统进行运营管理与协调，包括采集各大子系统的信息，进行复杂的数据处理，最后做出决策，实现对建筑物更高层次的管理。为完成上述管理功能，IBMS 至少应具备模型的建立与学习、信息流向的合理设计、形成与三大要素之间的接口界面、户外信息管理、多媒体制作、决策支持以及信息库的建立和维护等内容。

各大子系统的接口关系如下：

BAI（BA 接口）实现各类信息采集、决策控制、数据格式转换、系统设置以及保安监控、消防联锁等界面功能。

CNI（CN 接口）实现自动计算网络路由和交换机反封等 CN 界面功能。

OAI（OA 接口）实现信息库模型分析、经营情况检索提示、会议支援和决策支持等 OA 界面功能。

18.6.2 智能建筑系统集成原则

1. 系统集成原则

“系统集成”是智能建筑中智能化系统的一项复杂技术，系统集成应遵照满足用户需求的原则以及提高管理水平的原则。

（1）以楼宇自控为基础把楼宇自控、安防、消防、车库管理等系统集成在一起。

（2）采用通用协议转换的方式和标准化协议把各子系统的数据送到 BMS 管理系统的数据库中，从而实现 BMS 信息综合管理和联动。

2. 系统集成的模式

（1）智能建筑综合管理系统（IBMS）模式。

（2）建筑设备管理系统（BMS）模式。

3. 智能化系统集成要注意的问题

（1）智能化系统集成应统一规划，分期实施。统一规划就是各子系统的接口、协议等符合统一标准，各子系统的供应商应遵守承诺统一的通信协议，为系统集成创造条件；分期实施就是各子系统在设备订货时应预留接口，等各子系统运行正常并条件成熟后，再完成系统集成。

（2）系统集成应具有可靠性、开放性、容错性和可维护性。

（3）系统集成应分层次集成，根据不同的需求分层次集成。

（4）设备接口选用原则：设备承包商提交系统接口标准，接口标准应在合同签订时由合同签订部门负责审定。系统承包商应根据接口标准制定接口测试方案，接口测试方案可自行检测或由检测机构实施，系统接口测试应保证接口性能符合设计要求，实现规定的接口各项功能，不发生兼容性及通信瓶颈问题，并保证系统接口的产品质量和安装质量。

（5）通信协议选用原则：由系统承包商编制的用户软件、接口软件和应用软件，是一个多厂商、多操作平台、多系统软件和面向多种应用的体系结构。系统集成的关键是在于解决各系统之间的互联和互操作性问题，系统集成应采用统一的通信协议，才能解决各类设备之间或系统间的通信等问题。系统集成可根据需求采用功能集成、网络集成、软件界面集成等各种集成技术。

18.6.3 管理功能

由于建筑物的用途不同，IBMS 的对象不同，管理的业务范围也不同。现以出租型综合办公大楼为例说明其管理功能。

1. 设备运行管理

（1）设备档案管理。

（2）机电设备运行管理，包括暖通空调、给水排水、供配电、照明、电梯管理等。

（3）能源管理，包括电、燃气、冷热源的合理使用、计量、收费管理等。

（4）设备维修管理。

（5）火灾自动报警与消防联动系统管理。

（6）安全防范系统管理，如闭路电视监视、出入口及门禁系统、巡更管理、停车场管理等。

（7）通信网络系统设备管理。

（8）办公自动化系统设备管理。

（9）综合布线系统设备管理。

2. 经营管理

(1) 租赁贷借信息与契约、租金管理。

(2) 公共设施使用预约管理，如会议室、库房、多功能大厅等的日程预约计划等。

(3) 预约代行服务管理，如交通、住宿代办等。

(4) OA 区域服务管理，如 PC 机、传真机等。

(5) 远程计算服务管理，如用户共享主机资源，通过 LAN 接远程用户终端等。

(6) 通信邮件服务管理，如电子邮件、声音邮件、传真邮件等。

(7) 信息向导服务管理，如 CATV、工作站等提供各种公共信息服务。

18.6.4　智能建筑系统集成的实现

智能大厦建设的本身也是一个系统集成的过程。系统集成的整个生命周期自用户需求分析开始，通过精心实施，直至评价、运行维护。系统集成实现的流程如图 18-4 所示。

(1) 用户需求分析：了解用户的要求和设想，将用户的需求翻译成任务的原始格式，说明整个系统需要达到的功能要求及相应的测试条件、验收要求，形成具体的开发目标。

(2) 确立智能化规划方案：在分析用户需求的基础上，确立智能化方案。包括总体规模、系统结构、子系统功能指标、网络结构以及系统的实施与经费概算等。

(3) 可行性研究：对确立的智能化方案进行论证，从技术、经济、社会诸方面进行分析研究，考察是否具备了必要的条件，是否可行。

(4) 系统设计、设备选型、详细设计和建筑整体性确认：系统设计要从硬件和软件两方面详细分析用户要求，指出对这些要求的测试和满足这些要求的硬件集成、软件集成、设备选购。在触及系统设计细节的基础上进一步进行软件结构设计、软件细部设计，完成软件模块编程，在此基础上进行建筑整体性确认。通常，由系统集成商负责系统集成的设计、产品选型、施工、人员培训与维护的整个过程，系统集成商必须与业主长期合作。因此，通过招标、投标过程选择系统集成商时，对投标书和设备配置进行评审的过程，实际上也是分析、比较、确认系统设计的过程。

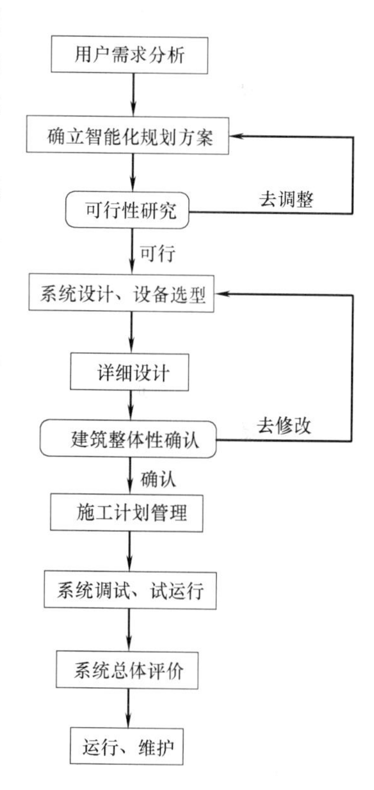

图 18-4　系统集成实现流程图

(5) 总体评价：经过现场施工、安装调试之后，要对整个系统的功能要求、性能指标进行全面测试、验收，包括正常运转、最大负荷测试、损坏情况及事故情况测试等，对系统集成的功能设计和质量进行全面衡量、评价，验证功能设计的要求，用户应对所有功能逐一验收，确保整个系统在设计现场的建筑环境下运转正常。

(6) 运行、维护：系统的运行与维护包括日常运行情况记录，设备保养、维修以及改造、升级等。

18.7 智能建筑工程实施程序

18.7.1 智能建筑工程程序

由于智能化系统结构具有开放性，协议和接口都应采取标准化和模块化的特点。在建筑智能化工程的施工实施前，应了解建筑的基本情况、建筑设备的位置、控制方式和技术要求等资料，然后针对选定的智能化产品进行深化设计。主要为：

用户需求调研分析→智能化方案设计与评审→招标文件的制定→设备供应商与工程承包商确定→施工图深化设计→工程的实施及质量控制→工程检测→管理人员培训→工程验收→开通投入运行。

18.7.2 工程施工实施

1. 施工准备阶段

（1）编制施工计划、设备供应计划。

（2）编制项目实施组织设计。

（3）参加设计、安装、工程承包商、设备供应商协调会，做好技术交底。

（4）参与划分设计、安装、设备供应、调试工程界面。

（5）系统深化设计图。

（6）完成相关系统（如消防、安保、电话等）施工报批手续。

（7）编制系统调试、验收方案和相应计划。

（8）编制人员培训计划。

2. 安装施工阶段

（1）参加工程例会，协调各方关系和进度。

（2）编制施工联系单、技术核定单。

（3）组织系统设备到货开箱、验收、移交。

（4）按施工计划实施进度控制和工作量认可。

（5）协助建设监理实施设备、管线安装质量监理和隐蔽工程验收。

（6）参与总包组织的工程例会，协调智能建筑系统工程与其他工程（如通风空调等设备安装、电梯、装修装饰）间进度与关系。

3. 系统调试阶段

（1）线缆测试、单体设备性能测试报监理，签署认可测试报告。

（2）单项系统调试报监理，签署认可调试报告。

（3）系统联动调试报监理，签署认可调试报告。

（4）调试计划进度控制。

（5）实施系统阶段验收。

4. 系统试运行阶段

（1）实施系统试运行。

（2）明确业主、物业、系统承包商间关系，明确职责界面。

（3）编制系统技术培训资料和人员培训。

（4）编制系统操作规程、设备管理制度。

（5）确认试运行记录。

5. 系统验收阶段

（1）编制竣工资料，保证准确性、一致性、完整性。

（2）按设计要求、合同条款对系统性能、试运行情况进行验收。

（3）分阶段、分步骤进行系统验收。

（4）协助业主进行第三方测试与行业主管部门验收。

（5）竣工资料验收。

（6）落实系统保修责任制度。

（7）按工程合同、设备供应合同、变更记录编制系统造价决算，报监理、业主审核。

19 建筑能源管理系统及其应用

19.1 建筑能源管理的基本内容

随着我国经济的迅速发展、人民生活水平日益提高，大量建筑拔地而起，建筑能耗不断增长，目前我国建筑能耗占全国总能耗的比例已近30%。针对建筑的主要用能设备和系统，采用建筑能源管理系统（Building Energy Management System，BEMS）来实现能耗管理、降低建筑能耗，是现代建筑实现高效舒适、节能减排的重要解决方案。

19.1.1 建筑能源管理的主要功能

早期的建筑能源管理功能是嵌入在建筑设备自动化系统（Building Automation System，BAS）之中的，随着BAS发展而来。1973年的世界能源危机后，建筑能耗引起广泛的重视，提出了以节能为目标的各种能源管理功能，如优化控制、夜间运行控制、负荷预测等。近年来，随着计算机技术、信息技术等的迅速发展，涌现出数据挖掘、人工智能、故障诊断和专家系统等新方法，建筑能源管理功能更加丰富。

从目前投入运行的建筑能源管理系统看来，建筑能源管理系统一般需要具备设备运行状态监测与管理、能源监测与管理、节能运行控制、设备故障诊断等主要功能。

1. 设备状态监测与管理

能源管理系统通过BAS及其他弱电系统，加强对各类机电设备的监测和管理。例如，通过建筑物主要设备和系统的运行状态、故障报警，累计设备运行时间、自动生成故障报警信息和例行维护保养计划，在设备即将到达或已超过检修周期时发出报警及提醒，保证设备检修及时，降低安全隐患；通过BAS与视频监控、周界防范、门禁管理、消防火灾等集成，实现多系统数据共享和联动控制功能；通过建筑物运行参数的大数据积累，为管理层的设备更新和系统运行优化决策提供数据基础。

2. 能源监测与管理

能源监测是节能增效的基础环节。如果我们不知道能源消耗在哪里，就无法制定有针对性的节能策略，采用行之有效的技术手段，更无法量化和评估节能效果。能源管理系统对建筑物内所有能源，包括照明、插座、空调、电梯等用电以及水、煤气、蒸汽等所有能源消耗，进行分项计量，分析各项能源的费用构成，周期性诊断用能漏洞，编制能源管理计划，生成各级报表，记录、核算、分析用能情况，科学评价建筑节能工作。

通过能耗监测管理，实现能源管理自动化功能和用能异常管控功能，避免恶意透支用能和跑冒滴漏等异常现象，从而达到减少浪费、合理用能的目的。例如，某大型连锁超市能源管理系统显示，其冷库能耗在夜间有不定期的能耗超限现象，经调查发现，是由于工作人员忘记关严冷库大门导致的。这种情况不但会造成能源浪费，还会导致较为严重的冷库结霜，甚至影响储存商品的品质，增加冷库维护成本和货物损失。改造措施是增加门禁系统，工作人员出入都需要刷卡确认，如未刷卡或刷卡后忘记关门，系统会自动报警，一方面通知值班人员进行处理，另一方面通知管理部，从而有效制止了能源浪费。

通过能耗监测管理，还可发现建筑设备中存在的节能改善空间，如改善墙窗材料保温性能、提高灯具发光效率、提高冷热源能效比等，并评估各种改善措施的投入产出效益。在长期运行数据积累的基础上，还可以进一步分析建筑物的营运效益与设备老化情况等。

3. 设备或系统优化控制

建筑能源管理的目的就是实现建筑节能。通过对设备与系统的运行信息、能耗数据的分析，在线预测能耗、优化控制，自动匹配、优选最佳能效的产生条件，确定最符合实际情况和用户需要的控制策略参数，对当前控制策略进行合理的调整和优化。优化控制策略主要包括设备之间的权衡和优化、不同系统之间的权衡和优化，如设备经济运行控制、灵活的温度设置、负荷分析与平衡优化，以及运行模式的优化控制等。

4. 设备故障诊断

建筑设备在经过长时间的运行后，性能会发生一定程度衰退，或发生各种类型故障。故障诊断功能是指能源管理系统能够在故障算法和专家经验的规则下，通过传感器数据融合、模糊识别、人工神经网络等技术，在用能设备偏离正常运行状态工作时在线实时地找出故障，并通过报警方式及时地通知操作管理人员。

故障诊断技术在有限的能源供应条件下，通过最优决策进行调度，不仅能降低事故的损失，而且增强了对突发事件的应变能力，提高设备运行的安全性。

19.1.2　建筑能源管理的系统结构

BEMS 的大部分数据来源于 BAS 系统，同时在应用层面上又高于 BAS 系统。因此，BEMS 一般采用 C/S（Client/Server，客户/服务器）主体架构模式，客户端采用 B/S（Browser/Server，浏览器/服务器）模式，以便实现较大范围的管理应用。根据数据的流程，BEMS 可以分为三个结构层面，如图 19-1 所示。

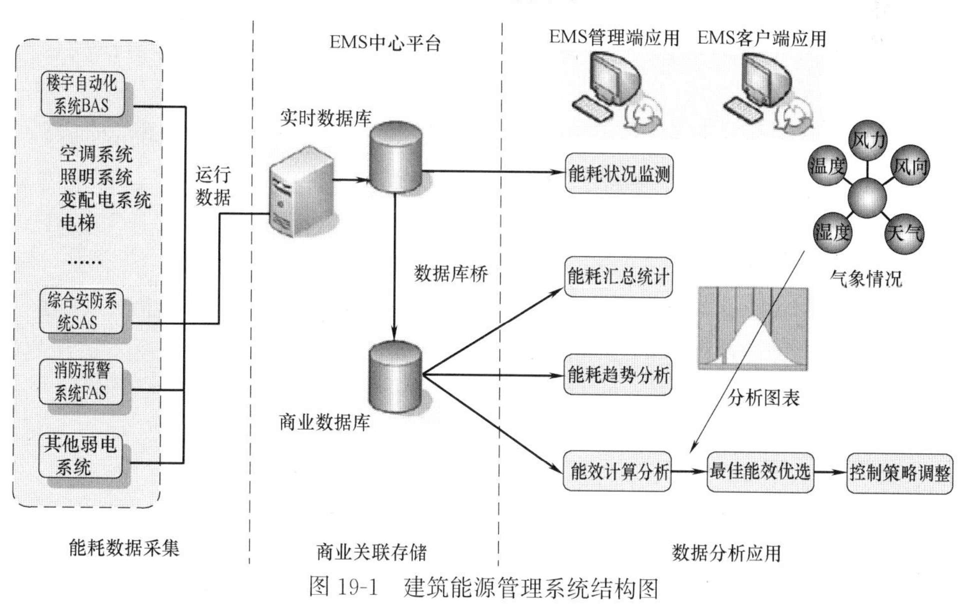

图 19-1　建筑能源管理系统结构图

1. 数据采集层

数据采集层实现与 BAS 及其他弱电系统的数据通信，监测建筑内所有机电设备的运行参数，如冷水机组、水泵、空调机组的运行状态、故障报警、启停控制，及管网系统的温度、压力、流量等。通过加装现场计量仪表，如：电表、水表、热表等，完成电、水、蒸汽、燃油等各类能源数据的实时采集。

2. 数据处理层

数据处理层基于通信协议，如BACnet、LonWorks、Modbus等，或者软件驱动的方式，如OPC和SQL等，集成智能建筑子系统之间的数据。BEMS执行对数据的合理性分析，对数据进行分配与分类存储，存储在数据库中，在保障实现实时图形化监控的基础上，以供更充分地利用。

3. 分析应用层

分析应用层是能源管理系统的最高管理层。通过C/S管理端，可执行建筑各系统的运行状态监视、能耗评估、故障诊断、优化控制等；通过B/S客户端，可进行各类能源介质的数据查询和统计、能耗分析、单位部门能耗评估、节能控制策略优选等。

19.1.3 建筑能源管理的发展趋势

随着建筑节能减排形势的日益严峻，国家节能减排政策的不断深入，建筑能源管理系统在我国应用的广度和深度将不断加强。目前，能源管理系统的发展有以下几个趋势：

（1）建筑能源管理系统应用范围不断扩大。从单个建筑看，更多设备、系统纳入到建筑能源管理范围内，譬如风机盘管集中管理，在中山国贸酒店等大型酒店风机盘管都采用了集中管理，解决了传统风机盘管存在的能耗浪费严重、管理效率低的问题。此外，绿色校园能源管理，小区能源管理系统越来越多，提高区域能源使用效率。

（2）以物联网数据中心为核心。应用物联网技术的建筑能源管理系统是一个分布式信息网络，由设立在各监测建筑内的智能建筑能源管理系统、物联网能源管理平台以及网络通信设施组成。建立以物联网数据为核心的物联网信息系统，将完全改变传统能源管理模式，以新的数据中心为切入点实现物联网信息化服务，为可持续发展及低碳经济创造新模式。

（3）与建筑信息化管理系统BIM融合。BIM是贯穿工程整个寿命周期的建筑信息化管理系统，包括了所有建筑、设备及系统从设计、施工、调试到管理信息。能源管理系统与BIM融合，可以减少能源管理系统的信息投资，BIM提供的信息可以为能源管理系统提供管理、决策的参考。

（4）充分利用人工智能技术挖掘数据信息。能源管理系统在运行中积累了大量运行数据，如何充分挖掘大数据提供的信息，人工智能技术是一种可以真正实现能源预测管理、优化控制和故障诊断，但将研究成果转化为实际应用，尚需努力。

19.2 建筑能源管理的节能技术

19.2.1 负荷预测技术

准确的建筑负荷预测是制定适用的能耗管理、控制策略和节能改造方案的基础。根据建筑负荷预测目的和作用不同，预测时间不同。逐时预测主要为空调系统优化控制服务，逐日预测为满足需求响应负荷管理和策略推荐，逐月/年预测一般用于建筑能耗对标和节能评价。

从预测原理上，建筑负荷预测方法可分成基于物理模型的预测方法和基于数据驱动的预测方法。基于物理模型的预测方法是根据建筑物及设备系统的物理描述，基于 EnergyPlus、ESP-r、Dest 等建筑能耗模拟软件，建立建筑能耗物理模型，通过计算和仿真方法预测建筑负荷，该方法的主要问题是建模工作量大、成本高、通用性差。基于数据驱动的预测方法则根据建筑负荷及其影响因素的运行数据，运用统计分析方法，建立建筑负荷数学模型，具有建模简单、移植性好的优势。基于数据驱动的建筑负荷预测方法有很多种类，以下对几种常用方法进行介绍。

1. 参数回归法

参数回归法也可以称之为解释型预测，通过观察和分析系统的输入和输出，找出两者之间的因果联系，是简单有效且应用较广的一类数据驱动模型。对于建筑空调负荷预测，输入的数据就是影响空调负荷的主要参数（如，室外空气的干湿球温度、太阳辐射强度、湿度等），观察归纳出空调负荷随上述参数变化的经验公式，进行空调负荷预测。

参数回归法的优点是计算原理和结构形式简单、预测速度快；缺点是采用线性方法描述比较复杂的问题，预测精度较低、通用性差。当用于不同建筑时，寻找冷负荷和参数之间的经验公式工作量大，需要丰富的经验和较高的技巧。此外，参数回归模型在扰动情况下不具有鲁棒性，对节假日等特殊负荷预测效果较差。

2. 时间序列法

时间序列法也可以称之为简单外延方法。该方法忽略影响系统运行的因素，依赖于大量的历史实测数据，把这些数据按照时间的顺序排列起来，观察总结时间序列所反映出来的发展过程、发展趋势、发展方向，进行类推和延伸，以此来预测下一段时间的建筑负荷。时间序列法具有建模简单、移植性好等优点。常用的时间序列分析法包括自回归模型（AR 模型）、滑动平均模型（MA 模型）、自回归滑动平均模型（ARMA 模型）、差分自回归滑动平均模型（ARIMA 模型）与指数平滑模型（EWMA 模型）等。

时间序列法仅以测量得到的负荷时间序列为预测参数，不能有效地利用与建筑物负荷影响因素的信息，很难进一步提升运行负荷的预测精度。预测模型一般只适用于空调负荷变化平稳的短期预测，当负荷变化剧烈时，预测跟随性较差。

3. 人工神经网络法

人工神经网络（Artificial Neural Network，ANN）是在建筑负荷预测领域中应用最广泛的人工智能模型，改善了传统方法的参数估计过程，可以有效解决非线性复杂问题。ANN 由大量的人工神经元之间相互连接构成，网络输出取决于神经元的连接方式、权值和激活函数。而网络自身通常是对自然界某种算法或者函数的逼近，也可以是对一种逻辑策略的表达。ANN 能够实现分布式的并行数据处理，具备自学习、联系储存和高速寻优的能力。

ANN 有很多分类。按拓扑结构，可以分为前向网络和反馈网络，前向网络有自适应线性神经网络、感知器和 BP 等，反馈网络有 Hopfield、Hamming、BAM 等；按网络性能，可以分为连续性与离散型、确定性与随机性网络；按学习方法，可以分为有监督学习网络和无监督学习网络；按连接突触性质，可以分为一阶线性关联网络和高阶非线性网络。

深度学习算法是人工神经网络的发展，试图建立大而复杂的神经网络，数据运算能力需求提高，同时改善了神经网络的预测精度。很多深度学习的算法是半监督式学习算法，用来处理存在少量未标识数据的大数据集。常见的深度学习算法包括：受限波尔兹曼机（Restricted Boltzmann Machine，RBN），Deep Belief Networks（DBN），卷积网络（Convolutional Network），堆栈式自动编码器（Stacked Auto-encoders）等。

4. 支持向量机

支持向量机（Support Vector Machine，SVM）是20世纪90年代中期Vapnik等提出的一种基于统计学理论的新型机器学习算法。SVM建立在统计学习理论的VC维理论和结构风险最小原理基础上，根据有限的样本信息在模型的复杂性和学习能力之间寻求最佳折中，以期获得最好的推广能力。SVM的训练相当于讨论一个线性约束的二次规划问题，存在全局最优点。通过核函数的映射，将原空间的非线性问题转化成高维特征空间中的线性问题，将特征空间中的点积运算转变为低维输入空间的核函数运算，使得求解SVM的过程只与训练样本的数目有关，而与数据维数无关。改变核函数的形式，就可以构造不同类型的SVM。

SVM在解决小样本、非线性、高维模式识别及函数拟合中都表现出许多特有优势，被誉为人工神经网络的替代。SVM可以避免神经网络结构选择和局部极小点问题，有较高的泛化能力和学习能力。但是SVM也并非完美的，它对缺失数据较为敏感，对大规模样本的学习速度慢。

19.2.2 优化控制技术

建筑设备系统的优化控制是能源管理系统的重点。研究表明，目前建筑机电系统缺乏协调级的控制策略，在控制方法和策略上进行节能优化，有很大的节能空间。

1. 设备启停的优化控制

最优启动控制是指在启动系统工作时，在最短的时间内能够达到所需要的舒适度。而最优停止控制则是最优启动的逆过程，它是指在工作区域停止使用前的合适时刻停止系统或设备的运转，仍能够达到最低的舒适度要求，其目标是使设备系统工作时间最短，能耗最低。例如，办公楼使用之前，需要提前开启空调设备，如果空调开早了，会造成能源白白浪费；如果空调开晚了，上班时的室内舒适度达不到要求，这就要求空调最优的启动控制。还如，办公楼下班之前，提前关闭制冷机组，利用空调水管网蓄存的冷量供应空调，在满足室内舒适度的前提下，可有效减少制冷机组的开机时间，这就是典型的最优停止控制问题。

2. 控制参数的优化设定

由于建筑实际运行工况实时变化，设备和系统的运行参数应根据工况条件进行动态优化设定，才能达到最佳节能效率。空调系统可优化的控制参数包括冷冻/供热水供水温度、冷却塔出水温度、二次泵系统供回水压差等。以冷冻水供水温度优化设定为例详细说明。提高冷冻水供水设定温度，可以提高制冷机组的运行效率（COP），并且避免空调处理设备在部分负荷工况时过度除湿问题，降低制冷能耗，但提高冷冻水温度可能造成循环水量加大，增加输配系统水泵的能耗。因此，协调用户负荷需求、制冷机效率与水泵效率三者之间的关系，才能确定最优的制冷机出水温度设定值。

3. 基于负荷预测的优化控制

基于负荷预测的优化控制可以较好地解决空调系统非线性、大滞后的问题，该方法利用数理统计、人工智能技术等方法，根据室外气象参数与空调负荷历史数据，提前预测建筑的逐时负荷，建立以空调系统运行费用最低为目标的最优数学模型，从而来确定空调系统控制方案，指导空调系统运行管理。基于负荷预测的优化控制方法，在调节冷冻水流量、冷水机组启停数量、VAV 系统风量等方面，预测控制更加稳定，达到令人满意的节能舒适目标；在复杂的冰蓄冷系统和分布式能源系统控制上，实现最佳运行模式调度和最优参数设置，降低建筑能耗或运行费用。

4. 电力峰值需求控制

峰值需求控制是在能源使用高峰时期（一般是电能使用），由于能源供给有限使得系统不得不暂时关闭或者在一定的时间段内切换一些设备的使用，在最大可能地满足建筑物正常运行的同时，使得建筑物的能源负荷不超过设计与契约所规定的峰值。例如，某写字楼的能源管理系统数据分析显示，在每日清晨同一时段，各类设备集中启动，导致出现用电尖峰，且尖峰值超过了该大厦向供电局申请的需量值。按供电局规定，如用电尖峰超过最大需量并持续超过 15min 以上，会按照尖峰值收取需量费用，因此这种情况直接导致了该大厦电费的增加。经过研究，能源管理系统采用对峰值需求控制策略，将设备分时段分批次启动，有效地消除了用电尖峰，避免了较高的需量收费，实现了电费的节省。

5. 夜间能源管理

夜间能源管理是指建筑物在进入夜间运转时为了保证维持最基本的需求而对各个能源单元进行的管理。能源管理在保证建筑物最低照度和通风率的同时，仍要确保安防、消防等系统或设备的正常运行。例如，夜间为了降低变压器组无谓的空载损耗，将负荷集中切换到一台变压器上；为了充分利用夜间的低谷电价，进行排水、补水、通风换气等非紧要工作，启动蓄热型能源设备（冰蓄冷或电蓄热等）。

6. 系统集成与联动

能源管理系统对建筑不同子系统集成，通过数据交互和联动控制，实现建筑节能目标。例如，建立保安监控系统与楼宇自控系统的联动，当有人读门禁卡时，照明系统将打开相应区域的公共照明和空调设备；当房间处于非占用状态时，空调系统自动转入节能运行模式，关闭区域的照明设备。通过系统联动，不仅提高建筑舒适度，而且降低能耗。客流统计系统通过在不同区域安装客流统计设备，统计每个出入口、电梯、扶梯实时客流，将信息传输给空调系统，为空调能耗控制提供依据。

19.2.3　故障诊断技术

建筑设备或系统故障根据影响程度可以分为硬故障和软故障。硬故障对系统运行影响程度大，一般很容易检测得到，如传感器失效、阀门卡死、制冷器堵塞等故障。软故障是指设备使用性能随着时间的延长而下降，但是还没有完全失效，因此在故障初期很难被检测到的，它是一个渐变过程，如传感器漂移、阀门泄露、室外换热器脏堵等故障。

故障诊断的目的在于找到导致系统异常运行的原因。一般来说，故障诊断包括四个步骤，即故障检测、故障识别、故障评价和故障决策。故障检测是指将设备或系统的运行状况与正常运行状况进行对比，检查系统是否存在异常的过程；故障识别是指对故障检测中的异常行为进行原因分析；故障评价是指对故障给系统的运行造成的影响程度评估；故障决策是对故障评价的结果进行决策，是继续容忍故障存在还是对故障进行恢复。

目前，国内外学者对建筑设备及系统故障诊断做了大量研究，开发了很多种故障诊断方法。对于一个复杂的系统来说，单纯采用一种故障诊断方法往往难以取得令人满意的效果，一般是几种方法同时采用，综合分析，以达到良好的诊断效果。以下介绍几种典型智能故障诊断方法。

1. 基于故障树的故障诊断方法

这是一种自上而下逐层展开的演绎分析方法。它以系统或者设备最不希望发生的事件为顶事件，向下逐层找出导致该事件发生的全部原因，然后以一种倒立树状因果关系图来表示其间的逻辑关系，并进行定性定量的安全性和可靠性分析。这种故障检索比较全面和完整，但是假如系统过于庞大，那么故障树的建造规模也会比较大，其整个系统也比较复杂。

2. 基于案例推理的故障诊断方法

将过去处理的故障作为故障特征集和处理措施组成的故障案例库存储在案例库中。当出现故障时，通过检索案例库查找与当前故障相似的案例，并对其处理措施作出适当调整使之适应于处理新故障，形成一个新的故障案例，并得到解决当前故障的措施。基于案例推理的故障诊断方法优点是有很好的学习功能，不断丰富自己的知识库；缺点是当案例库的容量庞大时，案例检索困难，并且案例库很难覆盖全部问题，不能保证一定得到最佳的解决方案。

3. 基于模糊理论的故障诊断方法

模糊故障诊断是一种按照人类自然思维过程进行的诊断方法，主要适用于测量数量较少且无法获得精确模型的故障诊断问题。该方法不需要建立精确的数学模型，根据丰富的经验、模糊性数据构建信息库，运用隶属函数和模糊规则将较为模糊的逻辑进行整合，使之成为综合性评定标准。对于复杂的系统，隶属函数和模糊规则的建立是很困难的，而且耗费时间。

4. 基于专家的故障诊断方法

专家系统故障诊断是故障诊断中最为引人注目的发展方向之一。该方法是利用人类在长期诊断实践中逐步形成和积累的知识，将之规则化和结构化以形成计算机可用的知识库，并在此基础上模仿人类专家诊断推理的机制进行故障诊断。其中广泛应用了概率理论、模糊数学、定性推理等分析方法，在过程监控和故障诊断中获得了广泛应用。

5. 基于人工神经网络的故障诊断方法

由于人工神经网络具有容错、联想、推测、记忆、自学习、自适应和并行运算等优势，在故障诊断中也得到广泛关注。神经网络在微观结构上模拟人的认识能力，通过模拟人类大脑结构的形象思维来解决实际问题，其知识处理模拟的是人的经验思维机制，决策时依据经验，而不是一组规划，特别是在缺乏清楚表达规则或精确数据时，神经网络可产生合理的输出结果。其缺点是诊断推理过程不能被解释，缺乏透明度。

19.3　建筑能源管理的建设要点

建筑能源管理系统应根据建筑的现有用能状况、建筑设备及系统的特点、楼宇自控系统等智能系统的配置状况等进行设计、实施，要符合国家、地方相关技术导则及规范。能源监测管理系统的建设必须落实以下几点：

1. 能源管理系统的目标要定位明确

能源管理系统的目标是提供愉快舒适的室内环境并降低能源消耗。通过广泛获取建筑的能源消耗数据，科学分析能源消耗结构与趋势，优选节能策略以辅助执行建筑节能控制。

2. 能源监测管理系统是一个系统工程

能源监测管理系统是一个复杂和庞大的系统，它需要建筑内多个系统的配合，涉及硬件、软件、网络、环境以及人员的支持，实现前必须对系统的困难作充分估计。

3. 能源监测管理系统是一个自完善工程

能源监测管理系统成功的实施，必须是以建筑的管理人员为核心，不能完全交给系统承包商。只有建筑的管理者及使用者真正参与进来，能源监管系统才具有意义。

因此，建筑能源管理系统的实施，必须注意以下关键点：

(1) 重视现场的调研工作，提前发现实施中可能出现的问题，并预先进行规划和改进；尽量利用已有资源，密切结合建筑物已有的智能化子系统。

(2) 系统应具有开放性、可扩性、兼容性和灵活性。系统具有开放性，能有机地与其他智能化系统连接，融合成一个整体。由于系统范围大小差异很大，筹建资金不能一步到位，因此要求系统能适合多种规模，具有较强的可扩性，能随时适应对系统的扩容要求。此外，系统还应具有很强的兼容性和灵活性，以适应产品的升级换代。

(3) 系统必须具有安全性、可靠性、容错性。系统设备的安全性、可靠性是个非常重要的指标。为避免操作人员误操作等，致使系统工作不正常，要求系统具有较强的容错性和自检功能。

(4) 系统的设计、建设与管理必须遵守规范的要求。系统必须具有完整的设计方案、工程图纸、设备清单及施工方案等资料。建设及验收必须严格执行相关技术标准。日常运行维护及定期检修必须制定严格的管理规范。加强建筑管理者及使用者的业务培训，提高相关人员业务水平。

必须注意的是，借助 BEMS 实现建筑节能不是一蹴而就的，它是针对不同建筑的特点，不断调整、不断反馈、不断优化的过程。

19.4　建筑能源管理的建设实例

19.4.1　北京某大厦能源管控系统

1. 工程概况

北京某大厦是北京市第一座获得绿色建筑设计标识及绿色建筑施工标识的公共建筑，

见图 19-2。该项目所遵循的原则是：被动节能技术优先，同时充分利用可再生能源。

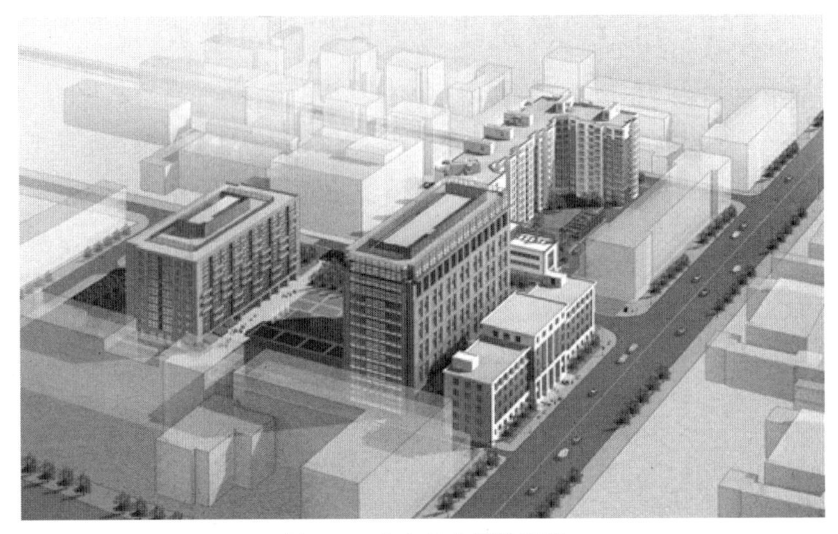

图 19-2　北京某大厦效果图

该大厦在设计中，应用建筑设计手法尽可能实现自然采光、有效通风和夏季遮阳，采用太阳能实现局部照明，合理采用新型的建筑材料；在形体的选择上，在节能建筑与办公建筑之间寻找契合点，让建筑的形体既能实现总部建筑设计理念，同时使其具有较好的节能体型系数。

该项目为提高管理的整体智能化程度，增强综合管理和节能，提供增值业务，提高工作效率及能源效率，降低运营成本，建设有比较完善的能源管控系统。其中，微能耗建筑能源管控通过完整的自动控制系统，实现多种能源的互补协调运行，太阳能光热系统、新风热回收系统以较少的常规能源实现优先利用，使系统效率大大提高，可再生能源的整体贡献率达到 61.15%。

2. 能源管控系统的构成

能源管控系统通过定制的网关设备与楼宇自控系统、能耗监测系统、照明控制系统、机组群控系统等进行数据采集、汇集、存储、处理等事务工作，建立统一的监管平台，将楼内的耗能情况、设备使用情况、系统效率情况、策略算法优化情况进行集中管理和控制，该系统的基本架构如图 19-3 所示。

能源管控系统的建设工作主要覆盖了四个方面：

（1）实现与楼宇自控系统的对接，楼宇自控系统的监控范围基本能覆盖到一般的用能系统或用能设备，要对现有楼宇自控系统进行系统完善以及系统对外接口的开放和开发。

（2）实现能耗监测系统的集中管控，对原能耗监测系统从监测范围（水、电、气、热的覆盖）、监测深度（一级计量深入到二级、三级计量）上进行整改。

（3）对重点用能系统（设备）进行控制系统的新建。常规楼宇自控系统对于冷/热源机组、冷却塔群控，冷冻/冷却循环系统，照明系统等重点用能系统（设备）要么只监不控，要么只能实现简单的功能性控制，造成系统（设备）运行效率低下。提高能源管控平台的管控力度就要从控制着手，该项目建立了能源微控制系统，分别对重点用能系统（设备）进行分系统控制。如对冷机进行冷机群控，根据负荷、用能情况、峰谷平情况、机组情况等建立数学模型，让冷机机组根据模型自动投切，提升机组工作效率。如对照明系统根据工作时间、阳光照度、功能分区等情况进行自动化控制减少照明电能消耗。

（4）实现建筑能源系统的综合管控，为使用者提供亲切的人机接口，系统功能共分七大类，分别为排程管理、实时监控、报警管理、查询与报表、效益分析、资产管理以及系统管理，不仅提高建筑能源的管控水平，而且提供了增值服务。

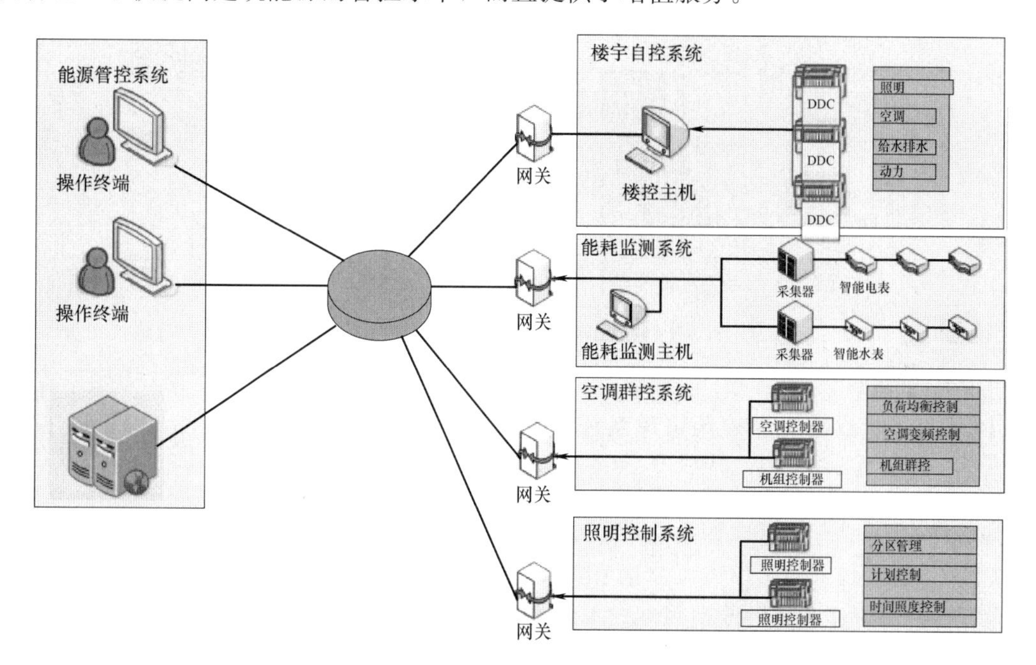

图 19-3 能源管控系统架构图

3. 能源管控系统的节能策略

能源管控系统节能工作的核心是空调设备。空调系统是公共建筑的能耗大户，约占建筑能耗的 40%～60%，空调冷热源的能耗约占空调能耗的 50%以上，而冷水机组的能耗又占整个暖通空调系统的 50%左右。该项目针对空调系统，通过总用电的目标管理来帮助业主提高能源使用效率，制定不同层次的空调系统节能管理策略，如图 19-4 所示，主要包括：

（1）系统能效优化：监测空调系统的运行效率，动态调整制冷机组的冷冻水出水温度、优化制定运行日程表等，以保持系统高效运行。

（2）负载侧运行优化：监测房间空气品质，动态调整新风量，减少新风能耗；监测房间使用情况，根据使用情况调整房间空调、照明的开启。

（3）运行环境优化：根据节能管理系统所搜集历史数据，结合专家系统，诊断跑冒滴漏问题，对运行环境进行调整与改善优化。

为保障节能管理策略的实现，项目在前期设计阶段，优化楼宇自控系统的控制原理图、点位图，使楼宇自控系统能够采集足够的信息。通过前期设计与模拟分析，定制了冷水机组群控策略、热回收机组控制策略、楼层负荷均衡控制策略、照明分区控制策略等，楼内的重点用能设备均有定制的策略及算法。

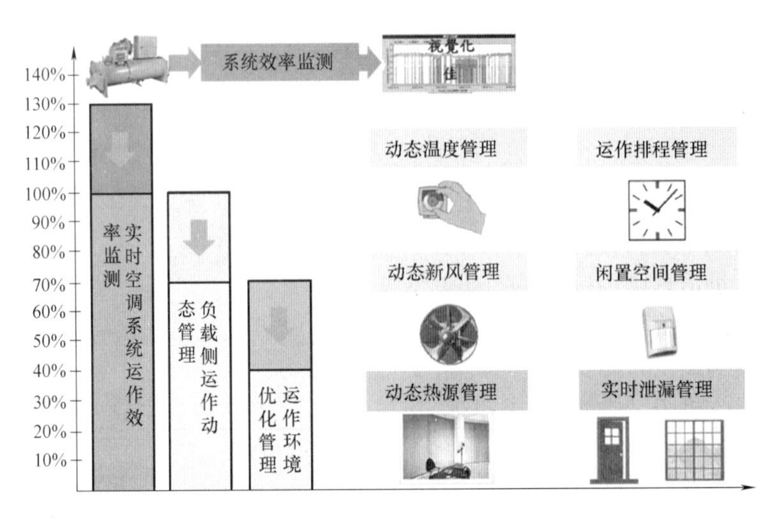

图 19-4　空调系统节能管理策略

19.4.2　北京某饭店能源管理系统

1. 工程概况

北京某饭店现有建筑面积约 32000m²，是一家综合性涉外旅游及会议接待饭店，见图 19-5。该建筑是“北京市大型公建节能改造示范”项目、“十一五”国家科技支撑计划重大项目、“既有建筑综合改造关键技术研究与示范”的示范项目。

图 19-5　北京某饭店效果图

通过建筑节能改造，该饭店建设了一套建筑能源管理系统，提高对建设设备或系统的集中监控与管理。在建筑节能改造后，成为建筑能耗的长期监测基地，对饭店的能耗及设备运行参数进行跟踪，积累数据和经验。

2. 节能改造前的能源系统状况

（1）空调系统

该饭店采用了热泵机组加风机盘管的空调形式，热泵机组采用 2 台污水源热泵机组，一用一备，4 台冷冻循环泵 2 用 2 备。热泵机组的潜污泵、循环泵、冷却泵均为机组配套装置，机组采用全自动运行模式，人工选择启动某台机组，其余均自动运行。

在客房区每层均设有空气处理机负责公共区域的冷/热供应。在饭店 22、23 层各有 2 组每组 4 台热回收机组，通过热回收机组对新风进行空气预处理，同时将处理后的新风直接送至客房区每间客房内。

（2）生活热水系统

该饭店为用户提供全天候的热水供应，使用污水源热泵机组提供热水，经过 2 组板式热交换及热水循环泵进行生活热水供应。

（3）照明系统

该饭店现有灯具总计15000余盏，涵盖有白炽灯、荧光灯、射灯、节能灯等多种灯类型。没有任何照明控制系统，所有公共区域的照明均是通过人员及管理制度规定下进行定时的人工开关。

（4）分项计量系统

该饭店在地下一层设备层对饭店的空调机组、循环系统、末端系统总电耗进行了一次计量，同时该计量信息已经接入楼宇自控系统中。

（5）楼宇自控系统

该饭店建设初期没有楼宇自控系统，在2007～2009年的二次装修过程中对大楼的空气处理机、热回收机组、冷源循环系统、景观照明等内容接入了楼宇自控系统中，现由于后期维护保养不到位部分功能已失效，系统处于暂停使用状态。

该饭店的楼宇自控系统已预留了与其他系统的OPC接口，第三方程序可通过OPC接口读取到BA系统的所有数据。

3. 建筑能源管理系统的建设状况

根据该饭店的项目现状、宾馆使用方的需求，以及该宾馆的能源情况和费用构成上，建设一套能效综合管理平台。

（1）建设目标

能源管理系统的建立，可以通过网关或网络接口与其他各子系统进行信息集成，将各子系统的数据、参数、状态信息汇集到系统平台上，通过对资源的采集、分析、传递和处理对整个建筑群进行最优化的监控，达到高效、经济、节能、协调运行状态，并与建筑艺术相结合，创造出一个节能、智能、稳定、可控的能源运行环境。

实现与楼控系统对接，对空调末端及送排风系统、冷热源、电梯、扶梯、热风幕等机电设备和系统运行参数监测和管理，从而对用能系统实现优化节能运行控制，针对建筑的用能系统的具体使用情况和负荷特点，提供更加合理高效的运行控制策略算法，提高系统运行效率，降低能源消耗。

实现用电、用水和用热分项计量自动采集、传输，能耗信息自动采集、传输，应能够实现在各个自控系统的基础上进行集成，并实现数据交换、统计分析。

对建筑群的单体和总体用能情况进行监测分析，对发生的问题进行实时处理。同时，定期进行节能诊断及分析，给出系统和设备的节能建议。

采用远程控制和管理，使用灵活方便，降低工作人员的劳动强度，提升建筑管理的整体水平。

具有能效分析、设备管理、信息管理等多种管理功能，可实现系统的综合管理。

根据以上能源管理系统的集成，实现为该饭店运行提供持续能源优化服务建议。

（2）网络结构

该饭店的能源管理系统在网络结构上，设计为两层网络。

第一层放置在控制终端（嵌入式计算机）上，控制终端为一嵌入式计算机系统，其基本功能与网关设备有些近似，它主要的工作任务是通过协议通信的方式收集各个自动化（智能化）系统或智能化仪表和自控设备所采集的数据，在本项目中为通过嵌入式计算机，并转发。同时按照运行策略实现对各自动化（智能化）系统的控制。

第二层放置在管理中心的管理平台（南区当代置业办公区），它承担综合服务平台的整个管理、数据处理、应用功能的实现。客户可通过互联网访问该平台以获得相应授权内的服务，专业技术人员也可通过管理平台对授权内的建筑或大型公建进行节能运行策略训练和掌握其运行状况。专业技术人员还可以通过管理平台嵌入各种专业服务模块，为客户提供相应的节能服务。系统管理人员通过管理平台进行各种管理操作等。

（3）系统功能

1）建筑能源消耗的统计与分析

实现对建筑物内各个能源消耗点参数的检测和计量，并与收费结合起来。通过设置，系统每月都可以自动整理出一份清单报表，列出每个用户各项能耗的用量、单位价格、应收款项等用户所需要的内容。最关键的是，分布式能效服务平台系统还可以向用户提供能源消耗分布曲线，供分布式能效服务软件依据曲线参数优化控制逻辑、调整控制参数，从而实现节能。

2）提高被控参数的控制精度

建筑物内温湿度的变化与建筑物节能有着紧密的关系，据美国国家标准局统计资料表明，如果在夏季将设定值温度下调1℃，将增加9%的能耗。如果在冬季将设定值温度上调1℃，将增加12%的能耗。因此，将建筑物内温湿度控制在设定值精度范围内是设备节能的有效措施。例如，没有采取分布式能效服务平台系统的建筑物，由于控制精度不高，不能按室外环境和季节的变化来改变空调系统运行参数的设定值，往往会造成夏季室温过冷或冬季室温过热的现象。这种温度过冷和过热的现象，不但对人体的健康和舒适性是不适宜的，而且也很浪费能源。因此，可以这样说，空调系统温湿度控制精度越高，舒适性越好，节能效果也越明显。

与此同时，为保持建筑内人员的身体健康必须保证有一定的新风量，但新风量取得过多，必将增加耗能量，一般来说，在设计工况（夏季室温26℃，相对湿度60%；冬季室温22℃，相对湿度55%）下，处理1kg室外新风量需冷量6.5kWh，热量12.7kWh。因此，在满足室内卫生要求的前提下，减少新风量，也有显著的节能效果。

3）实现用电设备最佳运行时段控制

室内温度是惯性很大的被控对象，分布式能效服务平台系统通过对空调系统的最佳运行时段的计算和控制，可以在保证环境舒适的前提下，缩短不必要的设备运行时间，达到节能的目的；与此同时，为了保证工作开始时室内环境的舒适性，通过对室外、室内参数的分析对建筑物进行预冷、预热，调整新风风阀，不仅可以减少设备容量，而且还可以减少新风带来冷却或加热的能量消耗。

在办公建筑用房中照明的电力消耗要占整个电能消耗的很大部分，其中公共区域照明最容易产生能源浪费，对这些照明设备进行必要的定时开关控制，甚至按照作息时间和室外光线进行预程调光控制和窗际调光控制，可以极大地降低电力消耗。

4）实现设备的间歇工作和台数控制

分布式能效服务平台系统可以将建筑内所有机电设备有机地联系在一起，把这些机电设备集成为一个统一的系统，实现信息共享，从而可以对机电设备进行综合控制管理，这是人工和传统的控制方法所无法实现的，其作用和效益是巨大的。例如，空调系统的设备是按最大负载设计的，但在实际运行过程中，负载是不断变化的，根据负载的变化，实现对冷却塔、冷却泵、冷冻泵、冷冻机的间隙工作和台数控制，不仅可以大幅度降低设备的能量消耗，也可延长设备使用寿命。

与此同时，本系统在设计中充分考虑今后系统的扩展，在今后需要进行系统扩展时不需要变更系统的结构，也不需要改变已有的传感器或控制器，也不需要更换或废弃基本系统的任何部件，同时在系统容量上保证不少于20%的备用输入和输出连接口以满足日后系统扩充的要求。

5）按负荷实现分区域节能控制

通过对空调负荷的动态跟踪，实时调节空调冷冻水供水温度或冷冻水供水流量，使其跟随空调主机负载大小及使用空间负荷的变化而自动调整，最大限度地节省空调系统设备的运行电耗。

同时可依据区域办公性质特点，实现区域照明、区域供冷，对于白天或夜间无人使用的区域，关闭相应照明设备及控制水循环支路，降低不必要的能源浪费现象，实现按需用能。

6）空调系统实现优化控制

空调系统运行优化控制策略主要包括空调水系统、空气系统和制冷系统的节能软件和优化控制策略。这些节能软件和控制策略的最大特点是在开发过程中深入考虑了实际应用中的各种限制和约束条件，以及各个子系统之间的相互耦合。所开发的优化控制策略控制算法相对简单，且易于应用于实际系统中。具体包括：

① 空调冷却水系统优化控制策略：冷却水供水温度优化（制冷机冷凝器进水温度优化），冷却塔运行台数和风机转速的优化；

② 空调冷冻水系统优化控制策略：冷冻水供水温度优化，多台并联水泵台数优化，变频水泵转速优化（末端最不利环路压差设定值优化），换热器台数优化等；

③ 制冷机组的优化控制策略：准确可靠的建筑负荷预测（基于数据融合技术），制冷机台数优化，制冷机的开停优化，在用电高峰时制冷机组的优化控制等；

④ 空调空气侧优化控制策略：AHU优化控制策略，空调系统送风温度优化、多区域系统新风优化等。

另外，为了在实际应用之前能对以上这些优化控制策略的可靠性、节能效果进行合理有效的验证，项目开发了一个在虚拟环境下对优化控制策略可以事先进行验证的测试平台，该平台借助一虚拟建筑，通过开发的智能建筑管理软件平台对优化控制策略可以进行类似于“它们在实际应用中的执行和实施方式”进行模拟验证和分析。其中虚拟建筑代表实际建筑产生实时运行数据，而优化控制策略则根据接收到的实时数据对系统进行优化分析，从而确定系统的最优设定值（包括运行模式和温度压力设定值等）。两者之间的数据通信借助智能建筑管理软件平台实现。大量的模拟分析和测试结果表明，这些优化控制策略在控制上具有鲁棒性，能够有较好的节能效果。其中的部分优化控制策略正在该饭店空调系统中进行了实际运行效果的验证。

7）实现节能综合服务

通过采集建筑设备运行信息，用电分项计量信息，实现远程能耗分析及设备运行效果评价，及时发现用能漏洞，给出系统或设备节能优化运行管理建议。

在充分掌握建筑运行信息的条件下，可实施设备故障诊断，减少设备故障频率和维修时间，为物业管理及行为节能提供有利条件；同时可借助楼控及分布式能效服务平台，实现远程监控及远程分析诊断，实时了解设备运行性能，实现集中综合控制。

该饭店能源管理系统已经成功投入运行，通过上线前后2年的能耗账单数据对比，节约能耗达到25.8%，取得很好的节能效果。

19.4.3 远程能源管理系统

针对不同地理区域内有多栋建筑，应用传统的能源管理系统在数据汇总上有较大的工程实施困难，施耐德电气提出应用创新的远程能源管理平台解决多点、多建筑的能源统一管理解决方案：在广域范围内不受建筑结构、地域范围、行政区划限制的能耗信息的远程数据采集，通过由部署在全国各大行数据中心的远程服务器和云端的能源管理平台对数据进行无限量存储和深度解析整合。

1. 远程能源管理系统的构成

远程能源管理系统采用开放架构，划分为三个层级，如图19-6所示。架构设计减少了数据传输的中间环节，提高了数据传输效率，可以更好地保障数据从底层到能源管理系统传输通路的畅通和稳定。通过技术实现手段的优化和模块化的系统设计，有效地降低了系统的初投资，同时也使整套系统建成之后的维护成本有了明显的降低。

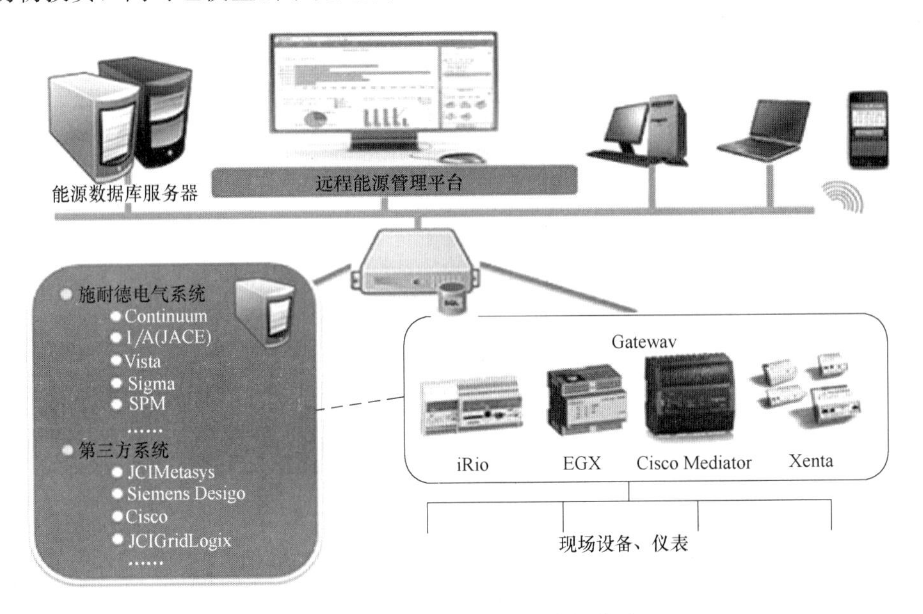

图19-6 远程能源管理系统的构成

(1) 数据采集层

在每个被监测能耗单位安装具有远传功能的智能表计。智能表计可以精确采集受监测回路的各项能耗参数，包括电能参数、燃气消耗量、水耗、蒸汽量等。这些智能表计需支持标准的通信协议（如Modbus RTU等）。电表之间通过通信线进行连接并传输数据（例如：RS485通信线缆手拉手菊花链的方式与网关链接并实现数据通信）。

根据不同用能单位内每个建筑的实际情况不同，可以选择以太网关或支持无线传输的数据网关，当建筑内有以太网接入口，接入方便时，可以选择以太网关用于智能表计数据的采集上传。当距离较远、没有适合的有线网络环境或管线敷设施工难度大时，可以选用无线网关。无线网关可以通过当前通信运营商运营的无线数据网络实现数据到远程服务器和云端的上传。这种设计充分利用了物联网的智能互联技术，灵活地根据单一建筑或邻近的建筑群分布网关，不受距离和建筑结构等的限制。

数据网管采集下挂的所有智能表计数据，生成特定的数据格式文件并定时上传到远程能源数据服务器或云端平台。

（2）功能层

施耐德远程能源管理存储和管理平台被部署在远程能源数据服务器或云端服务器上，负责对从网关上传的海量数据的存储和管理。远程能源管理平台可以接受来自校园里各个建筑内网关的数据文件，并解析数据文件，存储至系统数据库。

根据用户的实际情况，远程能源管理平台可以人性化地满足用户特异性的用能管理需求，对存储的数据进行分析和管理。如可实现定制数据分析报表和图表功能；友好展示数据和对比校内各功能建筑的能耗情况；分类管理不同用户层级的数据信息；根据不同的计费层级分段统计用电费用等。对于数据安全方面的要求，远程能源管理平台可以通过用户权限等的专业功能有力地保证用户数据的保密性和完整性。

此外，上述功能可以成为节能分析、提出具有针对性和可操作性的节能咨询报告的数据基础，进而有力地支持用户部署切实可行的节能策略，及实施具体的节能改造。

（3）应用管理层

基于底层采集的多维度、跨领域的能源数据，依靠建立在云计算和物联网核心技术上的远程能源管理平台，实现能源数据可视化、信息化、智能化，并进行深层次的数据挖掘与分析，应用移动终端展示实时有效的能源数据。支持能源服务解决方案供应商的能耗顾问咨询专家服务和远程运维管理服务，对改善建筑运行效率、提升建筑能源管理能力具有关键作用。支持更大区域范围的能源管理，在能源领域的跨部门、跨行业、跨平台的综合协同管理，提供辅助决策的数据和分析结论依据，助力企业管理和建筑管理者在宏观层面上的能源相关措施的制定、监督执行及综合评定执行效果。

2. 远程能源管理系统的功能

不论是就地系统或是远程平台，其职责之一都是为建筑在运营管理过程中对单站点或多站点提供有效的能耗监视与管理的工具。按照不同建筑的运营管理需要定制，系统可覆盖全能源介质。以电力能耗为例，包括从电力进线，经过配电系统，到终端用电单元的完整电能监控，深入分析电能质量状态，预防性维护系统设备，保障用电安全可靠，避免停电风险。基于施耐德在能效管理方法的积累，该系统可对建筑用电效率进行评价分析，透视建筑用能方式，帮助制定节约能耗成本的方法与策略。

远程能源管理平台根据不同的能源结构和用户需求，可以提供专业、综合、统一的解决方案，其平台功能主要包含以下几个方面：

① 能耗管理模块；

② 能耗数据分析组件；

③ 碳排放分析模块；

④ 能源绩效管理模块；

⑤ 能耗报警管理模块；

⑥ 能耗报表管理；

⑦ 网页和天气预报链接；

⑧ 日期和时间管理；

⑨ 用户管理。

远程能源管理系统软件提供用户界面程序，可由标准的网页浏览器进行访问：支持网页的信息视窗、支持网页的系统图、支持网页的表格、支持网页的报警查看、支持网页的报告。

（1）支持网页的信息视窗

信息视窗应提供历史数据的动态展示与趋势，如图 19-7 所示。信息视窗可直观形象地访问查看能源管理数据，支持多能源、财务和环境数据。用户可对信息视窗的展示内容进行设定、查看，并演示给其他用户。

用户可对历史数据可视化，通过包含图表、数字、文字或其他视觉元素的工具实现，这些工具包括：跨期对比工具、趋势工具、柱状图/线性图对比工具、饼图工具、横向柱状图工具。

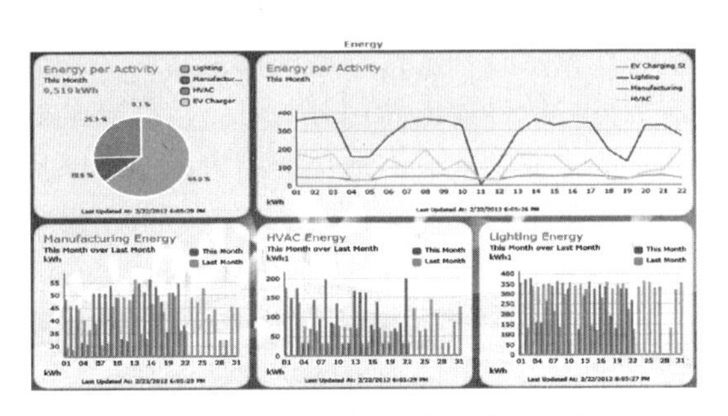

图 19-7　能源管理系统的信息视窗

信息视窗利用多种工具展现以下能效信息：能源消耗水平、能源成本、排放量、能源趋势、能源对比、节能成果等。能灵活设置与电力公司相匹配的账单结构，能统计水、气、热等其他能源数据，并设置相应费率，计算账单。在对数据进行分析的基础上，建立能源考核指标。

（2）支持网页的系统图

支持网页的系统图提供了一种查看能源管理系统图形化界面的方式，其中包括电气单线图、地图、规划浏览、楼层布局、设备示意图及模拟显示。

该功能可实时图形化显示电能管理系统的信息，包括数字量、布尔量或离散量，以及数据库历史信息。同时，可为报警及事件导出带时标的顺序事件记录。系统中各个独立的远端设备的所有参数可完整地显示在系统图中，其中包括所有计量值、负荷状态、报警状态、能源数据、设备位置/状态、设备数据日志、波形捕捉、骤升/骤降时间、扰动方向判断等。

软件支持界面按层级嵌套与导航，用户可按层级访问所有界面。在不同的界面间可以设置超级链接，通过简单的选择可查看相关的细节内容。系统图界面可由工程组态客户端进行创建。

（3）支持网页的表格

支持网页的表格可对电能管理系统中物理设备及虚拟设备的计量数据提供交互显示，在表格中并排对比显示多设备的实时设备数据。

可对表格中的内容进行排列，实现按字母排列设备名称，从高至低（从低至高）排列各列数据。可对表格中的内容进行筛选，显示等于，或大于（小于）自定义数值的数据值。

软件提供一个图形化接口修改或创建表格，并可对当前的表格导出至电子数据表，如Microsoft Excel。

（4）支持网页的报警查看

报警查看提供了一个直观图形化显示所有系统中激活的与历史的报警与事件记录，如果过流、短路、电能质量扰动等。

系统可以设置在测量值越限、设备状态变化等时触发报警。报警时能够进行信息语音提示，自动弹出报警对话框和画面或触发必要的操作，同时可以将报警信息通过电子邮件，手机短信或PDA等方式通知相关人员。

事件等级可以设置为多级，并可以指定不同权限用户对不同级别的事件进行确认。

（5）支持网页的报告

能源管理系统提供支持网页的报告工具，通过预定制或自定义报告模板查看历史数据。报告可导出的格式包括：HTML、PDF、TIFF、Excel或XML。用户可通过网页浏览器可查看报表。报表访问具备不同用户权限（浏览、编辑、创建和删除）。支持远程报表创建和上传。

（6）权限设定

能源管理系统可分配五种用户权限：

1）查看者——查看者仅允许查看信息。

2）使用者——除拥有查看者的权限外，还可使用控制功能。

3）控制者——除拥有使用者的权限外，还可使用通信功能。

4）操作者——除拥有控制者的权限外，还可使用修改配置功能。

5）监控者——除拥有操作者的权限外，还可使用权限设定功能。

远程能源管理系统应用科学的方法论和先进的能源管理模型提取海量存储数据内的核心关键内容，并通过直观的方式进行呈现，帮助管理者轻松掌握各区域的详细能耗信息，通过对统计数据与正常标准数据指标进行分析比较，了解自身的优势和差距；通过分析能耗数据，挖掘节能潜力，制定行之有效的节能措施，通过该平台还可以验证节能改造效果，实现可持续的节能增效发展。相对于传统的能源管理系统，远程能源管理平台实现了更多的技术和商业价值。

20 建筑机电工程系统调试管理

建筑机电系统全过程调试技术覆盖建筑机电系统的方案设计阶段、设计阶段、施工阶段和运行维护阶段。调试工作通常由独立的第三方、业主、设计方、总承包商或机电分包商负责及组成。目前国内关于建筑机电系统全过程调试没有专门的规范和指南，应依照现行的设计、施工、验收和检测规范的相关部分开展工作。

施工阶段的建筑机电工程系统调试是机电设备安装竣工交付前最关键的一项工作，是检验安装工程施工质量的最重要的一个环节；是检测、检验机电安装工程各系统的运行是否达设计要求，是否能满足建筑物运行需要的一项重要工作；是工程技术含量较高的工艺步骤。

20.1 常规建筑机电工程系统调试基本内容及流程

系统调试的目的及目标是为了确保建筑物各机电系统的工作处于最佳状态，满足业主方的使用要求。首先在系统调试过程中，检查施工缺陷，测定机电设备各项参数是否符合设计要求，并在测定设备的性能后对其进行调整，以便改善由于设备之间的相互不均衡导致的问题，确保为业主提供良好舒适的使用环境；其次在系统调试的过程中积累总结系统设备材料的相关数据，为今后的系统运行及保修提供可指导性的资料。

施工阶段调试团队包括业主代表（调试顾问）、设计单位、监理单位、总承包单位、专业承包单位和设备供应商等。该阶段主要工作为：协调业主代表参与调试工作并制定相应时间表；更新业主项目要求；根据现场情况，更新调试计划；组织施工前调试过程会议；确定测试方案，包括机电设备测试、风系统/水系统平衡调试、系统运行测试等，并明确测试范围，明确测试方法、试运行介质、目标参数值允许偏差、调试工作绩效评定标准；建立测试记录；定期召开调试过程会议；定期实施现场检查；监督施工方的现场调试、测试工作；核查运维人员培训情况；编制调试过程进度报告；更新机电系统管理手册。

20.1.1 基本内容

调试的基本内容通常包括：设备单机试运转、系统调试及联合调试。

1. 设备单机试运转主要内容

设备单机试运转是对单个设备性能及其是否能正常运行的检测，也是整个系统调试的最基础工作，常规机电工程设备单机试运转主要内容见表 20-1。

常规机电工程设备单机试运转主要项目　　表 20-1

序号	系统名称	单机试运转主要项目
1	给水排水及采暖系统	水泵等增压及循环设备
2	通风空调系统	冷水机组、空气处理机组、风机、水泵、冷却塔、空调末端设备
3	建筑电气系统	供配电设备、用电设备（主要针对水泵等设备的电机）

续表

序号	系统名称	单机试运转主要项目
4	建筑智能系统	自控设备
5	消防系统	水泵、风机
6	电梯工程	电梯设备

2. 系统调试主要内容

系统调试是对各系统的设备、部件的协调和平衡进行调试，使得各系统达到设计要求的使用功能，系统调试主要内容见表 20-2。

系统调试主要内容 **表 20-2**

序号	系统名称	调试内容
1	给水排水系统	给水水质、给水流量、给水压力、排水状况、洁具使用状况
2	消火栓系统	最不利点水压、信号阀反馈信号
3	喷淋系统	末端排水、信号阀反馈信号、水流指示器动作、报警阀
4	水炮系统	最不利点水压、信号阀反馈信号
5	供暖系统	压力平衡、温差平衡、房间温度
6	空调风系统	总风量、风压、风量平衡、环境温度、湿度、噪音
7	空调水系统	空调水系统水量平衡
8	正压送风、排烟系统	总风量、风口风量、风压测试
9	电气照明系统	绝缘电阻测试、器具通电安全检查、照明通电试运行
10	动力系统	绝缘电阻测试、设备空载试运行、漏电开关模拟试验、大容量电气线路结点测温、逆变应急电源测试、柴油发电机测试、低压配电电源质量测试、低压电器设备交接试验、接地故障回路阻抗测试、接地(等电位)联结导通性测试
11	电梯工程	电梯运行测试
12	航空障碍灯系统	闪光频率、峰值强度、同步、光控或时控
13	火灾报警系统	消防信号反馈、联动
14	接地系统	接地电阻测试、等电位电阻
15	气体灭火系统	火灾信号的控测与系统动作
16	应急照明系统	电源切换、照度、持续时间
17	建筑智能系统	系统运行监测、控制、安全、信号采集、反馈

3. 联合调试主要内容

机电安装工程的联合调试作为机电安装工程的一个重要工序，是一个多专业相互配合与协调的工序，常规建筑机电安装工程联合调试主要内容见表 20-3。

联合调试主要内容 **表 20-3**

序号	系统名称	调试内容
1	消防系统联动调试	信号检测、信号反馈、设备联动
2	建筑智能系统联合调试	各系统设备运行联动、自动调节、监控

20.1.2　常规建筑机电工程系统调试总体流程

常规建筑机电工程系统调试一般程序分为三个步骤，即设备单机调试、系统调试及系统联合调试。由于建筑工程本身的独特性和多样性的存在，建筑机电安装工程所涉及工作内容亦不尽相同，导致机电系统调试内容会略有差异，但主要还是遵循图 20-1 所示的调试流程。

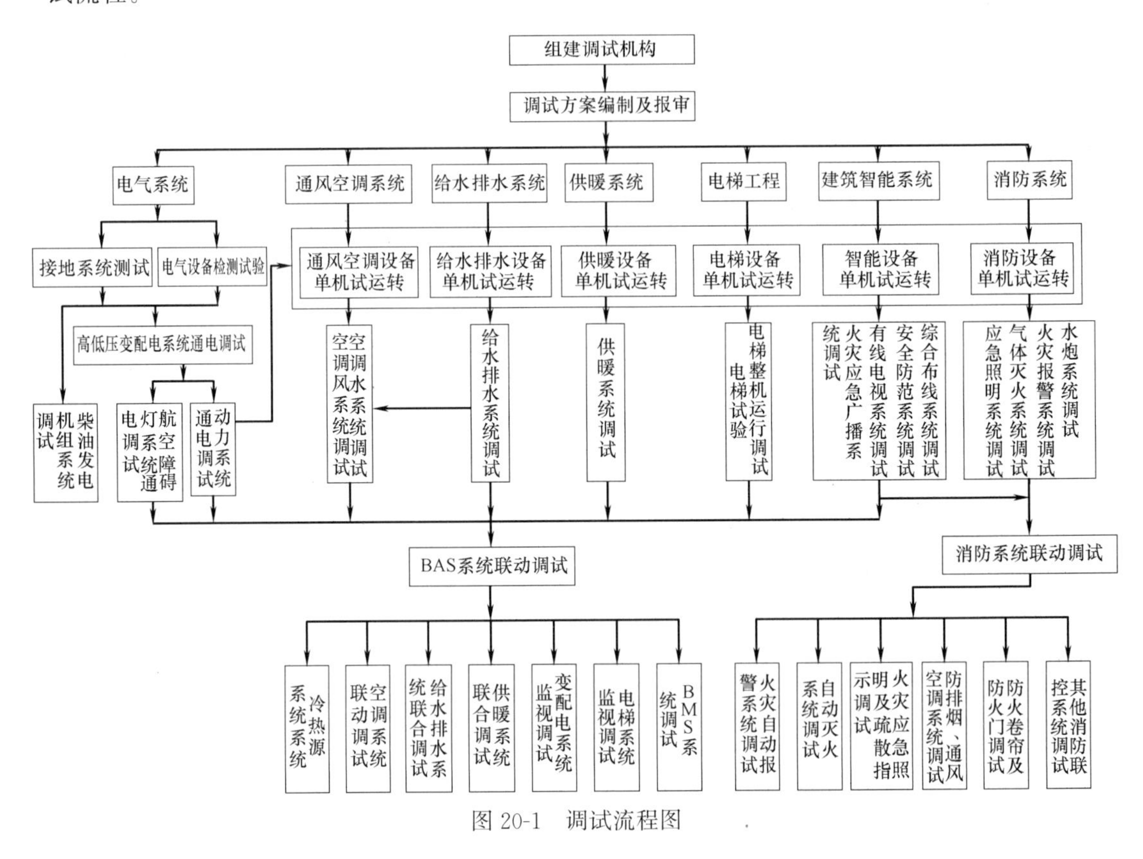

图 20-1　调试流程图

20.1.3　调试应急保障措施

在调试前，针对调试过程中可能发生的一些突发事件，应制定相应的调试应急保障措施。具体事件及预防措施如表 20-4 所示。

紧急事件预防措施　　　　**表 20-4**

序号	系统	容易出现的事件	预防措施
1	电气系统	设备漏电	对漏电开关测试
2		过载	对空气开关内过载脱扣器测试
3		短路	对熔断器检测
4		误操作	制定详细操作步骤
5	空调水系统	设备过载	点动测试启动电流
6		系统漏水	观测系统压力，专人负责切断阀门动作

续表

序号	系统	容易出现的事件	预防措施
7	空调水系统	设备反转	点动目测
8		设备故障	厂家现场启动设备
9		误操作	制定详细操作步骤
10	空调风系统	设备过载	点动测试启动电流
11		设备反转	点动目测
12		设备故障	针对设备故障制定专项紧急处理措施
13	给水排水系统	漏水	观测系统压力，专人负责切断阀门动作
14		设备过载	点动测试启动电流
15		管路堵塞	严格进行通球试验，及时清理管路

20.2　调试小组组织架构及职责

为保证机电系统调试工作顺利开展，最终达到满意的调试效果，调试前应组织专业责任工程师、各专业承包单位、厂家等经验丰富的专业工程师成立调试小组。调试小组负责调试过程中的各项配合、检测与试验，以及整个系统性能的测定与调整，并配合业主、总承包单位进行相关验收。

20.2.1　组织架构

调试小组的常见组织架构如图 20-2 所示。

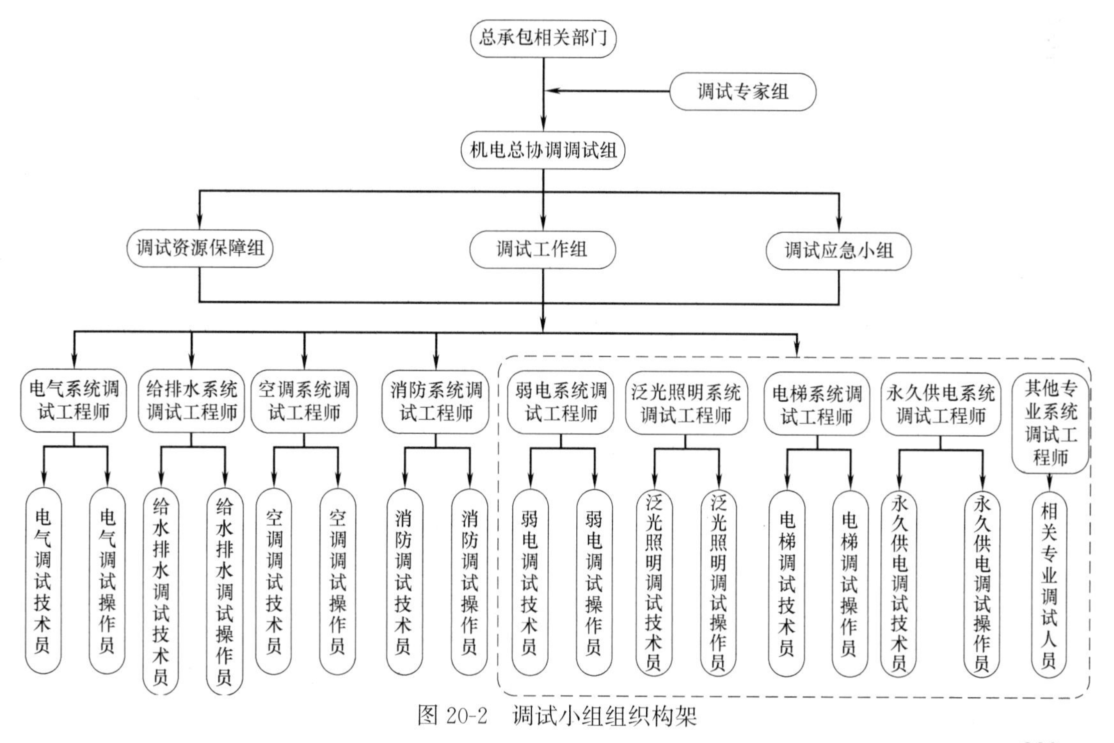

图 20-2　调试小组组织构架

20.2.2 主要人员职责

（1）调试专家组：对项目调试组的日常工作管理和工作流程上提供支持；审核系统调试方案，对调试进度、效果进行整体控制；对工程调试的重点、难点的深化设计提供解决方案。

（2）总承包单位相关部门：对整个调试计划和方案进行审核，组织各专业施工单位进行调试。

（3）机电总协调调试组：对整个调试工作负责，制定调试的规章制度、组织制定调试工作的总体工作部署，编制调试计划和方案，控制调试工作进展，与业主、设计及其他分包进行协调。检查调试前的准备工作的落实情况；签发起动和停车命令；听取各工作组的工作报告，协调各工作组的工作；组织处理调试中的重大问题；组织落实各项指令及及时反馈信息。

（4）调试工作组：组织并实施各系统调试前的准备；落实技术交底、安全交底的组织；组织供货专业单位同时到场对各自调试方案互相确认，进行交接；检查值班操作人员的操作规程、安全规程的执行情况；组织检修工作的实施。

（5）调试资源保障组：负责设备调试前的对外联络与协调管理；协调处理设备、配件调试过程中出现问题的对外协调与处理；负责损坏设备、配件的及时更换；负责调试测试仪器准备与校验。

（6）调试应急小组：随时准备执行机电总协调调试组的命令；积极就位，快速处理调试过程中的突发事故。

（7）调试工程师：了解相关专业图纸，对专业调试操作人员培训及现场指导，对相关专业调试工作进行合理的计划协调，及时解决调试过程中出现的各种技术问题，配合调试组长完成调试方案、计划的编制，并协调好与各专业的配合。

（8）调试技术人员：主要负责现场测试工作的安排。要求能够准确地选择测试点、绘制调试草图、编制调试表格，并及时将测试数据进行汇总。

（9）调试操作人员：主要负责现场调试过程的实际操作。要求能够熟练、正确地使用测试仪器、做好测试记录，能够在测试过程中发现问题，及时汇报问题。

20.2.3 常用调试仪器及仪表

各项调试数据准确与否与调试仪器、仪表的选择、测量精度、测量范围及数量有着直接的关系，在调试前应制定合理的调试仪器、仪表计划。常用调试仪器及仪表见下表20-5。

常用调试仪器、仪表 **表 20-5**

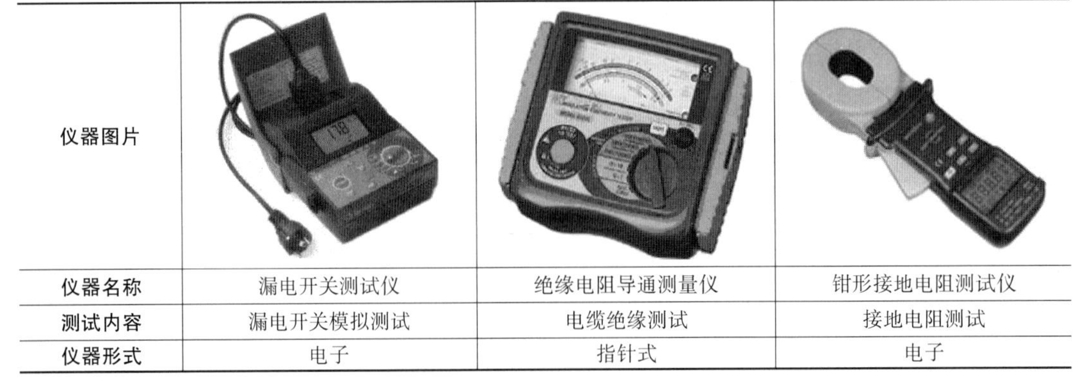

仪器图片			
仪器名称	漏电开关测试仪	绝缘电阻导通测量仪	钳形接地电阻测试仪
测试内容	漏电开关模拟测试	电缆绝缘测试	接地电阻测试
仪器形式	电子	指针式	电子

续表

仪器图片	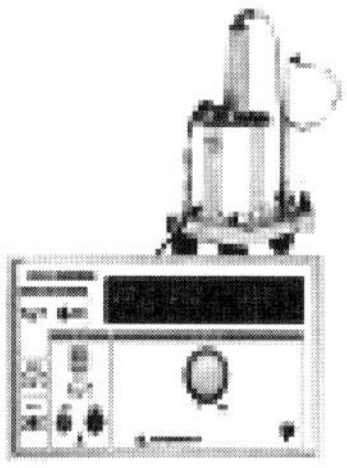		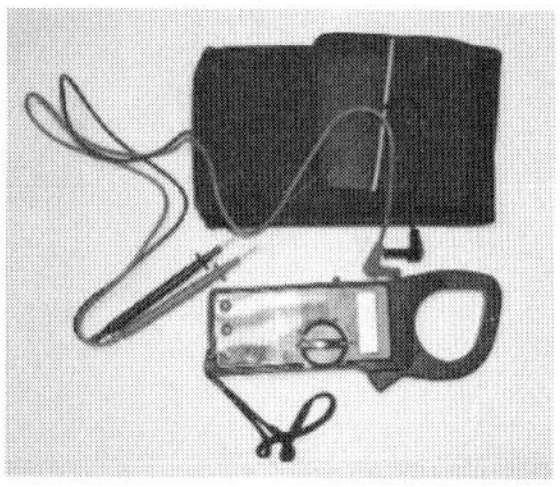
仪器名称	超高压交直流耐压测试仪	照度计	钳形电流表(含万用表)
测试内容	电缆耐压测试	室内环境照度测试	测试电流及电压
仪器形式	电子	电子	电子
仪器图片	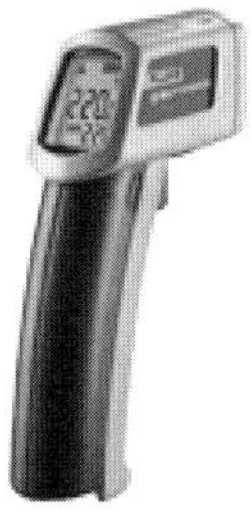	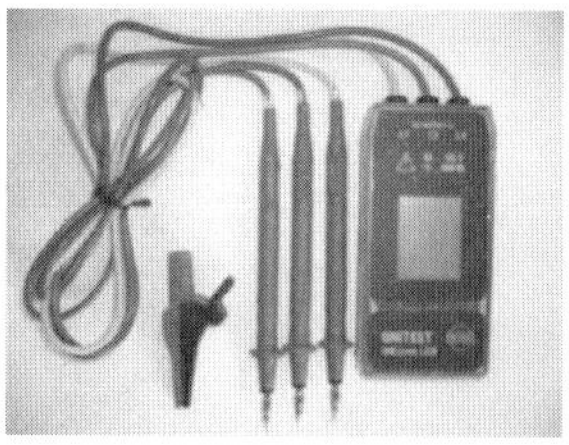	
仪器名称	红外测温仪	相序表	漏风量测试仪
测试内容	温度	测试相序	风管漏风量测试
仪器形式	电子	电子	电子、机械
仪器图片	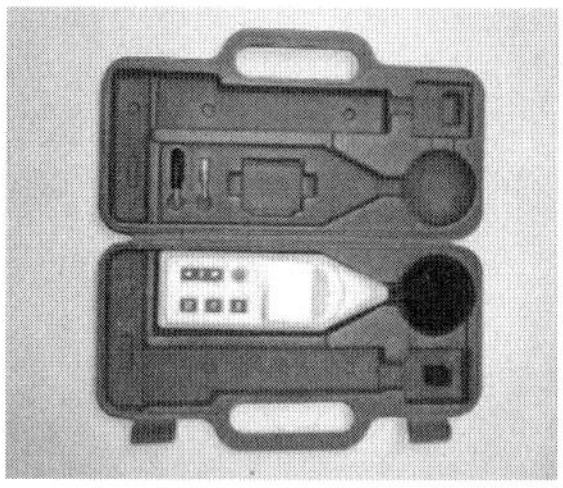	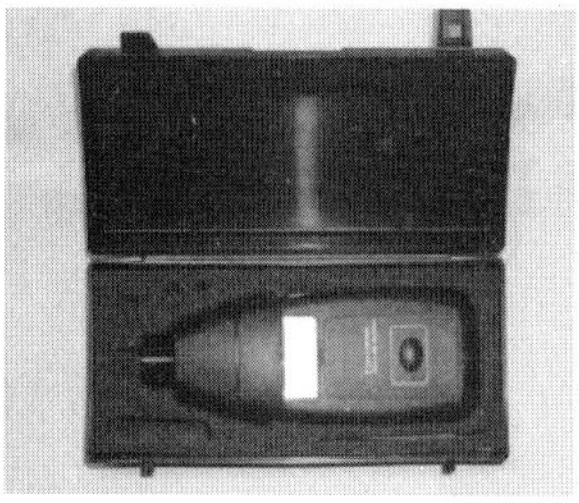	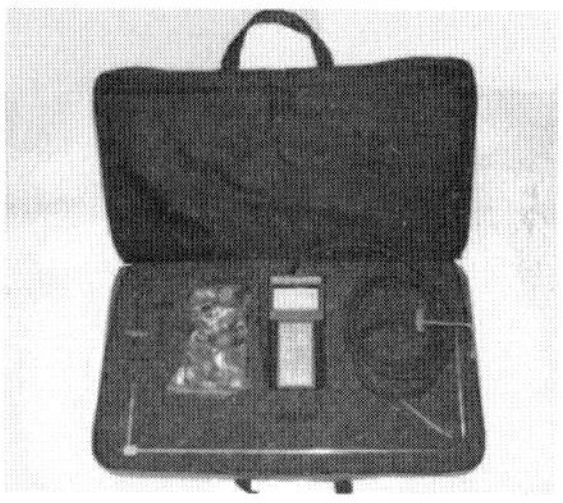
仪器名称	噪声计	智能光电转速表、频闪仪	毕托管及微压计
测试内容	测试噪声	测试电机及风机转速	测试风压
仪器形式	电子	电子	电子
仪器图片		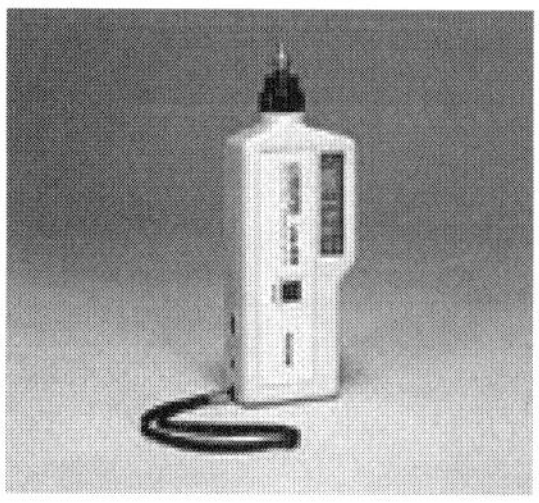	
仪器名称	总硬度测试仪	振动分析仪	叶轮式风速仪
测试内容	测试水的硬度	测试设备振动数据	测试风速
仪器形式	电子	电子	电子

续表

仪器图片	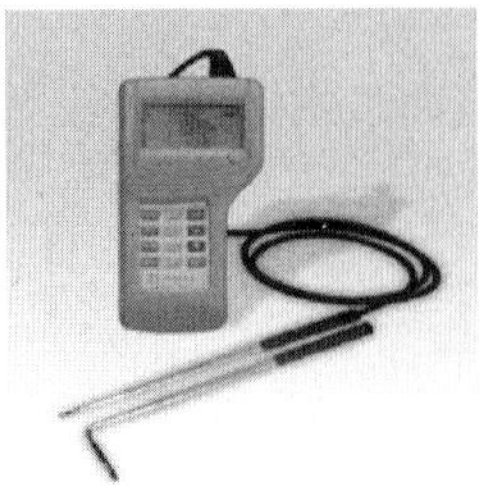		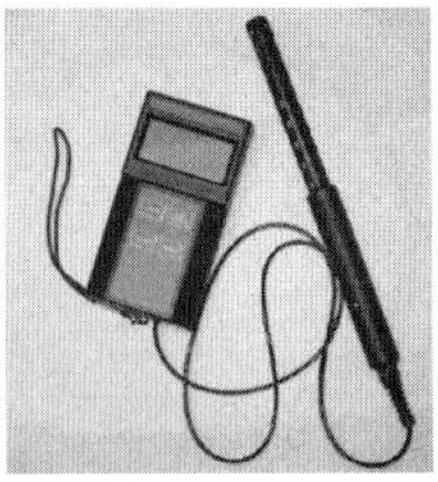
仪器名称	热式风速计	风量捕捉罩	温湿度计
测试内容	测试风速	测试风口风量	测试温度、湿度
仪器形式	电子	电子	电子
仪器图片	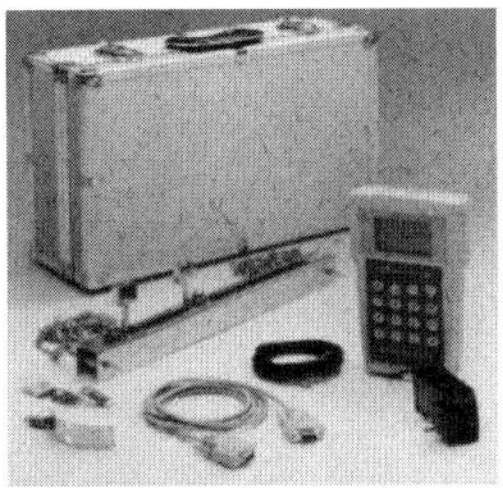		
仪器名称	超声波流量计	平衡阀测量仪	对讲机
测试内容	测试水流量	测试压差	现场指挥
仪器形式	电子	电子	电子

测试仪器、仪表使用前应检查是否在校验有效时间内，如未在校验有效期内，需经过相关部门校验合格后方可使用。

20.3 调试策划与准备

20.3.1 调试各阶段的策划

机电安装工程的调试作为机电安装工程的一个重要工序，是一个多专业相互配合与协调的工序，在实施前的策划尤为重要。做好调试工作的策划，是工程调试工作顺利进展、保证调试质量的前提条件。

1. 调试前总体策划的主要内容

调试组织机构的设置；调试与检测的特点、重点与难点分析；调试实施流程和技术方案的策划与制定；调试开始时间和总体进度计划；调试各阶段的各项保证措施；与相关方的协调措施；与第三方检测单位之间的协调措施；与相关职能部门的协调措施；与业主、监理、设计等单位的协调与配合措施；与专业分包、装饰等单位的管理、协调与配合措施；调试过程中可能出现问题的预案的应对措施。

2. 调试过程中策划的主要内容

多专业、多工种同时交叉作业之间工序的预见与协调；调试过程中出现问题的应对措施；调试过程中各相关方的协调措施。

3. 调试与检测遵循的主要原则

(1) 先单机试运转后系统再联合调试，且电气系统应先于其他系统；前期电气系统调试，而后消防系统检测，最后弱电调试；

(2) 电气工程应该先动力后照明，最后调试柴油发电机；

(3) 空调系统调试应在该系统动力调试合格后进行，后期与BAS系统严密配合；

(4) 消防（含火灾自动报警）系统调试主要分为消防水系统、气体灭火、火灾自动报警及联动、防排烟等，先单系统后联动调试。

20.3.2 调试应具备的条件

各机房门安装完毕、内装油漆粉刷施工结束，机房清理干净，室内环境应基本达到竣工标准。

设备就位，管线安装试压完毕，具备开通条件。

变电室及各配电间必须挂上标示牌，门加锁。变、配电间所有变压器、成套配电柜、控制柜（台、箱）和配电箱（盘）已安装，动力照明管线已敷设、电力控制电缆已敷设，电缆头制作安装完毕，控制线路校对并接线，各回路灯具安装接线完毕，相关专业及装修安装衔接工作已完善。

20.3.3 技术准备

熟悉设计文件，包括设计图纸、深化图纸、设计变更等有关资料，获悉系统工作流程，了解业主对建筑物使用功能的需求。

熟悉设备选型资料、各类设备的实际技术参数及附带技术资料，获悉设备操作要点及注意事项，特别要注意图纸设备明细表中没有给出的参数或有变动的参数。

了解各系统控制原理，获悉专业配合要点。

切实可行的调试方案及调试进度计划已编制完毕，经施工单位审核，并经建设单位、监理单位审批通过。

20.3.4 现场准备

各系统已按施工图纸及相关资料完成全部工作内容，过程验收完毕。现场施工过程中检查出的问题应及时解决，且过程验收手续齐备。各系统主要检查项目参见表20-6～表20-8。

给水排水（含消防）及供暖系统检查项目 **表20-6**

序号	检查项目	检查内容
1	管道安装	水平管道的坡度、立管的垂直度
		管道支、吊架间距
		管道及支、吊架防腐、保温
2	设备安装	设备的减振措施
		设备单机试运转
3	仪器仪表	温度计及压力表安装情况

续表

序号	检查项目	检查内容
4	管道阀部件	阀部件的规格，安装的位置、方向
		阀部件安装情况及检修空间
5	系统试验	系统通水、冲洗及试压情况

电气系统检查项目　表 20-7

序号	检查项目	检查内容
1	电线管及线槽桥架	金属导管、金属线槽的接地或接零
		柔性导管的长度、连接和接地
		导管和线槽桥架在建筑物变形缝处的处理
2	电气接线	多芯线与设备或器具连接采用连接器或搪锡处理
		芯线与电器设备的连接
		电线、电缆回路标记、编号
3	电气接地	接地线连接可靠
		钢管跨接地线卡接
4	配电箱、柜安装	配电箱柜内的导线排列
		电线、电缆与端子排的压接
		金属框架的接地或接零
5	柴油发电机	空载试运行、负载时运行

通风空调系统检查项目　表 20-8

序号	检查项目	检查内容
1	风管制作	弯头制作及弯头处的导流叶片固定
		风管、管件制作及加固情况是否合理
		风管接缝处的密封
2	风管安装	管件安装位置是否合理
		风管连接处是否严密，风管漏风量是否合格
3	阀部件安装	阀部件安装位置及手柄操作空间情况
		阀部件有无损坏、使用功能是否正常
		风阀开启及关闭是否灵活
		自动执行机构的感应及执行部件动作是否灵活
4	设备安装检查	设备与风管之间的连接情况
		设备减振及进出口与管道连接情况
		末端设备进出口与风管连接情况
5	风口安装	风口与风管连接密封情况
		风口与软连接处是否固定好
		软连接长度及弯曲是否合理
6	水管道	管道的坡度

续表

序号	检查项目	检查内容
6	水管道	空调机组凝结水管存水弯是否满足要求
		立管与水平管的接管是否正确
		管道变径处的施工情况
7	水管道阀部件	阀部件的规格,安装的位置、顺序
		阀部件安装情况及检修空间
8	仪器仪表	风管测压孔
		度计及压力表安装情况
9	系统试验	系统冲洗及试压情况

有效的调试组织机构已经建立，调试人员、设备厂家技术人员全部就位，调试人员已经过调试操作的培训。各专业调试部门均要提供全面、可靠的调试用设备、仪器、仪表计划，合理安排。调试所使用的测试仪器设备先进且性能应稳定可靠，在校准合格有效期内，精度等级及最小分度值应能满足工程性能测定的要求，并应符合国家有关计量法规及检定规程的规定。调试用电源、水源均已能正常引入，室外排水管网已能正常使用。制约本系统调试的其他系统调试已完成。

20.4 各系统调试或检测的主要项目

20.4.1 通风与空调工程

通风与空调工程竣工验收的系统调试，应由施工单位负责，监理单位监督，设计单位与建设单位参与和配合。系统调试可由施工企业或委托具有调试能力的其他单位进行。通风与空调工程系统非设计满负荷条件下的联合试运转及调试，应在制冷设备和通风与空调设备单机试运转合格后进行。系统调试包括设备单机试运转及调试、系统非设计满负荷条件下的联合试运转及调试（表 20-9）。通风与空调工程通过系统调试后，监控设备与系统中的检测元件和执行机构应正常沟通，应正确显示系统运行的状态，并应完成设备的连锁、自动调节和保护等功能。

通风与空调工程系统调试主要项目　　表 20-9

序号	项　目	
1	设备单机试运转及调试	通风机、空气处理机组、水泵、制冷机组、蓄能设备(能源塔)、冷却塔与冷却水系统循环试运行
2		多联式空调(热泵)机组(应在充灌定量制冷剂后,进行系统的试运转)
3		电动调节阀、电动防火阀、防排烟风阀(口)
4		变风量末端装置、风机盘管机组
5		设备运行噪声
6	系统非设计满负荷条件下的联合试运转及调试	单体设备及主要部件联动
7		风系统管网风量平衡、系统总风量调试、建筑内各区域的压差、各风口及吸风罩的风量

续表

序号	项目	
8	系统非设计满负荷条件下的联合试运转及调试	变风量空调系统联合调试
9		水系统平衡调整、空调冷（热）水系统、冷却水系统的总流量
10		制冷（热泵）机组进出口处的水温、流量
11		冷却塔的出水温度、水流量
12		地源（水源）热泵换热器的水温与流量
13		空气处理机组的水流量（水系统平衡调整后进行）
14		舒适空调与恒温、恒湿空调室内的空气温度、相对湿度及波动范围
15		室内（包括净化区域）噪声
16		压差有要求的房间、厅堂与其他相邻房间之间的气流流向及压差
17		蓄能空调系统运行的充冷时间、蓄冷量、冷水温度、放冷时间，自控计量检测元件及执行机构，管路不应产生凝结水

洁净室（洁净空调系统）进行工程调试时洁净室的占用状态应为空态，工程验收及日常例行检测时应为空态或者静态。测洁净度时检测人员应保持最低数量，必须穿洁净工作服；测微生物浓度时必须穿无菌服、戴口罩；检测人员应位于下风向，避免频繁走动。洁净室的检测项目应符合表 20-10 的要求，检测时执行内容及方法应符合国标《洁净室施工及验收规范》GB 50591 附录的相关要求，并应在高效过滤器经现场检漏合格后进行。检测前应对所测环境做彻底洁净。检测及调整项目宜先测风速、风量、静压，然后检漏、洁净度，在必测项目完成后进行表面消毒，测定细菌浓度，最后测定选测项目。

洁净室的检测项目 **表 20-10**

序号	项目	检测级别		
		单向流		非单向流
		1～4 级	5 级	6～9 级
1	风口送风量	不测		必测
2	系统总送风量	必要时测		
3	区域或系统新风量	必测		
4	区域排风量	负压洁净室必测		
5	工作区截面风速	必测		不测
6	工作区截面风速不均匀度	必测	必要时测	必要时测
7	送风口或特定边界的风速	不测		必要时测
8	静压差	必测		
9	开门后门内 0.6m 处洁净度	必测		不测
10	洞口风速	必要时测		
11	甲醛浓度	必测		
12	氨气、臭氧、二氧化碳浓度	必要时测		
13	送风高效过滤器扫描检漏	必测		
14	排风高效过滤器扫描检漏	生物洁净室必测		

续表

序号	项　目	检测级别		
		单向流		非单向流
		1～4 级	5 级	6～9 级
15	空气洁净度	必测		
16	表面洁净度	必要时测		不测
17	温度、相对湿度、噪声、照度	必测		
18	温湿度波动范围	必要时测		
19	区域温度差、区域湿度差	必要时测		
20	围护结构严密性、微振、表面导静电	必要时测		
21	气流流型、定向流	不测		必要时测
22	流线平行性	必要时测		不测
23	自净时间、分子态污染物	必要时测		
24	浮游菌、沉降菌	有微生物浓度要求的必测		
25	表面染菌密度、生物学评价	必要时测		

20.4.2 建筑给水排水及供暖系统

1. 集中供暖系统

供暖系统的试运行调试，应在热源运行稳定，具备正式供暖和供电条件下，且施工完毕，低温地板辐射供暖系统地面养护期满后，施工单位在建设单位、热源运行单位配合下进行。初始供暖时，水温变化应平缓。首次供水温度应控制在高于室内设计温度 10℃左右，并连续运行 48h，以后每 24h 提高 3℃左右，直到达到供水设计温度。集中供暖检测项目见表 20-11。

集中供暖检测项目　　表 20-11

序号	调试项目
1	热源测试
2	泵组性能调试
3	分集水器及连接的管道调试、管网水力平衡
4	暖气入口处进出水压力及温度、户内集分水器进出水温度
5	辐射体表面平均温度、室内空气温度

2. 建筑给水排水系统

建筑给水排水工程调试相对来说内容比较单一，主要检测各配水点及排水点的通水能力。调试前将电源送到位并检验合格，水泵应分别进行手动和自动模式启停测试。给水系统调试时水泵启停水位及异常报警水位由给水排水工程师和电气工程师共同进行；给水系统调试时应将 BAS 系统屏蔽。其检测项目见表 20-12。

生活给水排水系统的检测项目　　表 20-12

序号	调试项目
1	水源测试

续表

序号	调试项目
2	水箱、变频泵组性能调试
3	给水系统压力调试
4	潜水泵性能调试
5	排水系统及卫生器具调试

20.4.3 消防工程各系统

1. 消防水系统

系统调试应在系统施工完成后进行，并应具备下列条件：消防水池、消防水箱已储存设计要求的水量；系统供电正常；消防气压给水设备的水位、气压符合设计要求；湿式系统管网内已经充满水，干式、预作用式系统管网内的气压符合设计要求；阀门、管道连接处均无泄露；与系统配套的火灾报警系统处于工作状态。调试主要内容见表20-13要求。

消防水系统调试主要项目 **表 20-13**

序号	调试项目
1	水源调试和测试
2	消防水泵调试
3	稳压泵或稳压设施调试
4	报警阀调试、雨淋阀调试
5	减压阀调试
6	消火栓调试
7	自动控制探测器调试
8	干式消火栓系统的报警阀等快速启闭装置调试，并应包含报警阀的附件电动或电磁阀等阀门的调试
9	排水设施调试
10	水系统联动试验、联锁控制试验

2. 防、排烟系统

系统调试应在系统施工完成及与工程有关的火灾自动报警系统、联动控制设备调试合格后进行。系统调试所使用的测试仪器和仪表，性能应稳定可靠，其精度等级及最小分度值应能满足测定的要求，并应符合国家有关计量法规及检定规程的规定。系统调试应包括设备单机调试和系统联动调试，调试主要内容见表20-14要求。

防烟排烟系统调试主要项目 **表 20-14**

序号	调试项目	
1	单机调试	排烟防火阀调试(关闭、复位)
2		常闭送风口、排烟阀或排烟口调试(开启、复位)
3		活动挡烟垂壁调试(开启、复位、高度)
4		自动排烟窗调试(开启、关闭)
5		送风机、排烟风机调试

续表

序号	调试项目	
6	单机调试	机械加压送风系统调试(风速、余压)
7		机械排烟系统调试(风速、风量)
8	系统联动调试	机械加压送风联动调试
9		机械排烟联动调试
10		自动排烟窗联动调试
11		活动挡烟垂壁联动调试

3. 火灾自动报警系统

火灾自动报警系统的调试，应在系统施工结束后进行，并具备表 20-15 所列文件及调试必需的其他文件。调试单位在调试前应编制调试程序，并应按照调试程序工作。调试主要内容见表 20-16 要求。

火灾自动报警系统调试开通前必须具备的文件　　表 20-15

序号	文件名称
1	火灾自动报警系统图
2	设置火灾自动报警系统的建筑平面图
3	消防设备联动逻辑说明或设计要求
4	设备安装技术文件:安装尺寸图(包括控制设备、联动设备的安装图,探测器预埋件,端子箱安装尺寸等);设备的外部接线图(包括设备尾线编号、端子板出线等)
5	变更设计部分的实际施工图
6	变更设计的证明文件(包括消防设备联动逻辑设计要求变更)
7	安装技术记录(隐蔽工程检验记录);安装检验记录(包括绝缘电阻、接地电阻的测试记录)
8	设备的使用说明书(包括电路图以及备用电源的充放电说明)

火灾自动报警系统调试主要项目　　表 20-16

序号	调试项目	调试内容
1	火灾报警控制器	自检功能及操作级别;与探测器连线断路、短路,控制器故障信号发出时间;故障状态下的再次报警功能;火灾报警时间的记录;控制器的二次报警功能;消音和复位功能;与备用电源连线断路、短路,控制器故障信号发出时间;屏蔽和隔离功能;负载功能;主备电源的自动转换功能;控制器特有的其他功能;连接其他回路时的功能
2	点型感烟、感温火灾探测器	报警数量、故障功能
3	线型感温火灾探测器	报警数量、故障功能
4	红外光束感烟火灾探测器	减光率 0.9dB 的光路遮挡条件,检查数量和未响应数量;1.0~10dB 的光路遮挡条件,检查数量和响应数量;11.5dB 的光路遮挡条件,检查数量和响应数量
5	吸气式火灾探测器	报警时间、故障发出时间
6	点型火焰探测器和图像型火灾探测器	报警功能、报警数量、故障功能
7	手动火灾报警按钮	报警功能、报警数量

续表

序号	调试项目	调试内容
8	消防联动控制器	自检功能及操作级别；与模块连线断路、短路故障信号发出时间；与备用电源连线断路、短路故障信号发出时间；消音和复位功能；屏蔽和隔离功能；负载功能；主备电源的自动转换功能；自动联动、联动逻辑及手动插入优先功能；手动启动功能；自动灭火控制系统功能
9	区域显示器（火灾显示盘）	接收火灾报警信号的时间；消音和复位功能；操作级别；火灾报警时间的记录；控制器的二次报警功能；主备电源的自动转换功能和故障报警功能
10	可燃气体报警控制器	自检功能及操作级别；与探测器连线断路、短路故障信号发出时间；故障状态下的再次报警时间及功能；消音和复位功能；与备用电源连线断路、短路故障信号发出时间；高、低限报警功能；设定值显示功能；负载功能；主备电源的自动转换功能；连接其他回路时的功能
11	可燃气体探测器	探测器响应时间；探测器恢复时间；发射器光路全部遮挡时，线性可燃气体探测器的故障信号发出时间
12	消防电话	功能正常、语音清晰的数量
13	消防应急广播设备	手动强行切换功能；全负荷试验，广播语音清晰的数量；联动功能；任一扬声器断路条件下其他扬声器工作状态
14	系统备用电源	电源容量；断开主电源，备用电源工作时间
15	消防设备应急电源	控制和转换功能；显示状态；保护功能；应急工作时间；故障功能
16	消防控制中心图形显示装置	显示功能；查询功能；手动插入及自动切换
17	气体灭火控制器	启动及反馈功能；延时功能；自动及手动控制功能；信号发送功能
18	防火卷帘控制器	手动控制功能；两步关闭功能；分隔防火分区功能
19	其他受控部件	检查数量；合格数量
20	系统性能	系统功能

4. 消防联动控制系统调试

试样在试验前应进行外观检查，应达到表面无腐蚀、涂覆层脱落和起泡现象，无明显划伤、裂痕、毛刺等机械损伤，紧固部位无松动。在调试试验前应按联动控制系统各类设备的通用要求、软件文件的有关要求对试样进行检查，并符合相应要求（表 20-17）。

消防联动控制系统调试主要项目　　表 20-17

序号	调试项目
1	消防联动控制器的试验
2	气体灭火控制器的试验
3	消防电气控制装置的试验
4	消防设备应急电源的试验
5	消防应急广播设备的试验
6	消防电话的试验
7	传输设备的试验
8	消防控制室图形显示装置的试验
9	模块的试验
10	消防电动装置的试验
11	消火栓按钮的试验

20.4.4 建筑电气工程各系统

反映建筑电气工程的施工质量有两个方面：一方面是静态的检查检测；另一方面是动态的空载试运行及与其他建筑设备一起的负荷试运行，试运行符合要求，才能最终判定施工质量为合格。在具体实施时安装阶段即静态验收阶段时间占整个施工过程的绝大多数，而施工的最终阶段即试运行阶段占比较小，且两个阶段相隔时间很长，故而把动态检查验收分离出来，更具有操作性。

电气动力设备试运行前，各项电气交接试验均应合格，而交接试验的核心是检验电气动力设备承受电压冲击的能力，交接试验合格也就证明电气装置的绝缘状态是良好的。如果各类开关和控制保护动作正确，则试运行中电气设备的承受故障电流和电压冲击能力便有了可靠的安全保证。

在试运行前，要对相关的现场单独安装的各类低压电器进行单体的试验和检测，符合本规范规定，才具有试运行的必备条件。与试运行有关的成套柜、屏、台、箱、盘应在试运行前试验合格。电气系统调试主要项目见表 20-18。

电气系统调试项目　　表 20-18

序号	系统	调试项目
1	动力配电干线	高压电缆测试、低压电缆测试、封闭母线绝缘测试及耐压测试、动力配电系统送电
2	现场配电箱(柜)	测试接地装置的接地电阻、二次接线绝缘电阻值测试及耐压试验、配电箱(柜)的保护装置动作试验、控制回路的模拟动作试验
3	电气设备	低压电器交接试验、电动机试运行、电气设备和布线系统的检测或交接试验、电气动力设备控制回路模拟动作试验及空载试运行
4	防雷接地系统	防雷接地电阻测试、等电位电阻测试、电涌保护器的性能参数
5	建筑物照明系统	照明通电试运行、智能应急照明系统调试运行
6	柴油发电机	柴油发电机空载试验、柴油发电机负载试验
7	UPS 及 EPS	系统性能指标试验、EPS 控制回路的动作试验、绝缘电阻值、UPS 正常运行时产生的 A 声级噪声

20.4.5 智能建筑各系统

系统试运行应连续进行 120h，试运行中出现系统故障时，应重新开始计时，直至连续运行满 120h。调试主要项目见表 20-19。

智能建筑系统调试主要项目　　表 20-19

序号	调试项目	调试内容
1	智能化集成系统	接口功能、集中监视、存储和统计功能、报警监视及处理功能、控制和调节功能、联动配置及管理功能、权限管理功能、冗余功能、文件报表生成和打印功能、数据分析功能
2	信息接入系统	通信畅通
3	用户电话交换系统	业务、信令方式、系统互通、网络管理、计费功能

续表

序号	调试项目	调试内容
4	信息网络系统	计算机网络系统连通性、计算机网络系统传输时延和丢包率、计算机网络系统路由、计算机网络系统组播功能、计算机网络系统 QoS 功能、计算机网络系统容错功能、计算机网络系统无线局域网功能、网络安全系统安全保护技术措施、网络安全系统安全审计功能、网络的物理隔离检测、网路安全系统无线接入认证的控制策略、计算机网络系统管理功能、网络安全系统远程管理时防窃听措施
5	综合布线系统	对绞线电缆链路或通道和光纤链路或信息的检测、标签和标识检测、综合布线管理软件功能、电子配线架管理软件
6	移动通信室内信号覆盖系统	通信畅通
7	卫星通信系统	通信畅通
8	有线电视及卫星电视接收系统	卫星接收电视系统的接收频段、视频系统指标及音频系统指标、有线电视系统的终端输出电平、模拟电视系统载噪比、载波互调比、交扰调制比、回波值、色/亮度时延差、载波交流声、伴音和调频广播的声音、图像质量、HFC 网络和双向数字电视系统下行测试、HFC 网络和双向数字电视系统上行测试、有线数字电视图像质量、声音质量、唇音同步、节目频道切换、字幕
9	公共广播系统	应调整声压级、语言清晰度、紧急广播的功能和性能、业务广播和背景广播的功能、公共广播系统的声场不均匀度、漏出声衰减及系统设备信噪比、公共广播系统的扬声器分布，当紧急广播系统具有火灾应急广播功能时，检查传输线缆、槽盒和导管的防火保护措施
10	会议系统	会议扩声系统声学特性指标，会议视频显示系统显示特性指标，具有会议电视功能的会议灯光系统的平均照度值，与火灾自动报警系统的联动功能，会议电视系统检测，会议同声传译系统的检测，会议表决系统的检测，会议集中控制系统的检测，会议录播系统应对现场视频、音频、计算机数字信息的处理、录制和播放功能检测，具备自动追踪功能的会议摄像系统检测
11	信息导引及发布系统	系统功能、显示性能、自动恢复功能、系统终端设备的远程控制功能、图像质量
12	时钟系统	母钟与时标信号接收器同步，母钟对子钟同步校时的功能，平均瞬时日差指标、时钟显示的同步偏差，授时校准功能，母钟、子钟和时间服务器等运行状态的检测功能、自动恢复功能、系统的使用可靠性，有日历显示的时钟换历功能
13	信息化应用系统	检查设备的性能指标、业务功能和业务流程、应用软件功能和性能测试、应用软件修改后回归测试、应用软件功能和性能测试、试运软件产品的设备中与应用软件无关的软件检查
14	建筑设备监控系统	暖通空调监控系统的功能，变配电检测系统的功能，公共照明监控系统的功能，给水排水监控系统的功能，电梯和自动扶梯检测系统启停、上下行、位置、故障等运行状态显示功能，能耗检测系统能耗数据的显示、记录、统计、汇总及趋势分析等功能，中央管理工作站与操作分站功能及权限，系统实时性、系统可靠性、系统可维护性、系统性能评测项目
15	安全技术防范系统	安全防范综合管理系统的功能，视频安防监控系统控制功能、监视功能、显示功能、存储功能、回放功能、报警联动功能和图像丢失报警功能，入侵报警系统的入侵报警功能、防破坏及故障报警功能、记录及显示功能、系统自检功能、系统报警响应时间、报警复核功能、报警声级、报警优先功能，出入口控制系统的出入目标识读装置功能、信息处理/控制设备功能、执行机构功能、报警功能和访客对讲功能，电子巡查系统的巡查设置功能、记录打印功能、管理功能，停车库(场)管理系统的识别功能、控制功能、报警功能、出票验票功能，管理功能和显示功能、监控中心管理软件中电子地图显示的设备位置、安全性及电磁兼容性
16	应急响应系统	报警响应、联动功能

20.4.6 电梯工程

电梯工程的安装和调试均由专业分包商进行，机电总承包将在供电、消防接口等方面提供保障，同时有责任对安装和调试实施总承包管理。电梯工程调试前电气工程师负责将正式电源送到位，检验合格。电梯调试过程中不得出现过载保护等现象。试验时机房空气温度应保持在5～40℃之间。背景噪声应比所测对象噪声至少低10dB（A），如不能满足规定要求应修正，测试噪声值即为实测噪声值减去修正值。电梯整机安装验收试验项目见表20-20。

电梯整机安装验收试验项目　　表20-20

序号	试验项目
1	速度
2	平衡系数
3	起动加速度、制动减速度和A95加速度、A95减速度
4	振动
5	开关门时间
6	平层准确度和平层保持精度
7	运行噪声
8	超载保护
9	制动系统
10	曳引条件
11	限速器与安全钳
12	轿厢上行超速保护装置
13	缓冲器
14	层门与轿门联锁
15	极限开关
16	运行

20.5 调试阶段各相关方之间的协调、配合与管理

20.5.1 与建设单位（或发包商）、监理单位、设计单位的协调

（1）调试前向建设单位和监理单位提出报告，报请监理单位进行调试前的复查。

（2）调试前与设计单位针对系统的安全性、相关参数进行沟通核实，当设计单位提出意见时立即进行优化调整。

（3）调试过程中发现问题时，及时处理并向监理单位汇报。检测数据达不到设计参数时，应与设计单位和监理单位进行会诊，制定解决方案。

（4）需要第三方检测的，应由建设和监理单位确认第三方检测单位后，组织检测单位及相关各方共同制定检测实施方案。

（5）建筑机电工程联动调试以及带生产负荷的系统调试应由建设（业主）单位组织，参建各方共同参与，工程设有机电总承包商时，应由总承包商负责机电各分包单位的整体协调。

20.5.2 与总承包单位的配合与协调

（1）与总承包方共同策划调试各项工作，落实各项协调措施的实施；

（2）共同保障调试过程中可能出现问题的及时处理；

（3）协调调试过程中交叉作业、多专业、多工种同时作业之间的工序；

（4）调试完成后，与总承包单位协调交工验收的程序和计划。

20.5.3 装饰装修单位的配合与协调

（1）调试的设备、部件大部分安装在吊顶内，且调试阶段装饰工程已施工完成，因此调试时会对装饰成品造成影响。调试时应协调装饰单位加强对装修成品的保护；

（2）调试计划应通知装修单位，调试时进入装修完成的部分，应有装修单位人员的配合；

（3）调试前应协调装饰单位做好清理杂物和保洁工作，防止灰尘、杂物进入相关设备；

（4）调试人员临时移动装修装饰面层时应戴洁净手套，注意成品保护，或者由装饰装修单位配合进行。

20.5.4 机电安装各专业分包方的协调与配合

（1）督促专业分包商，严格按机电总承总商的施工进度计划，分区段完成安装工作，并制定调试计划，调试前做好项目自检工作；

（2）督促专业分包商在调试工作开始前按机电安装总承包商的框架内容编制切实可行的调试方案，并对其方案进行审查，协调各分包商确认调试的难点及关键点；

（3）督促专业分包商在调试工作开始前在机电总承包商体系下建立专业调试工作小组，配备相应的调试工作人员并进行培训；

（4）确保投入本工程调试用机具、仪器、仪表合格、安全、可靠，并在核验期内；

（5）机电总承包商在调试开始前为各专业分包商提供合格安全的正式用电；不得以临时用电代替；

（6）系统联动调试时，督促专业分包商有充足的调试人员参与，并保证本专业内设备、系统运行安全可靠；

（7）督促并协助专业分包商制定调试应急预案，以应对调试过程中可能出现的问题。

20.5.5 与设备供应商的配合与协调

（1）调试前通知主要设备厂家派技术人员到场，参与设备调试；

（2）制定设备试运转异常时的应对措施，并确保设备的稳定运行；

（3）冷水机组厂家负责对机组功能参数按设计要求进行设定，检测机组的性能，并负责物管人员的机组性能培训；

（4）电梯厂家负责进行电梯的校验和检测；

（5）消防设备厂家（含防火卷帘厂家）负责主机设备的正常运行，并参与消防系统的调试；负责防火卷帘通电后上下运行自如；

（6）电气设备厂家负责设备送电前的复测，确保送电安全。

20.5.6 与第三方检测单位的配合与协调

（1）各系统调试工作按计划完成是保证第三方检测单位顺利进场的前提条件，机电总包方应依据调试工作进度计划提前联系第三方检测单位；

（2）自行调试完成后要立即通知相关的检测单位进场；确保调试工期计划实现；

（3）第三方检测单位检测调试前，要做好各工种人员、材料、设备的准备工作；

（4）及时收集第三方检测检测报告，每一项内容完成后要在最早的时间内获得确认报告。

20.5.7 与相关职能部门的配合与协调

（1）工程调试工作主要的验收职能部门包括：技术质量监督局、航空管理部门、卫生监督部门、气象部门等；

（2）各系统调试合格后要及时上报相关资料，报请相关职能部门进行相关区域的验收，确认验收时间；

（3）验收过程中配备充分的验收用设备、仪器、仪表等物品，配备充足的人力资源；

（4）验收合格后及时取得验收合格证明书，为工程总体竣工验收提供依据。

21　工料机械数据分类标准及编码规则解读

《建设工程人工材料设备机械数据分类标准及编码规则》T/BCAT 0001，是北京市建筑业联合会组织编制的团体标准（下称《标准》）。

为了方便大家了解、推广和使用《标准》，现就《标准》的编制情况和具体内容进行解读。

21.1　《标准》的实质内涵

《标准》的实质内涵是什么？如果用一句话概括，《标准》要解决的是建设工程信息的基础语言问题。

近些年来，在推广使用信息技术的过程中，存在一个普遍现象，许许多多的企业出于发展的需要，纷纷建立企业的人工材料设备机械信息库（简称“工料机平台”）。从社会效果看，这些工料机平台，自成体系，服务各自企业。然而它们又犹如一座座信息孤岛，互不兼容，信息无法共享。另外，搭建工料机平台，需要人财物持续地支持。而对许多企业来讲，没有相应的人才储备，又无力承担那么多资金。

信息无法共享，耗费大量人力物力，不仅存在严重的浪费现象，而且有悖于资源节约型发展的基本国策。

“孤岛效应”问题的根源之一，是“信息的基础语言”五花八门，没有统一的标准。简而言之，就是没有基于工料机科学分类基础上的统一的编码规则。

制定统一、实用的编码规则，既是广大企业的呼声和诉求，更是建设行业推广应用互联网＋技术的基础要素。

21.2　《标准》的基本内容

《标准》主要包括三部分：

（1）工料机的分类标准。运用科学的理论和方法，制定工料机的分类标准。列入这里分类的材料设备，是标准常用的材料设备。

（2）工料机的编码规则。在分类标准的基础上，制定工料机的编码规则，也就是编制工料机信息管理的“基础语言”。

（3）《标准》的适用范围，如何理解和应用编码规则。

21.3　《标准》对工料机的分类

对工料机作科学的分类，是工料机编码的前提之一。

21.3.1　分类的理论依据

《标准》在工料机分类上，采用了线形分类法、面分类法和混合分类法。

（1）线形分类法，又称为层次分类法。它是按照总结出的研究对象之共有属性和特征项，以不同的属性或特征项（或它们的组合）为分类依据，按先后顺序建立一个层次分明、下一层级严格唯一对应上一层级的分类体系。把研究的所有对象个体按照属性和特征逐层找出归类途径，最终归到最低分类层级类目。

线形分类法的优点：层次好，类目之间逻辑关系清晰；使用方便，便于计算机对信息的处理。

（2）面分类法，也称平行分类法。它是把需分类的商品集合总体，根据其本身固有的属性或特征，分成相互之间没有隶属关系的面，每个面都包含一组类目。将某个面中的一种类目与另一个面的一种类目组合在一起，成为一个复合类目。

面分类法，将整形码分为若干码段，一个码段定义事物的一重意义，需要定义多重意义就采用多个码段。

现实生活中，面分类法应用广泛。用面分类法梳理的类目可以较大量地扩充，结构弹性好，不必预先确定好最后的分组，适用于计算机管理。

（3）混合分类法。由线性分类法和面分类法组合的分类方法，称之为混合分类方法。混合分类方法可以先进行线性分类再进行面分类，亦可以先进行面分类，再进行线性分类。

21.3.2　分类遵循的原则

《标准》对工料机的分类，遵循了 6 条原则。

1. 继承性

在继承原有《建设工程人工材料设备机械数据标准》GB/T 50851 分类的基础上，对其进行了修正、补充、完善，细化了分类标准。

经过梳理，我们发现《建设工程人工材料设备机械数据标准》GB/T 50851 二级子类中的材料设备，存在已禁止使用和不再使用的、分类不合理的、分类术语不规范等问题，特别是缺乏 2013 年后已投入使用的新材料、新设备。我们对已禁止使用和不再使用的材料、设备，予以删除。对分类不合理的材料设备，作重新整合、划分。对分类术语不规范的，予以规范。增加和补充了一批新的材料设备。使原二级子类得到完善和优化。

《标准》还细化了二级子类。在二级子类项下，新设立三级子类。在三级子类项下，细化设立四级子类。《标准》将材料设备的特征属性区分为属性项和属性值。四级子类就是材料设备的特征属性。

在上述分类的基础上，制定了编码的规则。

2. 科学性

在分类结构体系上，《标准》将工料机的分类划分为三级或四级结构体系。

对材料设备进行线性分类及面分类时，每一个层级的节点及其特征属性，都是在不断的平衡中形成的。《标准》对每个大类下的二级子类、三级子类的数量控制，对应的特征属性的数量控制都做了原则规定，既保证了网络检索查询的便捷性，又保证了描述的简单性。这种线面结合的分类体系，把人工处理与计算机处理有机结合起来，达到了协调统一。

在分类方法上，采用了《信息分类和编码的基本原则与方法》GB/T 7027 中的混合分类法，既考虑了分类的明确性，又考虑了适用性。

在材料与设备划分上，严格按照建设部 2000 年发布的《关于工程建设设备与材料划分》中相关规定与说明进行分类。

3. 实用性

实用，是来自大众长期并认可的体验习惯。尊重大众的使用习惯，体现在《标准》的编制中。如：将材料设备按照“先通用、后专业”的顺序排布；满足建设项目各个阶段中，对工料机信息的不同应用。

坚持实用性，还体现下述两点：

一是，《标准》认可，《建设工程人工材料设备机械数据标准》GB/T 50851 一级大类、二级子类的结构模式，是经过科学分析和用户长期使用验证得来的。两级分类结构，考虑了用户对数据信息的查询路径。在结构分类统计类别的数量控制上，依据用户长期体验，定在 15～20 个之间，《标准》采信并予以继承。

二是，《标准》对分类结构的贡献是：补充、完善了原二级子类；在二级子类项下细化出三级子类；在三级子类项下细化出四级子类。四级子类实际是为三级子类配置的特征属性（含属性项和属性值），属性项控制在 4～8 个之间，也是考虑了用户体验。

4. 扩充性

《标准》考虑到伴随技术的进步，会不断有新的材料设备问世并投入使用，材料设备分类架构虽然稳定，但也可以吸纳、扩充，将其排列进相应的类别。《标准》设计的类别码基本上取的是奇数，偶数为预留的位码，以便新增类别扩充使用。

《标准》设计的材料设备特征属性编码，也是可以扩充的。同一个三级子类或四级子类下，特征属性之间是相互独立的。这种独立性，适应了材料设备随应用主体在不同阶段的需求。如在项目的设计阶段、工程造价编制阶段、工程物资采购阶段，设计人员、预算人员和采购人员关注的材料设备属性是截然不同的。他们即便选择同一种材料设备，因选择的属性项和属性值不同，其编码也会不同。

5. 标准化

材料设备信息数据的交互与共享，离不开科学严谨的把控。《标准》对材料设备分类及特征属性命名，严格执行现行国家有关法规、政策和标准。

《标准》规定：工料机分类及特征属性命名，要有标准依据。即有国家标准的，遵循国家标准命名；国家标准没有的，依据行业标准；行业标准没有的，依据地方标准。以此类推。在没有标准依据的情况下，分类名的命名以互联网上名称频次最高的方式来确定。

《标准》还规定：建设工程人工材料设备机械数据分类、特征描述及信息数据交换等，除应符合本标准外，还应符合国家现行的其他相关标准。

6. 清晰性

表现为两点：一是，材料设备分类，实行纬度一致；分类类别名称的命名，需简单、易懂；二是，材料设备信息的基本特征与应用特征的分离，使原本复杂的应用变得简单、清晰。材料设备的基础数据与应用数据分离，使采集、管理、应用都方便。

21.3.3 分类的结构体系

《标准》依据线形分类法，将工料机划分为一级大类，包含人工、材料、设备、机械类别。

在一级大类下，划分出二级子类；二级子类下，划分出三级子类；运用线、面混合分类法，在三级子类下划分出四级子类。

1. 框架体系

《标准》对工料机的分类，实行三级和四级框架体系。

（1）三级框架体系，含有一级大类、二级子类、三级子类。三级子类表示的是特征属性。如图 21-1 所示。

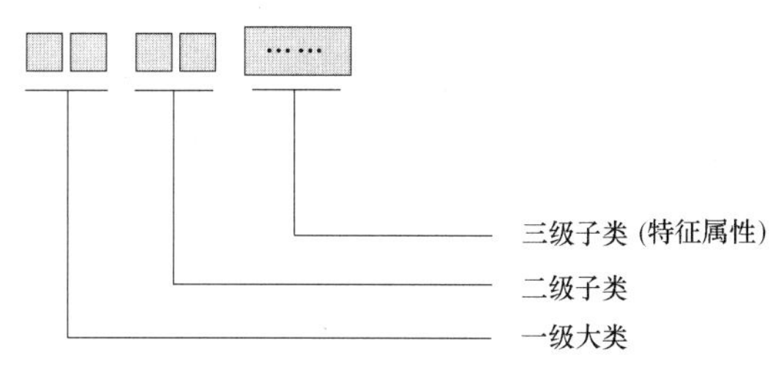

图 21-1　三级框架体系示意图

（2）四级框架体系，含有一级大类、二级子类、三级子类和四级子类。四级子类表示的是特征属性。如图 21-2 所示。

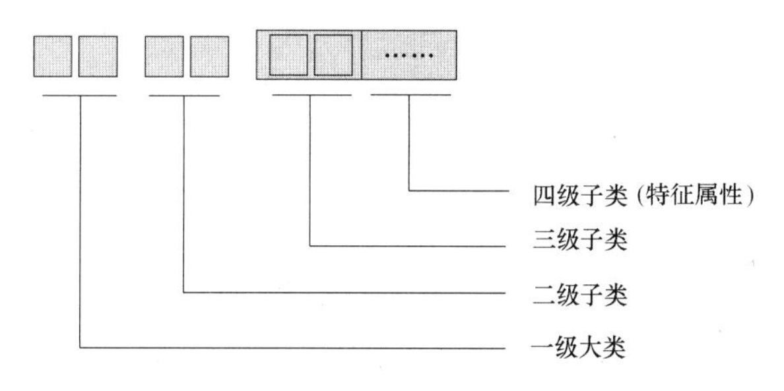

图 21-2　四级框架体系示意图

2. 工料机的特征属性

在三级子类或四级子类下描述。

三级子类：在材料分类时，有相当一部分材料只能分到三级子类。这种三级子类，表示特征属性。

例如，一级大类黑色及有色金属项下的二级子类：0103 钢丝，0105 钢丝绳，0107 钢绞线、钢丝束等，其三级子类为特征属性。见表 21-1。

黑色及有色金属属性项　　表 21-1

类别编码	类别名称	属性项	说明
0103	钢丝	A 品种 B 规格 C 抗拉强度(MPa) D 牌号 E 表面形式	包含碳素钢丝、合金钢丝、冷拔低碳钢丝等

续表

类别编码	类别名称	属性项	说明
0105	钢丝绳	A 品种 B 表面处理 C 截面形式 D 抗拉强度(MPa) E 规格 F 直径(mm) G 牌号	包含光面钢丝绳、镀锌钢丝绳、不锈钢钢丝绳等
0107	钢绞线、 钢丝束	A 品种 B 表面处理 C 抗拉强度(MPa) D 规格 E 直径(mm)	包含预应力钢绞线、镀锌钢绞线以及用于架空电力线路的地线和导线及电气化线路承力索用铝包钢绞线
0109	圆钢	A 品种 B 牌号 C 规格	包含热轧圆钢、锻制圆钢、冷拉圆钢
0111	方钢		包含热轧方钢、冷拔方钢

而四级子类，全部表示材料设备的特征属性。

例如，编码010101的热轧光圆钢筋，010103普通热轧带肋钢筋，010105热轧细晶粒带肋钢筋，010109冷轧带肋钢筋，010111冷轧扭钢筋等，其四级子类为特征属性项。见表21-2。

五种钢筋属性项　　表21-2

类别编码	类别名称	属性项	说明
010101	热轧光圆钢筋	A 牌号 B 公称直径(mm) C 轧机方式	不同牌号光圆钢筋
010103	普通热轧带肋钢筋	A 牌号 B 公称直径(mm) C 定尺长度(m) D 轧机方式	
010105	热轧细晶粒带肋钢筋		
010109	冷轧带肋钢筋	A 牌号 B 公称直径(mm)	包含不同牌号的冷轧带肋钢筋
010111	冷轧扭钢筋	A 强度级别 B 型号 C 标称直径(mm) D 牌号	包含冷轧Ⅰ型扭钢筋、冷轧Ⅱ型扭钢筋、冷轧Ⅲ型扭钢筋

3. 工料机特征属性排列

特征属性的顺序，按重要优先级顺序排列，有两层含义：

(1) 材料设备提供市场前，经政府部门授权的检测机构出具的检测报告、用户使用报告，对特征属性的说明和排列。

（2）依据用户使用习惯，形成的排列顺序。在建设项目全生命周期中，同一种材料设备，处在不同使用阶段，其特征属性的排列是不一样的。

21.4 工料机的编码规则

工料机的编码，建立在科学、实用分类的基础上。

21.4.1 工料机编码体系

工料机编码体系由“类别码＋特征属性码”构成。该体系包含三级框架和四级框架两部分。

1. 三级框架的编码

三级框架编码＝一级大类码＋二级子类码＋三级子类码

2. 四级框架的编码

四级框架编码＝一级大类码＋二级子类码＋三级子类＋四级子类码

3. 开放和可扩充

改革和创新，促使建设技术不断进步。新材料、新设备、新机械，即“全新型新产品”和“换代型新产品”会不断问世并投入使用。同时，落后的、不适用的材料、设备、机械相继被禁用或淘汰。

作为工料机信息管理基础工作的分类及编码，必须适应行业发展进步的需要，实行动态管理。所以，工料机分类结构和编码结构的开放性、可延续性和可扩展性是必然的。

21.4.2 工料机类别码的设计

《标准》制定的类别码，分别用两位数字表示。

（1）一级大类编码，采用两位固定数字表示，码位区间为00～99。码位分配如下：

1）人工00；

2）材料01～49；

3）（工程设备）设备50～79；

4）配合比80；

5）仪器仪表设备87；

6）机械设备99。

二级子类，采用两位固定数字表示，码位区间为01～99。

三级子类，采用两位固定数字表示，码位区间为01～99。

该三级子类，不是特征属性类。

（2）奇数码位与偶数码位

工料机编码，除了一级大类外，类别码有奇数码位与偶数码位之分。奇数码位按1、3、5、7、9排列。偶数码位按2、4、6、8排列。如一级大类黑色及有色金属项下的二级子类钢筋，编码为0101。其前两位01，表示一级大类黑色及有色金属代码；后两位01，表示钢筋的代码。钢筋项下三级子类热轧光圆钢筋的编码为010101，其第五位和第六位数字（01），表示热轧光圆钢筋代码。同样，类别码 010103 的第五位和第六位数字（03），表示普通热轧带肋钢筋的代码。010105 的第五位和第六位数字（05），表示热轧细晶粒带肋钢筋的代码。见表 21-3。

三种钢筋的类别码 表 21-3

类别编码	类别名称
010101	热轧光圆钢筋
010103	普通热轧带肋钢筋
010105	热轧细晶粒带肋钢筋

类别码，在其码位区间，优先用奇数排列。如有增加时，用偶数排列补充。实践证明，在工料机的类别中，一级大类相对稳定。相对变动较大的是二级子类和三级子类。

二级子类或三级子类的编码，在其码位区间按奇数优先分配排列。当二级子类或三级子类增加时，仍按奇数优先分配排列。如奇数不足时，根据相近性的原则，用偶数补充分配的方式进行编码。简而言之，奇数码位优先用于编码，偶数码位为“后补编码”。

21.4.3 工料机特征属性码的设计

1. 特征属性编码表示

工料机的特征属性由属性项和属性值组成。工料机特征属性用字母＋数字表示。字母表示属性项，数字表示属性值。

（1）属性项：用大写英文字母（A、B、C、D、E 等）表示。

材料设备的属性项，少的有 1 种，多的超过 10 种。如此多的选项，选择哪一种或哪几种，完全由用户根据自身的需要和使用习惯来决定。

（2）属性值：用 1～3 位数字表示。

这个规则，是在总结实际经验的基础上设计的。属性值用几位数字表示，取决于每个属性项后边属性值的数量和实际需要来决定。

如果属性值是一位数，就用 1～9 表示；属性值是两位数，就用 01～99；属性值是三位数，就用 001～999 表示。

属性值无论用一位、二位，还是三位数字表示，均是顺序排列。如，1、2、3；01、02、03；001、002、003。

2. 特征属性参与编码

《标准》对工料机特征属性码位的设计有着重要的指导意义。换句话说，对工料机属性项及属性值授予码位，且参与编码，是工料机编码的重要规则。

21.4.4 属性值编码的选择

属性值的位数选择，在实际应用中根据属性值的数量和实际需要确定。

公称直径（mm）是钢筋的一个属性值。钢筋的公称直径为 6～50mm，推荐采用的直径为 8、10、12、16、18、20、22、25、28、32、36、40，单位为 mm。由于它的属性值共有 12 个，所以钢筋公称直径的属性值用二位数 01～99 表示即可。

普通热轧钢筋，属性项“轧机方式”，其属性值只有“热轧”和“冷轧”两种。其属性值用一位数（1～9）表示或用2位数（01～99）表示均可。

而冷弯等边角钢，其属性项之一的“截面尺寸”，用“边长×边长×厚度”表示，因属性值的数量较多，其编码用三位数（001～999）表示是适宜的。

21.4.5 同一种产品，编码会不同

对同一种产品，因用户选择不同的属性项和属性值，其编码会不相同。

以三级子类的普通热轧带肋钢筋为例。它有四个属性项，分别为A牌号，B公称直径，C定尺长度，D轧机方式。四个属性项各有不同的属性值。见表21-4。

普通热轧带肋钢筋属性项属性值 表21-4

类别编码及名称	属性项	属性值
010103 普通热轧带肋钢筋	A牌号	HRB400(01)、HRB400E(02)、HRB500(03)、HRB500E(04)、HRB600(05)
	B公称直径(mm)	6(01)、8(02)、10(03)、12(04)、14(05)、16(06)、18(07)、20(08)、22(09)
	C定尺长度(m)	6(01)、9(02)、10(03)、12(04)
	D轧机方式	普通线材(1)、高速线材(2)

用户甲，选择属性项A，属性值选择HRB400。由于表中对HRB400授予的编码是01，所以普通热轧带肋钢筋的编码为010103A01。

用户乙，选择属性项C，属性值选择6m。表中已将6m列为第一个属性值，授予的编码是01。这时普通热轧带肋钢筋的编码为010103C01。如选择9m的，其编码就变为010103C02。可见，仅仅因选择的属性值不同，其编码就有多种变化。

在产品的每一个属性项中选择不同的属性值进行组合，会形成该产品的多个标准产品单位（SUP）及产品编码，少则几个，多则成百上千。从表21-4我们可以看到，010103普通热轧带肋钢筋共有4个属性项和20个属性值，运用排列组合的原理，通过计算机设定的程序，可形成一系列标准产品单位和编码。

对于编码，其实我们要做的工作是制定“业务规程”，定出“游戏规则”。编码是给计算机使用的，也是由计算机来完成的。有了“业务规程”和“游戏规则”，计算机就会显示出相应的编码。

21.4.6 用字母+数字表示属性的意义

1. 便于识别、检索和查询

在编码中如果看到A，你会很快分辨出，选择的是第一个属性；如果看到D，一定是选择了第四个属性。同样，在属性A的后面看到02，一定是选择了属性A的第二个属性值。属性A后面是08，那一定是属性A的第八个属性值。如果在类别码后面是A02D03，则是用户选择了A和D两个属性项，以及A的第二个属性值和D的第三个属性值。

2. 省去“补零位”的烦恼

以往，在设计材料设备编码时，多用数字表示。

对某产品，如果用户选择了第二个属性项及其项下的第一个属性值。假设，其属性

项、属性值用两位数字表示。

其产品编码 = 该产品的类别码+00（第一个属性项的编码）+00（第一个属性项后面的属性值编码）+02（第二个属性项编码）+01（第二个属性项后面的第一个属性值的编码）。虽然这里第一个属性项及其属性值没有出现，但是需用4个“0”补位。

用字母+数字表示产品属性，不仅省去“补零位”的烦恼，还有利于提高效率和节省计算机容量。

3. 体现了编码最小化的理念

用字母+数字表示属性，形成的编码码位长短不一，区别于“整齐划一”的编码格式，体现了编码最小化的理念，又节省时间成本。

4. 便于数据信息流通

用字母+数字表示属性，便于跨专业数据信息的流通，有利于推进行业信息化的统一。

21.4.7 工料机授码的原则

1. 一旦授码，不再变更

《标准》规定，对工料机一旦授码，不得再变更，确保工料机编码的唯一性。

2. 禁用的产品，其码位保留

《标准》规定，对明令禁止和淘汰使用的材料设备，在工料机数据库中做淘汰标注。但其码位保留，不再授予其他材料设备。如用户需要查询，可按数据库管理办法相关规定，进行查询。

21.4.8 工料机编码的唯一性

工料机编码的唯一性包含两层意思。

（1）《标准》对一级大类、二级子类、三级子类的编码是唯一的，不会有重复。

（2）用户按《标准》的编码规则，添加实用信息形成的工料机编码，是唯一的。大家知道，工程项目的建设是由若干阶段组成的。在项目的不同阶段，依据不同的需要，用户给工料机的编码也是唯一的。在项目设计阶段，设计师在确认所需材料设备的规格、型号、等级等属性后，形成的编码是唯一的。而在采购阶段，同一种材料设备会有诸多品牌、厂家可供选择。采购人员在满足设计要求的前提下，综合考虑众多因素后，会选定其中某个品牌的产品。由此形成的编码，因增加了品牌、厂家、计量单位、采购单价等新的属性，该材料设备的编码也是唯一的。

（3）编码的唯一性，为实现建设项目所用工料机的“可追索性”，提供技术支持。

“编码的唯一性”，具有重要的实用性。例如建设项目出现质量和安全问题，涉及材料设备时，材料设备编码的“唯一性”，为追索相关材料设备的品牌、厂家、批次、价格等，提供技术支持。因为品牌、厂家、批次、价格等实用信息，均可以作为属性列入编码。

21.4.9 尊重用户的使用习惯

1. 属性的排列用户说了算

我们根据长久以来用户的使用习惯，在《建设工程工料机属性特征列表》中，将材料设备的属性项、属性值做了排列。属性项列出了A、B、C、D，属性值排出了1、2、3、4或01、02、03、04。在实际使用中，有的用户根据自己的需要和习惯，不同意A、B、C、D的排列，认为C应排第一，D排第二，是可以的。

的确如此，用户的需求多种多样。材料设备的属性项如何排列，属性值如何排列，应当“用户说了算”。因为它符合编码规则的“价值观”——“工料机特征，按照重要优先级顺序列项”“尊重大众的使用习惯”。但是，为了保证《标准》的严肃性和信息传递的一致性，我们认为变动后的属性项的英文代码不应更改。如上述讲到的原属性项排序是A、B、C、D，用户将C应排第一，D排第二，那么调整后的排列顺序应为C、D、A、B。

2. 因用户使用而产生的属性

工料机的属性有基本属性和应用属性之分。《标准》所列的工料机的属性项、属性值，均是工料机的基本属性（或叫自然属性）。换句话说，《标准》对工料机属性编码的深度，是完成了对工料机基本属性的编码。

工料机的应用属性，是因用户使用而产生的属性。这些属性具有显著的实用特点，决定工料机的使用去向。工料机的应用属性是大量的、最活跃的。所以，工料机的应用属性应列入编码。

关于工料机应用属性的编码，可参照工料机基本属性的编码规则与做法。因工机料的用户不同，用户的使用目的不同，其编码只能由用户自己完成。

为了以示区别，工料机应用属性的编码，宜采用小写英文字母＋数字表示。见表21-5。

基本属性与应用属性示例表　　表21-5

类别编码及名称	基本属性项	基本属性值	应用属性项	应用属性值
010103 普通热轧带肋钢筋	A(01)牌号	HRB400(01)、HRB400E(02)、HRB500(03)、HRB500E(04)、HRB600(05)	a品牌	某品牌(01)、某品牌(02)……
	B(02)公称直径(mm)	6(01)、8(02)、10(03)、12(04)、14(05)、16(06)、18(07)、20(08)、22(09)	b产地	某产地(01)、某产地(02)……
	C(03)定尺长度(m)	6(01)、9(02)、10(03)、12(04)	c批次	某批次(01)、某批次(02)……
	D(04)轧机方式	普通线材(01)、高速线材(02)		

例如，用户在采购普通热轧带肋钢筋时，选择定尺长度为6m的，其类别码＋基本属性码为01 01 03 C01。在此基础上，选定品牌（01）、产地（02）、批次（02），该钢筋的使用属性编码为a01 b02 c02。

此时，普通热轧带肋钢筋的编码＝01 01 03＋ C01＋ a01 b02 c02，即类别码＋基本属性码＋使用属性码。这个编码同样具有唯一性的特点。

21.5 《标准》的适用范围

（1）适用于不同建设专业，对工料机信息数据的交互和管理。

（2）适用于建设项目全生命周期中，对工料机信息数据的交互和管理。

1）有利于 BIM 的推广使用

《标准》规定的工料机统一的“信息语言”，对 BIM 在项目全生命周期中的推广使用，具有重要的价值。在建筑项目设计阶段、造价定额编制阶段、招标投标阶段、采购加工阶段、施工管理阶段、竣工验收阶段、运营维护阶段等，《标准》确立的编码规则，对上述阶段工料机信息数据的收集、整理、分析、发布与交换，推广应用信息化管理，奠定了基本保证。

2）有利于项目的精准管理

《标准》在编码规则中倡导的“编码的唯一性”，为推进工程项目的“精准管理”，提升项目管理水平，提供技术支持。

22 机电安装工程标识技术

22.1 标识的概念

随着建筑及工业机电安装过程中的管道、设备越来越多，系统投入使用后，检修和操作工作因管道和设备增多而增加管理难度，如何避免管道、设备系统误操作，提高工作效率，成为机电安装工程的关注重点。

标识系统指建立在设备、管道外表面局部范围内关于设备位号、管号、介质名称或代号、流向箭头等信息组成的标识牌、标识贴或标识喷漆。目前国内外普遍做法是在管道或设备上清晰地标注管道内的介质、用途及流向，使管道信息一目了然，当管道系统出现故障，可依据管道的色标信息快速准确地查找并排除故障，从而可降低管道系统日常运行及维修保养成本。

机电工程标识方法，从形式上可分为以下四种：

（1）管道全长涂刷标识色；

（2）在管道上喷涂“色带+箭头”标识；

（3）在桥架上喷涂“色带”标识；

（4）在管线、设备上系标牌标识。

22.2 标识的意义

为了便于机电安装工程各类管道、设备的识别，确保安全，避免在操作和设备检修时发生误判断等情况。

22.3 标识的做法及材质

标识应按照“用途明确、简洁适用、清晰美观”的原则进行。标识应附着于清洁及干燥机电管线及设备（本书中所指的设备均含配电箱柜）外部，易观察的部位，并不得妨碍阀部件及设备的使用。

标识制作前应先进行标识策划，标识策划宜在实施前报建设单位（或物业单位）、监理单位审批，批准后实施。

标识应在管线、设备安装或调试完毕后进行，明装管线、设备标识应在竣工交付使用前完成，有标识要求的暗装管线及设备应在隐蔽前完成。

22.3.1 标识的物态及固定方式

（1）根据标识附着的管道或设备形状及表面的状态选择适宜的标识制作方式及附着方法：

1）标识牌：塑料或金属板材，如：塑封复印纸、PVC 板、亚克力板、不锈钢板等。可采用悬挂、粘贴、绑扎等方式，固定牢固、不易脱落。

2）标识带：标签纸、聚苯乙烯带、不干胶带等。可采用粘贴、绑扎、缠裹等方式，无翘边、不易脱落。

3）标识漆：液体涂料，如自喷漆、油漆等。可采用喷涂、涂刷等方式，字体及边界清晰，无流坠。

（2）标识带、标识漆粘贴或喷涂前，管道表面、设备表面、保温面层应平整、干燥、清理干净无杂物及污染。

22.3.2 标识的基本构成元素

（1）识别色：可采用单一颜色、两种及两种以上的颜色混搭。

（2）标注：可采用文字、字母、数字、CAD 图、表格、图形等。

（3）方向：箭头等有指向功能的图形。

（4）流体输送用管道、风管的标识包括：识别色、标注、流向。

（5）线槽、母线、电缆、接地装置的标识包括：识别色、标注。

（6）阀部件、设备、末端装置的标识包括：标注。

（7）其他的标注构成根据被标识物体所要表现的内容确定。

22.3.3 标识中的字体及色环、箭头的尺寸要求

（1）中文字体采用国家正式颁布实施的简体字，宜采用加粗黑体、长仿宋体和仿宋体。英文字母采用 Times New Roman，数字采用 Times New Roman 或宋体，字体间距以 1/2 个字体宽度为宜。

（2）标识中的标注及方向指示图形的大小应与被标识物体的形态、大小相匹配，便于查看、美观耐看。

1）设备及阀门标识牌：字号以在可视距离范围内清晰可见为准，观察距离为 D，则字体短边宜为 $0.025D$，长边宜为 $0.04D$，长短边比宜为 1∶1.6，参考表 22-1 的规定。标识牌大小应依据设备大小，并结合标识内容及字体大小确定。

标识牌字体参考尺寸 **表 22-1**

序号	观察距离 D(m)	长方形标识短边/长边(mm)	正方形标识边长(mm)
1	$0<D\leqslant2.5$	65/105	65
2	$2.5<D\leqslant4$	100/160	100
3	$4<D\leqslant6.3$	160/260	160
4	$6.3<D\leqslant10$	250/400	250

2）标识带、标识漆：文字大小应与管径或标识面宽度相匹配，宜参考表 22-2 的规定。

3）色环、箭头直接喷涂、涂刷、粘贴时，宜参照表 22-3 的规定。其中单箭头：箭尾长度为 $0.6L$，箭尖底边长为 $0.15L$，箭尾宽度为 $0.05L$；双箭头：两侧箭尖长度各为 $0.3L$，箭尖底边长为 $0.15L$，箭尾宽度为 $0.05L$。

标识带、标识漆字体参考尺寸　　表 22-2

序号	管径或标识面宽度(mm)	文字高度(mm)
1	小于 50(*DN*40)	30
2	50～90(*DN*80)	40～80
3	90～170(*DN*150)	80～120
4	170～273(*DN*250)	120～200
5	大于 273(*DN*250)	200～300

基本识别箭头尺寸表　　表 22-3

序号	管径或标识面宽度(mm)	箭头全长 *L*(mm)	色环宽度(mm)
1	小于等于 170(*DN*150)	300	15
2	大于 170(*DN*150)	500	25

4）箭头配以文字加以标注时，文字表示标识的介质或管道的使用功能。文字宜在箭尾端或与箭头平行，间距为 1/2 个字体宽度。

（3）不同规格但成排布置的标识，字体大小原则上应按照被标识物外形尺寸范围整体协调、统一规格。

1）除有特殊要求的管道、设备、阀部件等采用通体涂刷颜色进行标注外，管道宜采用间隔一段距离用一定宽度的色环的方式进行标注，水平直线管段色带的间距宜为 15m 一道。

2）管线的起（终）端、交叉点、转弯处和穿墙体、楼板两侧，以及其他需要标识的部位，起切断、调控作用的阀门，所有的设备均应进行标识。吊顶内机电管道在隐蔽验收前除应按照上述要求完成标识外，还宜对在检修口 1m 范围内的机电管道进行标识。

3）设备、阀部件的标识不得遮挡设备、阀部件本体上的文字、箭头或铭牌。

4）成排管线标识应整齐统一，集中布置，标识长度尽量一致。竖向标识底边标高应一致，竖向管道的标识中心高度距地面应为 1.5～1.8m。

5）同一个工程同类标识的颜色应保持一致，组合颜色中两种颜色的分界线应保证清晰；数字、文字应清晰完整、字迹清楚。同类设备标识方式应统一，粘贴或悬挂位置一致。

6）标识应防水、防潮、防高温，耐擦拭，牢固不易脱落。用水或其他合适溶剂清洗时，标识颜色及文字应保持不变。

7）露天安装的标识应具备防雨水、防紫外线的功能，在室外长期日晒雨淋的情况下无明显褪色。

8）明装支架面漆涂刷均匀，不得用防锈漆替代面漆，颜色与管道颜色相互协调。

22.4　工业安装标识、基本色、规范

22.4.1　定义

（1）识别色：用以识别工业管道内物质种类的颜色。

（2）识别符号：用以识别工业管道内的物质名称和状态的记号。

（3）危险标识：表示工业管道内的物质为危险化学品。

（4）消防标识：表示工业管道内的物质专用于灭火。

22.4.2 基本识别色

根据管道内物质的一般性能，分为八类，并相应规定了八种基本识别色和相应的颜色标准编号及色样（表 22-4）。

八种基本识别色和色样及颜色标准编号　　表 22-4

序号	物质种类	基本识别色	色样	颜色标准编号
1	水	艳绿		G03
2	水蒸气	大红		R03
3	空气	淡灰		B03
4	气体	中黄		Y07
5	酸或碱	紫		P02
6	可燃液体	棕		YR05
7	其他液体	黑		—
8	氧	淡蓝		PB06

1. 基本识别色标识方法

工业管道的基本识别色标识方法，使用方应从以下五种方法中选择。

（1）管道全长上标识；

（2）在管道上以宽为 150mm 的色环标识；

（3）在管道上以长方形的识别色标牌标识；

（4）在管道上以带箭头的长方形识别色标牌标识；

（5）在管道上以系挂的识别色标牌标识。

2. 标识要求

当采用除全长上标识以外的方法时，两个标识间的最小距离应为 10m，其标识的场所应该包括管道的起点、终点、交叉点、转弯处、阀门和穿墙孔两侧的管道上和其他需要标识的部位；当采用标牌进行标识时，其最小尺寸应能清楚观察识别色。

22.4.3 识别符号

工业管道的识别符号由物质名称、流向和主要工艺参数等组成，其标识应符合下列要求：

1. 物质名称的标识

（1）物质全称。例如：氮气、硫酸、甲醇。

（2）化学分子式。例如：N_2、H_2SO_4、CH_3OH。

2. 物质流向的标识

（1）工业管道内物质的流向用箭头表示，如果管道内物质的流向是双向的，则以双向箭头表示。

（2）当基本识别色的标识方法采用标牌标识时，可在标牌上标识流向。

（3）介质的压力、温度、流速等工艺参数的标识，使用方可按需自行确定。

22.4.4 安全标识

1. 危险标识

（1）适用范围：管道内的物质，凡属于《化学品分类和危险性公示　通则》GB 13690 所列的危险化学品，其管道应设置危险标识。

（2）表示方法：在管道上涂 150mm 宽黄色，在黄色两侧各涂 25mm 宽黑色的色环或色带，安全色范围应符合《安全色》GB 2893 的规定。

（3）标识场所：基本识别色的标识上或附近。

2. 消防标识

工业生产中设置的消防专用管道应遵守《消防安全标志　第 1 部分：标志》GB 13495.1 的规定，并在管道上标识“消防专用”识别符号。标识部位、最小字体应满足使用要求。

22.5 标识颜色要求

22.5.1 基本识别色

基本识别色包括红色、橙色、黄色、绿色、蓝色、黑色和白色共七种。

22.5.2 选用说明

（1）基本识别色宜按以下要求进行选择使用：

1）红色：易对人体造成伤害的高温、高压系统及警示用标识，如高温热水系统、蒸汽系统、消防相关系统等；

2）橙色：不会对人体造成伤害的低温系统用标识，如低温热水系统等；

3）黄色：警示用标识，如燃气系统、接地点、接地线等；

4）绿色：可回收利用或排放无害、无异味用标识，如中水系统、冷凝水系统、排风系统、接地线等；

5）蓝色：能源供给用标识，如空调系统供回水、空调送（回）风、动力照明系统等；

6）黑色：不可回收利用及排放有异味用标识，污（废）水、透气管、接地点等；

7）白色：字体或背景色等。

（2）标识应基于以上七种识别色，搭配使用，搭配颜色不宜过多。

（3）设备及阀门的标识应与本系统主色调一致，安全阀等警示阀门应用红色。

22.5.3 常用搭配及图例

1. 建筑机电工程管道标识

具体见图 22-5。

建筑机电工程管道标识　　表 22-5

系统名称	粘贴	喷涂	参考样式	备注
1. 一次热水系统 2. 蒸汽系统 3. 消防系统 4. 防排烟系统 5. 防火配电系统 6. 燃气放散管道	红底白字	白底红字 镀锌底红字	加压送风 消 防 槽 盒 排　烟	上两图为粘贴样式，下图为白底喷涂样式
1. 空调热水系统 2. 采暖热水系统 3. 生活热水系统	橙底白字	黑底白字 镀锌底橙字 白底橙字	采暖热水回水 生活热水	上图为粘贴样式，下图为白底喷涂样式
1. 燃气管道 2. 接地点	黄底黑字	黄底黑字		上图为燃气管道，下图为接地点
1. 冷凝水系统 2. 中水系统 3. 排风系统 4. 雨水系统	绿底白字	黑底白字 镀锌底绿字 白底绿字	冷 凝 水 中　水	上图为粘贴样式，下图为白底喷涂样式
1. 冷冻水系统 2. 冷却水系统 3. 生活给水系统 4. 空调送回风系统 5. 新风系统 6. 动力照明系统	蓝底白字	黑底白字 镀锌底蓝字 白底蓝字	冷冻水供水 冷冻水回水	上图为粘贴样式，下图为白底喷涂样式
1. 污废水系统 2. 透气管	黑底白字	黑底白字 白底黑字 镀锌底黑字	卫生间废水 卫生间透气	右图为粘贴样式，左图为白底喷涂样式

2. 轨道交通机电工程管道标识

见表 22-6。

轨道交通机电工程管道标识　　表 22-6

系统名称	粘贴	喷涂	参考样式	备注
消防系统	红白底黑字	白底红字	消防水管道	
1. 电气系统 2. 智能化系统 3. 通风系统	蓝底白字	—	成品标识牌 名　　称：动力照明桥架 规格型号： 成品状态：检验合格 联 系 人： 电　　话： 请注意成品保护！	
1. 冷冻系统 2. 冷媒系统 3. 补水系统	蓝白底黑字	白底蓝字	冷冻水管 DN150	
1. 给水系统 2. 冷却水系统	绿白底黑字	白底绿字	给　　水	
1. 污废水系统 2. 雨水系统	黑白底黑字	白底黑字	废　　水	

3. 警示标识

见表 22-7。

警示标识　　表 22-7

名称	粘贴	喷涂	参考样式	备注
1. 安全阀 2. 常闭阀	红底黄字	—	安全阀 常　闭	

22.6 给水排水、通风空调及供暖系统标识

22.6.1 一般要求

（1）根据标识附着的管道表面材质、设备阀门的形状及尺寸选择适宜的标识附着方法。

1）管道表面不平整，宜采用挂牌形式（如：VRV冷媒管保温缠布后的外表面等）；

2）管道表面粗糙，宜采用喷涂形式（如：橡塑保温外表面、管道缠玻璃丝布刷防火涂料后的外表面等）；

3）管道表面平整、光滑，宜采用粘贴形式（如：碳钢钢管刷漆后的外表面、塑料管外表面、镀锌钢板外表面等）；

4）室外设备宜采用喷涂（附着力强、防紫外线、长期日晒雨淋无明显褪色的油漆涂料），室内设备宜采用挂牌；

5）室内吊装设备距地面较高或为便于更直观的区分，亦可采用喷涂（如：分集水器、吊装风机等）；

6）阀门标识应采用挂牌，防火阀、消声器等可采用喷涂。

（2）消火栓管道、燃气管道等特殊专业管道应按相关要求，管道整体涂刷标识面漆。

（3）装饰面上设置的标识，应根据装饰面材质选择不宜脱落的附着方式。

22.6.2 管道标识位置

1. 机房及竖井外水平管道标识位置

（1）机房及竖井外的明装管道，应在距机房或竖井墙体2m以内设置标识；

（2）管道穿越墙体两侧，应在距墙体2m以内设置标识；

（3）管道转弯前1m以内及转弯后10m以内应设置标识；

（4）管道三通、四通处，距分支点1.5m以内的主管道应设置标识；

（5）直管段标识的间隔宜为20m，且应考虑上述（1）～（4）的情况，尽可能等距均布；

（6）成排管道标识的位置应统一。

2. 立管管道标识位置

（1）每层立管均需做标识，标识中心高度距完成面应为1.5m，当在1.5m处有妨碍物时，可适当向上调整位置；

（2）管道井或机房内的成排立管道标识高度应一致。

3. 机房内管道标识位置

（1）设备接口处的管道均应做标识，标识的高度（或距设备出口的距离）应在靠近设备端的管道平整处；

（2）成排设备接口处的管道标识位置应一致；

（3）管道出机房，距机房墙体2m以内应做标识；

（4）管道出机房底板，标识中心高度距地面应为1.5m，当在1.5m处有妨碍物时，

可适当调整；

（5）管道出机房顶板，应在该管道弯头前的水平管道1.5m以内设置标识，立管上可不再另设标识；

（6）机房内水平管道上的标识位置：当水平管道长度小于等于10m时，按上述（1）～（5）的要求位置标注；当水平管道长度大于10m小于等于20m时，中间增设一处标识；

（7）成排水平管道应根据管道成排后长度和各管道的实际长度，调整标识位置，以达到美观。

22.6.3　设备标识位置

（1）设备标识不应遮挡设备本体上的文字、箭头或铭牌。

（2）标识应设在便于从走道可直接观察的位置。

（3）室外设备（如：冷却塔、风机、室外机等）标识应设置在设备侧面，且应为便于观察的位置。

（4）室内吊装设备（如：吊装风机、新风机组、消声静压箱等）标识应设置在设备底面，当底面无法设置或设备底距完成面的吊装高度低于2.5m时，可设置在设备侧面便于观察的位置。

（5）室内落地设备标识位置

1）水箱、分集水器、冷冻机组、空调机组等设备的标识，宜设置在设备侧面面对走道的位置，水平宜居中，高度应根据实际情况，设于明显便于观察的位置；

2）水泵等设备的标识，宜悬挂在电机外壳靠近走道侧的明显位置；

3）热交换器、水处理器等成套设备的标识，宜悬挂在设备靠近走道侧的明显位置；

4）成排设备的标识位置应一致，且应朝向同一方向。

22.6.4　阀门的标识位置

（1）阀门标识不应遮挡阀门本体上的文字、箭头或铭牌。

（2）机房内、地下室、车库内的水阀门、防火阀、消声器等应做独立标识。

（3）成排阀门的标识位置应一致，且应朝向同一方向。

22.6.5　其他要求

吊顶内管道、设备、阀门的标识应设置在检查口附近，便于观察的位置。

水平管道高度小于等于1m，标识宜设置在管道正上方；管道高度大于1m小于等于2m，标识宜设置在管道侧方；管道高度大于2m小于等于4m，标识宜设置在管道侧下方45°位置；管道高度大于4m，标识宜设置在管道的正下方。

22.7　电气及智能建筑标识

22.7.1　一般要求

（1）应在所有机房、控制室、设备间或设备入口的末端进行标识。

（2）标识应标明用途、路径、材质。

（3）宜采用喷涂或标牌等方式，标识应清晰、完整，易读取，并满足环境的要求。

22.7.2 线路

1. 线缆标注

（1）在电缆的两端、分支及走向改变处设标识牌，电气竖井桥架内宜对每层每根电缆进行标注，成排挂牌方向应一致；

（2）线缆标识应按逻辑、层级、结构关系，按照一定的模式和规则来编写；

（3）线缆标记号宜采用字母和数字组合而成，应给定唯一的标识符，标识符应采用相同数量的字母和数字等标明；

（4）应按照“永久标识”的概念选择材料，标签的寿命应能与系统的设计寿命相对应；

（5）所有标识应打印，不允许手工填写，保证清晰、完整、易读取，并满足环境的要求；

（6）对于成捆的线缆，应使用标识牌来进行标识，标识本身应具有良好的防撕性能，并且符合 ROHS 对应的标准；

（7）多联开关内控制线宜用数字号码管加以区分；

（8）桥架内有 T 接端子的，在桥架外用字母“T”标注，且此处桥架盖可随意拆开备查；

（9）线缆标识定义规则：

由 7 个标识符来定义线缆的 7 个特征，中间用“-”隔开：

(机柜名/号)-(类型/用途)-(线束号)-(线号)-(颜色)-(长度)-(物理参数)

例：A1-AV-1-1-黑-120-(2×0.35)

释义：(A1 号机柜)-(音频线)-(1 号线束)-(1 号线缆)-(黑色线缆)-(长 120cm)-(规格为 2×0.35)

（10）线缆标签纸颜色：布线环境相对复杂，且线缆数量较多，选择多种颜色的线缆标签纸进行分类标识；

（11）建立标识文档。文档应采用计算机进行文档记录与保存，并做到记录准确、及时更新。

2. 桥架母线标注

（1）喷涂红色文字用以标注桥架内线缆使用的专业，字体大小适中，便于辨识。水平桥架距地小于 1.5m 时，标注在桥架正上方；多层或高度在 1.5～2.0m 时，标注在正视侧面；高度大于 2.0m 时，标注在正下方或侧面。竖向桥架在正面居中距地面 1.5m 标注。

（2）在封闭母线的外壳用字母 A/B/C/N/PE 标注封闭母线的相序。

（3）竖向文字方向应自上而下，水平文字方向应自左向右。

（4）自上而下字体宽度或自左而右字体高度尺寸符合相关标准的规定，且桥架宽度小于 200mm 时，字体宽度（高度）宜为 50～60mm；桥架宽度大于等于 200mm 时，字体宽度（高度）宜为 100mm。

22.7.3 设备

1. 通用要求

（1）系统所有设备及设备箱、机柜都要有标识，包括系统名称、设备名称、编号；

（2）标识材料应符合通过 UL969（或对应标准）认证以达到永久标识的保证；同时要能达到环保 RoHS 指令要求；

（3）所有标识应保持清晰、完整，并满足环境的要求；

（4）设备标识一般由专用标签打印后粘贴于设备正面平整处，粘贴位置要保证不影响后期检查和识别，一般粘贴在设备正面左上角面板或外壳表面；

（5）设备标识定义规则：

由 3 个标识符来定义设备的 3 个属性，中间用“-”隔开：（设备名称）-（编号）-（型号）；

例：服务器-1-（K3J6001）释义：（服务器）-（1 号）-（型号为 K3J6001）；

（6）完成标识和标签之后，应对所有的设备建立文档，文档应采用计算机进行文档记录与保存，并做到记录准确、及时更新、便于查阅。

2. 箱柜外部

（1）配电箱柜外部正面明显处应设金属铭牌，铭牌清晰、锚固牢固。

（2）暗藏在装饰面板后的配电箱柜，宜在装饰面板正面加明显标注。

（3）消防应急设备控制箱外观应在正面用红色喷涂文字或箱柜整体喷涂成红色。

3. 箱柜内部

（1）配电箱柜内各进出线缆、配电开关、控制器、N/PE 端子排上应粘贴或悬挂功能标识牌，标注其功能、用途。进出线缆悬挂标识牌，其他可采用背胶纸打印粘贴标识牌。

（2）箱柜内二次回路控制线和一次分支回路 L/N/PE 线均宜用数字或字母形式（号码管）进行标注，箱柜门内侧粘贴一、二次回路系统图，系统图应绘图正确、清晰且塑封，系统图内容应与箱柜实际配置的电器和线缆规格、型号、数量、编号一一对应，无偏差。

（3）箱柜内一次分支回路的 L 线与汇流排上的 N、PE 线宜用数字号码管按顺序一一对应标注。

22.7.4 其他

1. 接地系统识别符号

（1）接地系统识别符号主要有接地标识和等电位标识两种，识别符号宜标注明显、易于观察。

（2）接地标识应注明接地类别、接地位置及所属系统。

（3）接地标识一般设在配电箱柜 PE 排、桥架接地点、防雷引下线引出点、设备接地接入点、测试点、接地装置引出点等各接地引入、引出点位置。需接保护接地线（PE）的各类灯具、金属构架、金属立柱等不带电外露可导电部分，亦应有明显的接地螺栓和接地标识。接地标识可采用字母或图形标注，颜色宜为黑色。

（4）等电位标识一般设在总等电位箱和竖井、机房、卫生间等局部等电位箱正面位置。等电位标识可采用字母或图形标识，颜色宜为白底黄字。

2. 接地干线

（1）接地干线分为配电室环形接地干线、强弱电竖井内接地干线、管道井内接地干线、引至设备基础的接地干线等。

（2）明敷接地干线表面应刷宽度相等、斜向45°黄绿相间油漆、色宽100～150mm、长度400mm、间隔2～3m的条纹标识，其水平敷设高度距地面250～300mm、离墙间隙10～15mm，固定支架间距1.5～2m，间距均匀，固定牢固，观感质量好。引出和引入的接地点有接地标识。

3. 接地测试点

建筑物外防雷接地测试点接线盒应与装饰面平齐，接线盒尺寸宜为200mm×150mm×100mm，盒内预留40mm×4mm镀锌扁钢，测试用的蝶形螺栓、平垫、弹簧垫齐全，开启门宜与装饰材料同材质，接线盒正面做接地图形标识，标识上方标注测试点顺序编号及名称，如可注明“1号接地测试点”，安装高度距室外散水宜为500～800mm。

4. 等电位联结点

（1）总等电位箱宜设在配电室，局部等电位箱设在强弱电竖井、管道井、设备机房、中控室及带淋浴的卫生间等部位。

（2）等电位箱正面标有“等电位联结端子箱”的字样及等电位字母或图形标识。

22.8 参考成品样例

22.8.1 通风空调系统成品样例

见表22-8。

通风空调系统成品样例 表22-8

文字	样例			
	粘贴方式		喷涂方式	
	横向	竖向	横向	竖向
送(补)风风管	送风风管	送风风管	送风风管	送风风管
排风风管	排风风管	排风风管	排风风管	排风风管

续表

文字	样例			
	粘贴方式		喷涂方式	
	横向	竖向	横向	竖向
事故通风	事故通风	事故通风	事故通风	事故通风
排烟风管	排烟风管	排烟风管	排烟风管	排烟风管
排风兼排烟风管	排风兼排烟风管	排风兼排烟风管	排风兼排烟风管	排风兼排烟风管
正压送风管	正压送风管	正压送风管	正压送风管	正压送风管
火灾补风	火灾补风	火灾补风	火灾补风	火灾补风

续表

文字	样例			
	粘贴方式		喷涂方式	
	横向	竖向	横向	竖向
空调新风管	空调新风管	空调新风管	空调新风管	空调新风管
空调送风	空调送风	空调送风	空调送风	空调送风
空调回(补)风	空调回风	空调回风	空调回风	空调回风
空调排风	空调排风	空调排风	空调排风	空调排风
空调机组	空调机组	空调机组	空调机组	空调机组
新风机组	新风机组		新风机组	
热回收新风机组	热回收新风机组		热回收新风机组	

续表

文字	样例			
	粘贴方式		喷涂方式	
	横向	竖向	横向	竖向
风机盘管、VRV、VAVbox 等末端空调机	风机盘管 VRV VAVbox		风机盘管 VRV VAVbox	
送(补)风机	送风机		送风机	
排风机	排风机		排风机	
事故通风机	事故通风机		事故通风机	
排烟风机	排烟风机		排烟风机	
排风兼排烟风机	排风兼排烟风机		排风兼排烟风机	
诱导风机/空气幕/新风换气机	诱导风机 空气幕 新风换气机		诱导风机 空气幕 新风换气机	
防火阀	防火阀		防火阀	
调节阀	调节阀		调节阀	
防爆阀	防爆阀		防爆阀	

22.8.2 给水排水系统成品样例

参见表 22-9。

给水排水系统成品样例　　表 22-9

标识文字	粘贴标识底色	粘贴标识字颜色	标识材质	箭头喷涂颜色	标识图示
给水	白绿	黑	背胶防潮车贴 聚苯乙烯带	白底绿色	给 水
废水	白黑	黑	背胶防潮车贴 聚苯乙烯带	白底黑色	废 水
污水	白黑	黑	背胶防潮车贴 聚苯乙烯带	白底黑色	污 水
雨水	白黑	黑	背胶防潮车贴 聚苯乙烯带	白底黑色	雨 水
污废水泵	白黑	黑	背胶防潮车贴 聚苯乙烯带	白底黑色	污 废 水 泵

22.8.3　电气及智能建筑成品样例

参见表 22-10。

电气及智能建筑成品样例　　表 22-10

标识文字	粘贴标识底色	粘贴标识字颜色	标识材质	喷涂颜色	标识图示
动力照明桥架	蓝色	白色	背胶防潮车贴、亚克力板均可	—	成品标识牌 名　　称：动力照明桥架 规格型号： 成品状态：检验合格 联 系 人： 电　　话： 请注意成品保护!
供电桥架	蓝色	白色	背胶防潮车贴、亚克力板均可	—	成品标识牌 名　　称：供电桥架 规格型号： 成品状态：检验合格 联 系 人： 电　　话： 请注意成品保护!

续表

标识文字	粘贴标识底色	粘贴标识字颜色	标识材质	喷涂颜色	标识图示
综合监控桥架	蓝色	白色	背胶防潮车贴、亚克力板均可	—	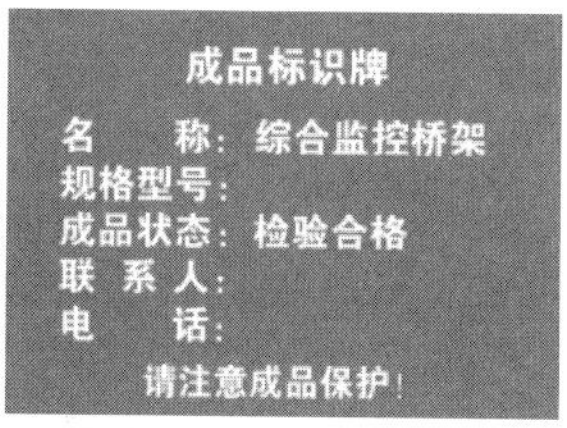 成品标识牌 名　　称：综合监控桥架 规格型号： 成品状态：检验合格 联 系 人： 电　　话： 请注意成品保护！
环境与设备监控桥架	蓝色	白色	背胶防潮车贴、亚克力板均可	—	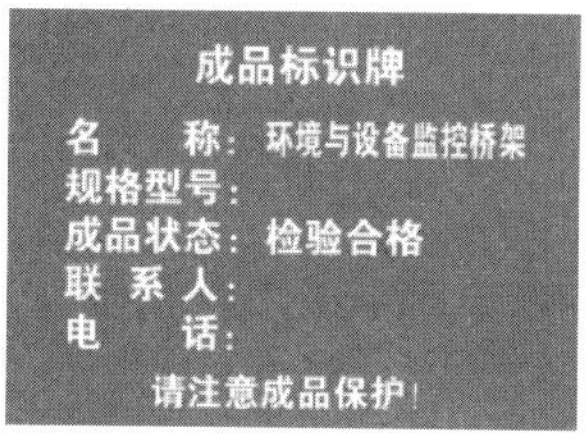 成品标识牌 名　　称：环境与设备监控桥架 规格型号： 成品状态：检验合格 联 系 人： 电　　话： 请注意成品保护！
配电箱	蓝色	白色	背胶防潮车贴、亚克力板均可	—	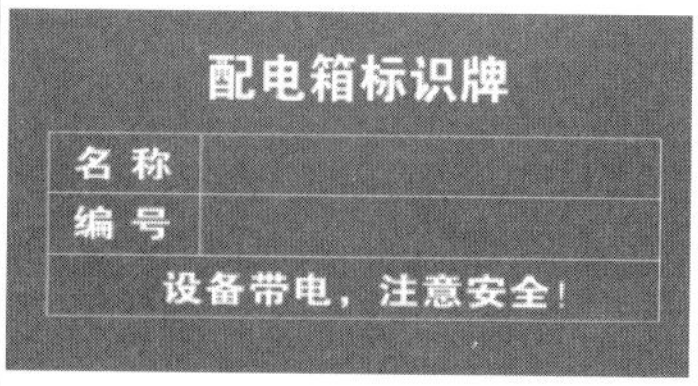 配电箱标识牌 名 称 编 号 设备带电，注意安全！
配电柜	蓝色	白色	背胶防潮车贴、亚克力板均可	—	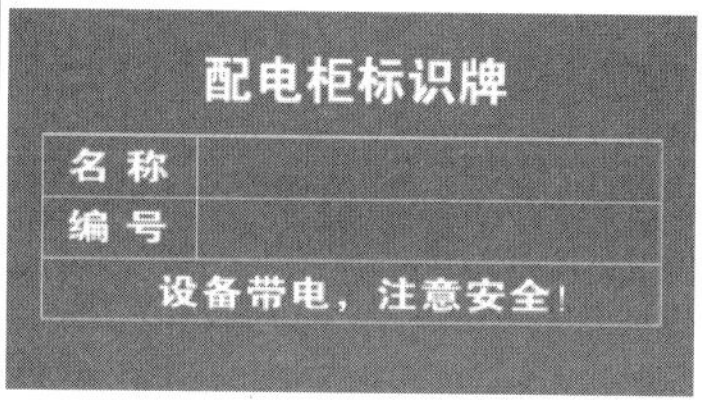 配电柜标识牌 名 称 编 号 设备带电，注意安全！

附　录

附录1　与机电工程相关的部分标准、规范和法规清单

序号	名称	发文字号	颁布单位
1	中华人民共和国环境保护法	主席令第九号	全国人民代表大会常务委员会
2	中华人民共和国安全生产法	主席令第十三号	全国人民代表大会常务委员会
3	中华人民共和国合同法	主席令第十五号	全国人民代表大会常务委员会
4	中华人民共和国节约能源法	主席令第十六号	全国人民代表大会常务委员会
5	中华人民共和国建筑法	主席令第二十九号	全国人民代表大会常务委员会
6	中华人民共和国招标投标法	主席令第八十六号	全国人民代表大会常务委员会
7	安全生产许可证条例	国务院令第638号	国务院
8	特种设备安全监察条例	国务院令第549号	国务院
9	建设工程安全生产管理条例	国务院令第393号	国务院
10	建设工程质量管理条例	国务院令第714号	国务院
11	建筑起重机械安全监督管理规定	建设部令第166号	建设部
12	危险性较大的分部分项工程安全管理规定	住房和城乡建设部令第37号	住房和城乡建设部
13	住房城乡建设部办公厅关于实施《危险性较大的分部分项工程安全管理规定》有关问题的通知	建办质〔2018〕31号	住房和城乡建设部
14	北京市建设工程质量条例	北京市人民代表大会常务委员会公告［十四届］第14号	北京市人民代表大会常务委员会
15	北京市优质安装工程奖评选办法	京建联〔2019〕14号	北京市建筑业联合会

附录2　与机电工程相关的建筑业新技术

《建筑业10项新技术》的推广应用，对推进建筑业技术进步起到了积极作用。本教材摘录了与机电工程相关的建筑业新技术，包括“6 机电安装工程技术”“10 信息化技术”等内容，供大家学习参考。

6　机电安装工程技术

6.1　基于BIM的管线综合技术

6.1.1　技术内容

（1）技术特点

随着BIM技术的普及，其在机电管线综合技术应用方面的优势比较突出。丰富的模型信息库与多种软件方便的数据交换接口，成熟、便捷的可视化应用软件等，比传统的管线综合技术有了较大的提升。

（2）深化设计及设计优化

机电工程施工中，许多工程的设计图纸由于诸多原因，设计深度往往满足不了施工的需要，施工前尚需进行深化设计。机电系统各种管线错综复杂，管路走向密集交错，若在施工中发生碰撞情况，则会出现拆除返工现象，甚至会导致设计方案的重新修改，不仅浪费材料、延误工期，还会增加项目成本。基于BIM技术的管线综合技术可将建筑、结构、机电等专业模型整合，可很方便地进行深化设计，再根据建筑专业要求及净高要求将综合模型导入相关软件进行机电专业和建筑、结构专业的碰撞检查，根据碰撞报告结果对管线进行调整、避让建筑结构。机电本专业的碰撞检测，是在根据“机电管线排布方案”建模的基础上对设备和管线进行综合布置并调整，从而在工程开始施工前发现问题，通过深化设计及设计优化，使问题在施工前得以解决。

（3）多专业施工工序协调

暖通、给水排水、消防、强弱电等各专业由于受施工现场、专业协调、技术差异等因素的影响，不可避免地存在很多局部的、隐性的专业交叉问题，各专业在建筑某些平面、立面位置上产生交叉、重叠，无法按施工图作业或施工顺序倒置，造成返工，这些问题有些是无法通过经验判断来及时发现并解决的。通过BIM技术的可视化、参数化、智能化特性，进行多专业碰撞检查、净高控制检查和精确预留预埋，或者利用基于BIM技术的4D施工管理，对施工工序过程进行模拟，对各专业进行事先协调，可以很容易发现和解决碰撞点，减少因不同专业沟通不畅而产生的技术错误，大大减少返工，节约施工成本。

（4）施工模拟

利用BIM施工模拟技术，使得复杂的机电施工过程，变得简单、可视、易懂。

BIM 4D虚拟建造形象直观、动态模拟施工阶段过程和重要环节施工工艺，将多种施工及工艺方案的可实施性进行比较，为最终方案优选决策提供支持。采用动态跟踪可视化施工组织设计（4D虚拟建造）的实施情况，对于设备、材料到货情况进行预警，同时通过进度管理，将现场实际进度完成情况反馈回“BIM信息模型管理系统”中，与计划进行对比、分析及纠偏，实现施工进度控制管理。

形象直观、动态模拟施工阶段过程和重要环节施工工艺，将多种施工及工艺方案的可实施性进行比较，为最终方案优选决策提供支持。基于BIM技术对施工进度可实现精确计划、跟踪和控制，动态地分配各种施工资源和场地，实时跟踪工程项目的实际进度，并通过计划进度与实际进度进行比较，及时分析偏差对工期的影响程度以及产生的原因，采取有效措施，实现对项目进度的控制。

（5）BIM综合管线的实施流程

设计交底及图纸会审→了解合同技术要求、征询业主意见→确定BIM深化设计内容及深度→制定BIM出图细则和出图标准、各专业管线优化原则→制定BIM详细的深化设计图纸送审及出图计划→机电初步BIM深化设计图提交→机电初步BIM深化设计图总包审核、协调、修改→图纸送监理、业主审核→机电综合管线平剖面图、机电预留预埋图、设备基础图、吊顶综合平面图绘制→图纸送监理、业主审核→BIM深化设计交底→现场施工→竣工图制作。

6.1.2 技术指标

综合管线布置与施工技术应符合《建筑给水排水设计标准》GB 50015、《工业建筑供暖通风与空气调节设计规范》GB 50019、《民用建筑电气设计规范》JGJ 16、《建筑通风和排烟系统用防火阀门》GB 15930、《自动喷水灭火系统设计规范》GB 50084、《建筑给水排水及采暖工程施工质量验收规范》GB 50242、《通风与空调工程施工质量验收规范》GB 50243、《电气装置安装工程 低压电器施工及验收规范》GB 50254、《给水排水管道工程施工及验收规范》GB 50268、《智能建筑工程施工规范》GB 50606、《消防给水及消火栓系统技术规范》GB 50974、《综合布线工程设计规范》GB 50311。

6.1.3 适用范围

适用于工业与民用建筑工程、城市轨道交通工程、电站等所有在建及扩建项目。

6.1.4 工程案例

深圳湾科技生态园1、4、5栋、广州地铁六号线如意坊站、深圳地铁9号线银湖站等机电安装工程。

6.2 导线连接器应用技术

6.2.1 技术内容

（1）技术特点

通过螺纹、弹簧片以及螺旋钢丝等机械方式，对导线施加稳定可靠的接触力。按结构分为：螺纹型连接器、无螺纹型连接器（包括：通用型和推线式两种结构）和扭接式连接器，其工艺特点见表6.1，能确保导线连接所必需的电气连续、机械强度、保护措施以及检测维护4项基本要求。

符合《家用和类似用途低压电路用的连接器件》GB 13140系列标准的导线连接器产品特点说明

表6.1

比较项目＼连接器类型	无螺纹型		扭接式	螺纹型
	通用型	推线式		
连接原理图例	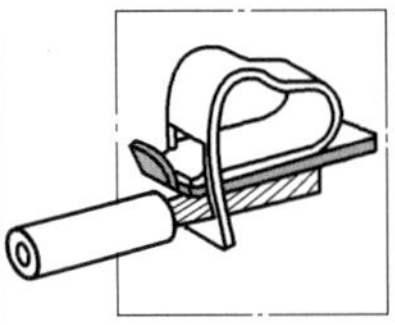	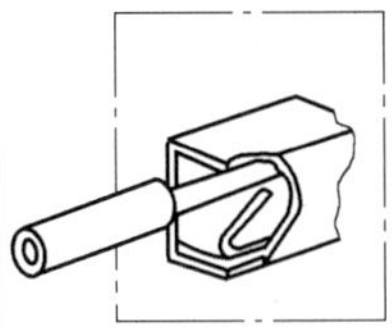	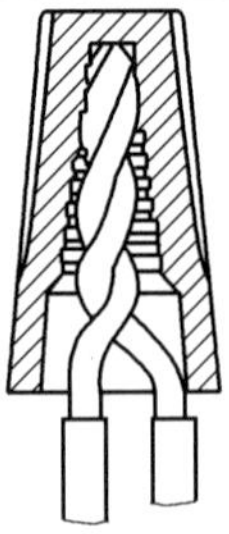	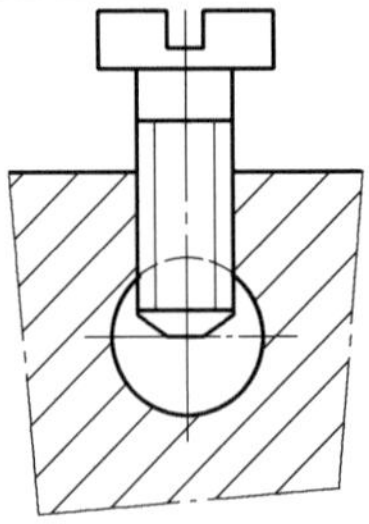
制造标准代号	GB 13140.3		GB 13140.5	GB 13140.2
连接硬导线（实心或绞合）	适用		适用	适用
连接未经处理的软导线	适用	不适用	适用	适用
连接焊锡处理的软导线	适用	适用	适用	不适用
连接器是否参与导电	参与		不参与	参与/不参与
IP防护等级	IP20		IP20或IP55	IP20
安装工具	徒手或使用辅助工具		徒手或使用辅助工具	普通螺丝刀
是否重复使用	是		是	是

（2）施工工艺

1）安全可靠：应该是很成熟的，长期实践已证明此工艺的安全性与可靠性。

2）高效：由于不借助特殊工具、可完全徒手操作，使安装过程快捷，平均每个电气连接耗时仅10s，为传统焊锡工艺的1/30，节省人工和安装费用。

3）可完全代替传统锡焊工艺，不再使用焊锡、焊料、加热设备，消除了虚焊与假焊，导线绝缘层不再受焊接高温影响，避免了高举熔融焊锡操作的危险，接点质量一致性好，没有焊接烟气造成的工作场所环境污染。

（3）主要施工方法

1）根据被连接导线的截面积、导线根数、软硬程度，选择正确的导线连接器型号。

2）根据连接器型号所要求的剥线长度，剥除导线绝缘层。

3）按图6.1、图6.2所示，安装或拆卸无螺纹型导线连接器。

4）按图6.3所示，安装或拆卸扭接式导线连接器。

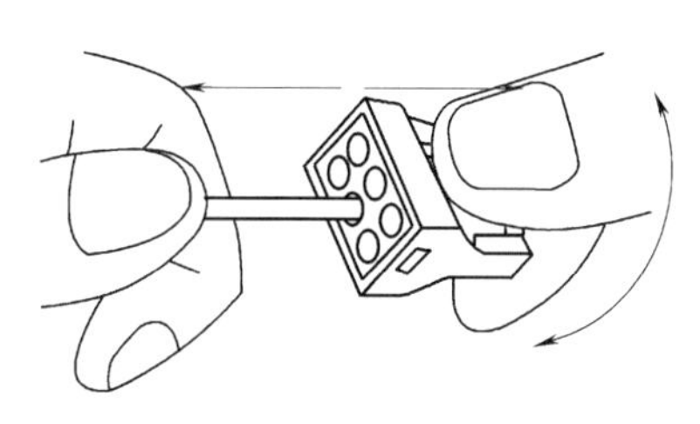

图6.1　推线式连接器的导线安装或拆卸示意图

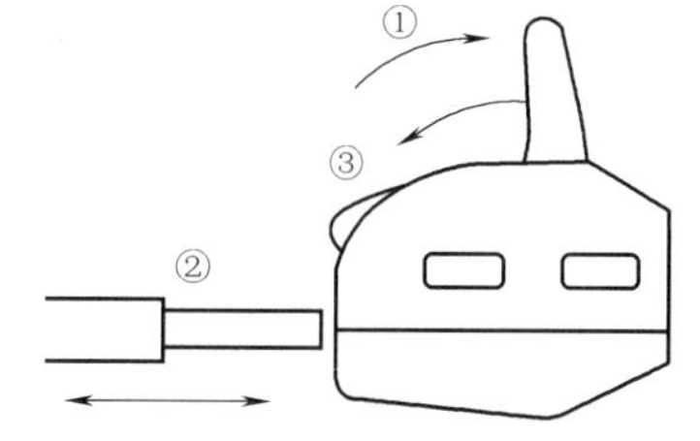

图6.2　通用型连接器的导线安装或拆卸示意图

6.2.2　技术指标

《建筑电气工程施工质量验收规范》GB 50303、《建筑电气细导线连接器应用技术规程》CECS 421、《低压电气装置　第5-052部分：电气设备的选择和安装　布线系统》GB 16895.6、《家用及类似用途低压电路用的连接器件》GB 13140。

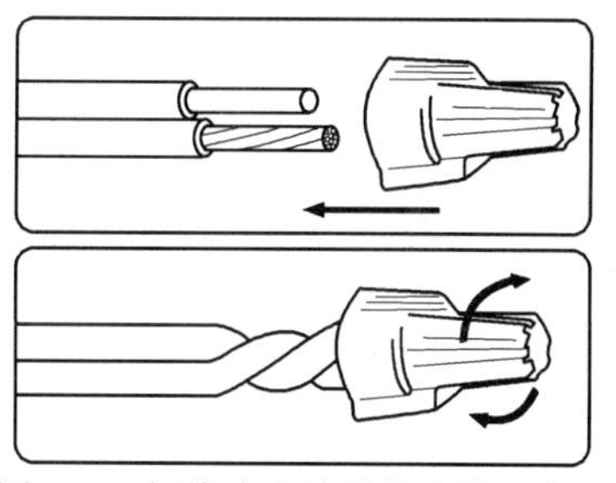

图6.3　扭接式连接器的安装示意图

6.2.3　适用范围

适用于额定电压交流1kV及以下和直流1.5kV及以下建筑电气细导线（$6mm^2$及以下的铜导线）的连接。

6.2.4　工程案例

广泛应用于各类电气安装工程中。

6.3　可弯曲金属导管安装技术

6.3.1　技术内容

可弯曲金属导管内层为热固性粉末涂料，粉末通过静电喷涂，均匀吸附在钢带上，经200℃高温加热液化再固化，形成质密又稳定的涂层，涂层自身具有绝缘、防腐、阻燃、耐磨损等特性，厚度为0.03mm。可弯曲金属导管是我国建筑材料行业新一代电线电缆外保护材料，已被编入设计、施工与验收规范，大量应用于建筑电气工程的强电、弱电、消防系统，明敷和暗敷场所，逐步成为一种较理想的电线电缆外保护材料。

（1）技术特点

1）可弯曲度好：优质钢带绕制而成，用手即可弯曲定型，减少机械操作工艺；

2）耐腐蚀性强：材质为热镀锌钢带，内壁喷附树脂层，双重防腐；

3）使用方便：裁剪、敷设快捷高效，可任意连接，管口及管材内壁平整光滑，无毛刺；

4）内层绝缘：采用热固性粉末涂料，与钢带结合牢固且内壁绝缘；

5）搬运方便：圆盘状包装，质量为同米数传统管材的1/3，搬运方便；

6）机械性能：双扣螺旋结构，异形截面，抗压、抗拉伸性能达到《电缆管理用导管系统　第1部分：通用要求》GB/T 20041.1的分类代码4重型标准。

（2）施工工艺

可弯曲金属导管基本型采用双扣螺旋结构、内层静电喷涂技术，防水型和阻燃型在基本型的基础上包覆防水、阻燃护套。使用时徒手施以适当的力即可将可弯曲金属导管弯曲到需要的程度，连接附件使用简单工具即可将导管等连接可靠。

1）明配的可弯曲金属导管固定点间距应均匀，管卡于设备、器具、弯头中点、管端等边缘的距离应小于0.3m；

2）暗配的可弯曲金属导管，应敷设在两层钢筋之间，并与钢筋绑扎牢固。管子绑扎点间距不宜大于0.5m，绑扎点距盒（箱）不应大于0.3m。

6.3.2　技术指标

（1）主要性能

1）电气性能：导管两点间过渡电阻小于0.05Ω标准值；

2）抗压性能：1250N压力下扁平率小于25%，可达到《电缆管理用导管系统　第1部分：通用要求》GB/T 20041.1分类代码4重型标准要求；

3）拉伸性能　1000N拉伸荷重下，重叠处不开口（或保护层无破损），可达到《电缆管理用导管系统　第1部分：通用要求》GB/T 20041.1分类代码4重型标准要求；

4）耐腐蚀性：浸没在1.186kg/L的硫酸铜溶液，可达到《电缆管理用导管系统　第1部分：通用要求》GB/T 20041.1的分类代码4内外均高标准要求；

5）绝缘性能：导管内壁绝缘电阻值，不低于50MΩ。

（2）技术规范/标准

《建筑电气用可弯曲金属导管》JG/T 3053、《电缆管理用导管系统　第1部分：通用要求》GB/T 20041.1、《电缆管理用导管系统　第22部分：可弯曲导管系统的特殊要求》GB 20041.22、《民用建筑电气设计规范》JGJ 16、《1kV及以下配线工程施工与验收规范》GB 50575、《低压配电设计规范》GB 50054、《火灾自动报警系统设计规范》GB 50116和《建筑电气工程施工质量验收规范》GB 50303。

6.3.3　适用范围

适用于建筑物室内外电气工程的强电、弱电、消防等系统的明敷和暗敷场所的电气配管及作为导线、电缆末端与电气设备、槽盒、托盘、梯架、器具等连接的电气配管。

6.3.4　工程案例

沈阳桃仙机场T3航站楼、杭州高德置地（七星级酒店）、北京CBD（阳光保险金融中心、韩国三星总部大楼）、北京丽泽商务区（中国铁物大厦、中国通用大厦）等机电安装工程。

6.4　工业化成品支吊架技术

6.4.1　技术内容

装配式成品支吊架由管道连接的管夹构件、建筑结构连接的锚固件以及将这两种结构件连接起来的承载构件、减震（振）构件、绝热构件以及辅助安装件构成。该技术满足不同规格的风管、桥架、工艺管道的应用，特别是在错综复杂的管路定位和狭小管井、吊顶施工，更可发挥灵活组合技术的优越性。近年来，在机场、大型工业厂房等领域已开始应用复合式支吊架技术，可以相对有效地化解管线集中安装与空间紧张的矛盾。复合式管线支吊架系统具有吊杆不重复、与结构连接点少、空间节约、后期管线维护简单、扩容方便、整体质量及观感好等特点。特别是《建筑机电抗震设计规范》GB 50981 的实施，采用成品的抗震支吊架系统成为必选。

（1）技术特点

根据 BIM 模型确认的机电管线排布，通过数据库快速导出支吊架型式，从供应商的产品手册中选择相应的成品支吊架组件，或经过强度计算，根据结果进行支吊架型材选型，设计，工厂制作装配式组合支吊架，在施工现场仅需简单机械化拼装即可成型，减少现场测量、制作工序，降低材料损耗率和安全隐患，实现施工现场绿色、节能。

主要技术先进性在于：

1）标准化：产品由一系列标准化构件组成，所有构件均采用成品，或由工厂采用标准化生产工艺，在全程、严格的质量管理体系下批量生产，产品质量稳定，且具有通用性和互换性；

2）简易安装：一般只需两人即可进行安装，技术要求不高，安装操作简易、高效，明显降低劳动强度；

3）施工安全：施工现场无电焊作业产生的火花，从而消灭了施工过程中的火灾事故隐患；

4）节约能源：由于主材选用的是符合国际标准的轻型 C 形钢，在确保其承载能力的前提下，所用的 C 形钢质量相对于传统支吊架所用的槽钢、角钢等材料可减轻 15%～20%，明显减少了钢材使用量，从而节约了能源消耗；

5）节约成本：由于采用标准件装配，可减少安装施工人员；现场无需电焊机、钻床、氧气乙炔装置等施工设备投入，能有效节约施工成本；

6）保护环境：无需现场焊接、无需现场刷油漆等作业，因而不会产生弧光、烟雾、异味等多重污染；

7）坚固耐用：经专业的技术选型和机械力学计算，且考虑足够的安全系数，确保其承载能力的安全可靠；

8）安装效果美观：安装过程中，由专业公司提供全程、优质的服务，确保精致、简约的外观效果。

（2）施工工艺

1）吊架和支架安装应保持垂直，整齐牢固，无歪斜现象。

2）支吊架安装要根据管子位置，找平、找正、找标高，生根要牢固，与管子接合要稳固。

3）吊架要按施工图锚固于主体结构，要求拉杆无弯曲变形，螺纹完整且与螺母配合良好牢固。

4）在混凝土基础上，用膨胀螺栓固定支吊架时，膨胀螺栓的打入必须达到规定的深度，特殊情况需做拉拔试验。

5）管道的固定支架应严格按照设计图纸安装。

6）导向支架和滑动支架的滑动面应洁净、平整，滚珠、滚轴、托滚等活动零件与其支撑件应接触良好，以保证管道能自由膨胀。

7）所有活动支架的活动部件均应裸露，不应被保温层覆盖。

8）有热位移的管道，在受热膨胀时，应及时对支吊架进行检查与调整。

9）恒作用力支吊架应按设计要求进行安装调整。

10）支架装配时应先整形，再上锁紧螺栓。

11）支吊架调整后，各连接件的螺杆丝扣必须带满，螺母应锁紧，防止松动。

12）支架间距应按设计要求正确装设。

13）支吊架安装应与管道的安装同步进行。

14）支吊架安装施工完毕后应将支架擦拭干净，所有暴露的槽钢端均需装上封盖。

6.4.2 技术指标

国家建筑标准设计图集《室内管道支架和吊架》03S402、《金属、非金属风管支吊架》08K132、《电缆桥架安装》04D701-3、《装配式室内管道支吊架的选用与安装》16CK208（参考图集）。

其他应符合《管道支吊架》GB/T 17116、《建筑机电工程抗震设计规范》GB 50981的相关要求。

6.4.3 适用范围

适用于工业与民用建筑工程中多种管线在狭小空间场所布置的支吊架安装，特别适用于建筑工程的走道、地下室及走廊等管线集中的部位、综合管廊建设的管道、电气桥架管线、风管等支吊架的安装。

6.4.4 工程案例

雁栖湖国际会都（核心岛）会议中心、中信大厦、上海国际金融中心、上海中心大厦、青岛国际贸易中心、苏州市花桥月亮湾地下管廊、上海光源、西安咸阳机场二期、国家会展中心（上海）、华晨宝马沈阳工厂等机电安装工程。

6.5 机电管线及设备工厂化预制技术

6.5.1 技术内容

工厂模块化预制技术是将建筑给水排水、采暖、电气、智能化、通风与空调工程等领域的建筑机电产品按照模块化、集成化的思想，从设计、生产到安装和调试深度结合集成，通过这种模块化及集成技术对机电产品进行规模化的预加工，工厂化流水线制作生产，从而实现建筑机电安装标准化、产品模块化及集成化。利用这种技术，不仅能提高生产效率和质量水平，降低建筑机电工程建造成本，还能减少现场施工工程量、缩短工期、减少污染，实现建筑机电安装全过程绿色施工。

（1）管道工厂化预制施工技术：采用软件硬件一体化技术，详图设计采用“管道预制设计系统”软件，实现管道单线图和管段图的快速绘制；预制管道采用“管道预制安装管理系统”软件，实现预制全过程、全方位的信息管理。采用机械坡口、自动焊接，并使用厂内物流系统，整个预制过程形成流水线作业，提高了工作效率。可采用移动工作站预制技术，运用自动切割、坡口、滚槽、焊接机械和辅助工装，快速组装形成预制工作站，在施工现场建立作业流水线，进行管道加工和焊接预制。

（2）对于机房机电设施采用标准的模块化设计，使泵组、冷水机组等设备形成自成支撑体系的、便于运输安装的单元模块。采用模块化制作技术和施工方法，改变了传统施工现场放样、加工焊接连接作业的方法。

（3）将大型机电设备拆分成若干单元模块制作，在工厂车间进行预拼装、现场分段组装。

（4）对厨房、卫生间排水管道进行同层模块化设计，形成一套排水节水装置，以便于实现建筑排水系统工厂化加工、批量性生产以及快速安装；同时有效解决厨房、卫生间排水管道漏水、出现异味等问题。

（5）主要工艺流程：研究图纸→BIM 分解优化→放样、下料、预制→预拼装→防腐→现场分段组对→安装就位。

6.5.2　技术指标

（1）将建筑机电产品现场制作安装工作前移，实现工厂加工与现场施工平行作业，减少施工现场时间和空间的占用；

（2）模块适用尺寸：公路运输控制在 3100mm×3800mm×18000mm 以内；船运控制在尺寸 6000mm×5000mm×50000mm 以内。若模块在港口附近安装，无运输障碍，模块尺寸可根据具体实际情况进一步加大；

（3）模块重量要求：公路运输一般控制在 40t 以内，模块重量也应根据施工现场起重设备的具体实际情况有所调整。

6.5.3　适用范围

适用于大、中型民用建筑工程、工业工程、石油化工工程的设备、管道、电气安装，尤其适用于高层的办公楼、酒店、住宅。

6.5.4　工程案例

上海环球金融中心、上海国际博览中心、华润深圳湾国际商业中心、青岛丽东化工有限公司芳烃装置、神华煤直接液化装置、河北海伟石化 50 万/t 年丙烷脱氢装置、上海东方体育中心、中山医院、南京雨润大厦、天津北洋园等机电安装工程。

6.6　薄壁金属管道新型连接安装施工技术

6.6.1　技术内容

（1）铜管机械密封式连接

1）卡套式连接：是一种较为简便的施工方式，操作简单，掌握方便，是施工中常见的连接方式，连接时只要管子切口的端面能与管子轴线保持垂直，并将切口处毛刺清理干净，管件装配时卡环的位置正确，并将螺母旋紧，就能实现铜管的严密连接，主要适用于管径 50mm 以下的半硬铜管的连接。

2）插接式连接：一种最简便的施工方法，只要将切口的端面能与管子轴线保持垂直并去除毛刺的管子，用力插入管件到底即可，此种连接方法是靠专用管件中的不锈钢夹固圈将钢壁禁锢在管件内，利用管件内与铜管外壁紧密配合的O形橡胶圈来实施密封的，主要适用于管径25mm以下的铜管的连接。

3）压接式连接：一种较为先进的施工方式，操作也较简单，但需配备专用的且规格齐全的压接机械。连接时管子的切口端面与管子轴线保持垂直，并去除管子的毛刺，然后将管子插入管件到底，再用压接机械将铜管与管件压接成一体。此种连接方法是利用管件凸缘内的橡胶圈来实施密封的，主要适用于管径50mm以下的铜管的连接。

（2）薄壁不锈钢管机械密封式连接

1）卡压式连接：配管插入管件承口（承口U形槽内带有橡胶密封圈）后，用专用卡压工具压紧管口形成六角形而起密封和紧固作用的连接方式。

2）卡凸式螺母型连接：以专用扩管工具在薄壁不锈钢管端的适当位置，由内壁向外（径向）辊压使管子形成一道凸缘环，然后将带锥台形三元乙丙密封圈的管插进带有承插口的管件中，拧紧锁紧螺母时，靠凸缘环推进压缩三元乙丙密封圈而起密封作用。

3）环压式连接：环压连接是一种永久性机械连接，首先将套好密封圈的管材插入管件内，然后使用专用工具对管件与管材的连接部位施加足够大的径向压力，使管件、管材发生形变，并使管件密封部位形成一个封闭的密封腔，然后再进一步压缩密封腔的容积，使密封材料充分填充整个密封腔，从而实现密封，同时将关键嵌入管材使管材与管件牢固连接。

6.6.2 技术指标

应按设计要求的标准执行，无设计要求时，按《建筑给水排水及采暖工程施工质量验收规范》GB 50242、《建筑铜管管道工程连接技术规程》CECS 228和《薄壁不锈钢管道技术规范》GB/T 29038执行。

6.6.3 适用范围

适用于给水、热水、饮用水、燃气等管道的安装。

6.6.4 工程案例

应用薄壁不锈钢管较典型的工程有：北京人民大会堂冷热水、财政部办公楼直饮水、上海世博会中国馆、北京广安贵都大酒店（五星）、广州白云宾馆、广州亚运城、杭州千岛湖别墅等机电安装工程。

应薄壁铜管较典型的工程有：烟台世茂T1酒店、天津世茂酒店、沈阳世茂T6酒店等机电安装工程。

6.7 内保温金属风管施工技术

6.7.1 技术内容

（1）技术特点

内保温金属风管是在传统镀锌薄钢板法兰风管制作过程中，在风管内壁粘贴保温棉，风管口径为粘贴保温棉后的内径，并且可通过数控流水线实现全自动生产。该技术的运用，省去了风管现场保温施工工序，有效提高现场风管安装效率，且风管采用全自动生产流水线加工，产品质量可控。

（2）施工工艺

相对普通薄钢板法兰风管的制作流程，在风管咬口制作和法兰成型后，为贴附内保温材料，多了喷胶、贴棉和打钉三个步骤，然后进行板材的折弯和合缝，其他步骤两者完全相同。这三个工序被整合到了整套流水线中，生产效率几乎与薄钢板法兰风管相当。为防止保温棉被吹散，要求金属风管内壁涂胶满布率 90%以上，管内气流速度不得超过 20.3m/s。此外，内保温金属风管还有以下施工要点，如表 6.2 所示。

内保温金属风管的施工要点　　　　**表 6.2**

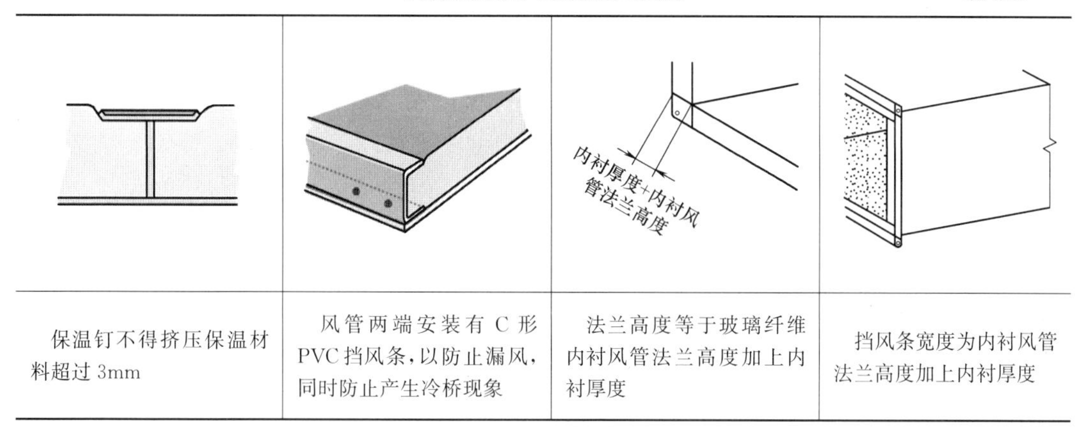

保温钉不得挤压保温材料超过 3mm	风管两端安装有 C 形 PVC 挡风条，以防止漏风，同时防止产生冷桥现象	法兰高度等于玻璃纤维内衬风管法兰高度加上内衬厚度	挡风条宽度为内衬风管法兰高度加上内衬厚度

1）在安装内衬风管之前，首先要检查风管内衬的涂层是否存在破损，有无受到污染等，若发现以上情况需进行修补或者直接更换一节完好的风管进行安装。

2）内衬风管的安装与薄钢板法兰风管安装工艺基本一致，先安装风管支吊架，风管支吊架间距按相关规定执行，风管可根据现场实际情况采取逐节吊装或者在地面拼装一定长度后整体吊装。

3）内保温风管与外保温风管、设备以及风阀等连接时，法兰高度可按表 6.2 的要求进行调整，或者采用大小头连接。

4）风管安装完毕后进行漏风量测试，要注意的是，导致风管严密性不合格的主要因素在于风管挡风条的安装与法兰边没有对齐，以及没有选用合适宽度的法兰垫料或者垫料粘贴时不够规范。

5）风管运输及安装过程中应注意防潮、防尘。

6.7.2　技术指标

1）风管系统强度及严密性指标，应满足《通风与空调工程施工质量验收规范》GB 50243 要求；

2）风管系统保温及耐火性能指标，应分别满足《通风与空调工程施工质量验收规范》GB 50243 和《通风管道技术规程》JGJ 141 要求；

3）内保温风管金属风管的制作与安装，可参考国家建筑标准设计图集《非金属风管制作与安装》15K114 的相关规定；

4）内衬保温棉及其表面涂层，应当采用不燃材料，采用的粘结剂应为环保无毒型。

6.7.3　适用范围

适用于低、中压空调系统风管的制作安装，净化空调系统、防排烟系统等除外。

6.7.4　工程案例

上海迪士尼乐园梦幻世界、青岛部分地铁 3 号线 1 标段、中海油大厦（上海）等机电安装工程。

6.8 金属风管预制安装施工技术

6.8.1 金属矩形风管薄钢板法兰连接技术

6.8.1.1 技术内容

（1）技术特点

金属矩形风管薄钢板法兰连接技术，代替了传统角钢法兰风管连接技术，已在国外有多年的发展和应用并形成了相应的规范和标准。采用薄钢板法兰连接技术不仅能节约材料，而且通过新型自动化设备生产使得生产效率提高、制作精度高、风管成型美观、安装简便，相比传统角钢法兰连接技术可节约劳动力60%左右，节约型钢、螺栓65%左右，而且由于不需防腐施工，减少了对环境的污染，具有较好的经济、社会与环境效益。

（2）施工工艺

金属矩形风管薄钢板法兰连接技术，根据加工形式不同分为两种：一种是法兰与风管壁为一体的形式，称之为“共板法兰”；另一种是薄钢板法兰用专用组合式法兰机制作成法兰的形式，根据风管长度下料后，插入制作好的风管管壁端部，再用铆（压）接连为一体，称之为“组合式法兰”。通过共板法兰风管自动化生产线，将卷材开卷、板材下料、冲孔（倒角）、辊压咬口、辊压法兰、折方等工序，制成半成品薄钢板法兰直风管管段。风管三通、弯头等异形配件通过数控等离子切割设备自动下料。

1）薄钢板法兰风管板材厚度0.5～1.2mm，风管下料宜采用单片、L形或口型方式。金属风管板材连接形式有：单咬口（适用于低、中、高压系统）、联合角咬口（适用于低、中、高压系统矩形风管及配件四角咬接）、转角咬口（适用于低、中、高压系统矩形风管及配件四角咬接）、按扣式咬口（低、中压矩形风管或配件四角咬接、低压圆形风管）。

2）当风管大边尺寸、长度及单边面积超出规定的范围时，应对其进行加固，加固方式有通丝加固、套管加固、Z形加固、V形加固等方式。

3）风管制作完成后，进行四个角连接件的固定，角件与法兰四角接口的固定应稳固、紧贴、端面应平整。固定完成后需要打密封胶，密封胶应保证弹性、粘着和防霉特性。

4）薄钢板法兰风管的连接方式应根据工作压力及风管尺寸大小合理选用，用专用工具将法兰弹簧卡固定在两节风管法兰处，或用顶丝卡固定两节风管法兰，弹簧卡、顶丝卡不应有松动现象。

6.8.1.2 技术指标

应符合《通风与空调工程施工质量验收规范》GB 50243、《通风与空调工程施工规范》GB 50738、《通风管道技术规程》JGJ 141相关规定。

6.8.1.3 适用范围

金属矩形风管薄钢板法兰连接技术适用于通风空调系统中工作压力不大于1500Pa的非防排烟系统、风管边长尺寸不大于1500mm（加固后为2000mm）的薄钢板法兰矩形风管的制作与安装；对于风管边长尺寸大于2000mm的风管，应根据《通风管道技术规程》JGJ 141采用角钢或其他形式的法兰风管。采用薄钢板法兰风管时，应由设计院与施工单位研究制定措施满足风管的强度和变形量要求。

6.8.1.4 工程案例

国家会展中心（上海）、中信总部大楼、杭州国际博览中心等机电安装工程。

6.8.2　金属圆形螺旋风管制安技术

6.8.2.1　技术内容

（1）技术特点

螺旋风管又称螺旋咬缝薄壁管，由条带形薄板螺旋卷绕而成，与传统金属风管（矩形或圆形）相比，具有无焊接、密封性能好、强度刚度好、通风阻力小、噪声低、造价低、安装方便、外观美观等特性。根据使用材料的材质不同，主要有镀锌螺旋风管、不锈钢螺旋风管、铝螺旋风管。螺旋风管制安机械自动化程度高、加工制作速度快，在发达国家已得到了长足的发展。

（2）施工工艺

金属圆形螺旋风管采用流水线生产，取代手工制作风管的全部程序和进程，使用宽度为138mm的金属卷材为原料，以螺旋的方式实现卷圆、咬口、合缝压实一次顺序完成，加工速度为4～20m/min。金属圆形螺旋风管一般是以3～6m为标准长度。弯头、三通等各类管件采用等离子切割机下料，直接输入管件相关参数即可精确快速切割管件展开板料；用缀缝焊机闭合板料和拼接各类金属板材，接口平整，不破坏板材表面；用圆形弯头成形机自动进行弯头咬口合缝，速度快，合缝密实平滑。

螺旋风管的螺旋咬缝，可以作为加强筋，增加风管的刚性和强度。直径1000m以下的螺旋风管可以不另设加固措施；直径大于1000mm的螺旋风管可在每两个咬缝之间再增加一道楞筋，作为加固方法。

金属圆形螺旋风管通常采用承插式芯管连接及法兰连接。承插式芯管用与螺旋风管同材质的宽度为138mm金属钢带卷圆，在芯管中心轧制宽5mm的楞筋，两侧轧制密封槽，内嵌阻燃L形密封条。

采用法兰连接时，将圆法兰内接于螺旋风管。法兰外边略小于螺旋风管内径1～2mm，同规格法兰具有可换性。法兰连接多用于防排烟系统，采用不燃的耐温防火填料，相比芯管连接密封性能更好。

主要施工方法：

1）划分管段：根据施工图和现场实际情况，将风管系统划分为若干管段，并确定每段风管连接管件和长度，尽量减少空中接口数量。

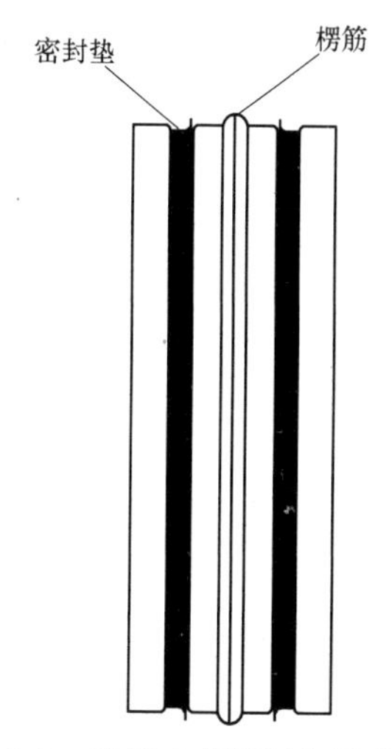

图6.3　承插式芯管制作示意图

内接制作技术要求　　表6.3

接管口径(mm)	内接板厚(mm)	内接口径(mm)
500	1.0	498
600	1.0	598
700	1.0	698
800	1.2	798
900	1.2	898
1000	1.2	998
1200	1.75	1196
1400	1.75	1396
1600	2.0	1596
1800	2.0	1796
2000	2.0	1996

2）芯管连接：将连接芯管插入金属螺旋风管一端，直至插入至楞筋位置，从内向外用铆钉固定。

3）风管吊装：金属螺旋风管支架间距约3～4m，每吊装一节螺旋风管设一个支架，风管吊装后用扁钢抱箍托住风管，根据支吊架固定点的结构形式设置一个或者两个吊点，将风管调整就位。

4）风管连接：芯管连接时，将金属螺旋风管的连接芯管端插入另一节未连接芯管端，均匀推进，直至插入至楞筋位置，连接缝用密封胶密封处理。法兰连接时，将两节风管调整角度，直至法兰的螺栓孔对准，连接螺栓，螺栓需安装在同侧。

5）风管测试：根据风管系统的工作压力做漏光检测及漏风量检测。

6.8.2.2 技术指标

应符合《通风与空调工程施工质量验收规范》GB 50243、《通风与空调工程施工规范》GB 50738、《通风管道技术规程》JGJ 141 相关规定。

6.8.2.3 适用范围

适用于送风、排风、空调风及防排烟系统金属圆形螺旋风管制作安装。

1）用于送风、排风系统时，应采用承插式芯管连接方式；

2）用于空调送回风系统时，应采用双层螺旋保温风管，内芯管外抱箍连接方式；

3）用于防排烟系统时，应采用法兰连接方式。

6.8.2.4 工程案例

国家会展中心（上海）、杭州国际博览中心等机电安装工程。

6.9 超高层垂直高压电缆敷设技术

6.9.1 技术内容

（1）技术特点

在超高层供电系统中，有时采用一种特殊结构的高压垂吊式电缆，这种电缆不论多长多重，都能靠自身支撑自重，解决了普通电缆在长距离的垂直敷设中容易被自身重量拉伤的问题。它由上水平敷设段、垂直敷设段、下水平敷设段组成，其结构为：电缆在垂直敷设段带有3根钢丝绳，并配吊装圆盘，钢丝绳用扇形塑料包覆，与三根电缆芯绞合，水平敷设段电缆不带钢丝绳。吊装圆盘为整个吊装电缆的核心部件，由吊环、吊具本体、连接螺栓和钢板卡具组成，其作用是在电缆敷设时承担吊具的功能并在电缆敷设到位后承载垂直段电缆的全部重量，电缆承重钢丝绳与吊具连接采用锌铜合金浇铸工艺。

（2）施工工艺

1）利用多台卷扬机吊运电缆，采用自下而上垂直吊装敷设的方法。

2）对每个井口的尺寸及中心垂直偏差进行测量，并安装槽钢台架。

3）设计穿井梭头，用以扶住吊装圆盘，让其顺利穿过井口。

4）吊装卷扬机布置在电气竖井的最高设备层或以上楼面，除吊装最高设备层的高压垂吊式电缆外，还要考虑吊装同一井道内其他设备层的高压垂吊式电缆。

5）架设专用通信线路，在电气竖井内每一层备有电话接口。指挥人、主吊操作人、放盘区负责人还必须配备对讲机。

6）电气竖井内要设置临时照明。

7）电缆盘至井口应设有缓冲区和下水平段电缆脱盘后的摆放区，面积大约30～

$40m^2$。架设电缆盘的起重设备通常从施工现场在用的塔吊、汽车吊、履带吊等起重设备中选择。

8）吊装过程：选用有垂直受力锁紧特性的活套型网套，同时为确保吊装安全可靠，设一根直径12.5mm保险附绳，当上水平段电缆全部吊起，将主吊绳与吊装圆盘连接，同时将垂直段电缆钢丝绳与吊装圆盘连接。当吊装圆盘连接后，组装穿井梭头。在吊装过程中，在电气竖井井口安装防摆动定位装置，可以有效地控制电缆摆动。将上水平段电缆与主吊绳并拢，由下而上每隔2m捆绑，直至绑到电缆头，吊运上水平段和垂直段电缆。吊装圆盘在槽钢台架上固定后，还要对其辅助吊挂，目的是使电缆固定更为安全可靠。在吊装圆盘及其辅助吊索安装完成后，电缆处于自重垂直状态下，将每个楼层井口的电缆用抱箍固定在槽钢台架上。水平段电缆通常采用人力敷设。在桥架水平段每隔2m设置一组滚轮。

6.9.2　技术指标

（1）应符合下列标准规范的相关规定：

《电气装置安装工程　电缆线路施工及验收标准》GB 50168、《建筑电气工程施工质量验收规范》GB 50303、《电气装置安装工程　电气设备交接试验标准》GB 50150、《建筑机械使用安全技术规程》JGJ 33、《施工现场临时用电安全技术规范》JGJ 46。

（2）技术要求

电缆型号、电压及规格应符合设计要求。核实电缆生产编号、订货长度、电缆位号，做到敷设准确无误；电缆外观无损伤，电缆密封应严密；电缆应做耐压和泄漏试验，试验标准应符合国家标准和规范的要求，电缆敷设前还应用2.5kV摇表测量绝缘电阻是否合格。

6.9.3　适用范围

适用于超高层建筑的电气垂直井道内的高压电缆吊运敷设。

6.9.4　工程案例

上海环球金融中心大厦。

6.10　机电消声减振综合施工技术

6.10.1　技术内容

（1）技术特点

机电消声减振综合施工技术是实现机电系统设计功能的保障。随着建筑工程机电系统功能需求的不断增加，越来越多的机电系统设备（设施）被应用到建筑工程中。这些机电设备（设施）在丰富建筑功能、改善人文环境、提升使用价值的同时，也带来一系列的负面影响因素，如机电设备在运行过程中产生及传播的噪声和振动给使用者带来难以接受的困扰，甚至直接影响到人身健康等。

（2）施工工艺

噪声及振动的频率低，空气、障碍物以及建筑结构等对噪声及振动的衰减作用非常有限（一般建筑构建物噪声衰减量仅为0.02～0.2dB/m），因此必须在机电系统设计与施工前，通过对机电系统噪声及振动产生的源头、传播方式与传播途径、受影响因素及产生的后果等进行细致分析，制定消声减振措施方案，对其中的关键环节加以适度控制，实现对机电系统噪声和振动的有效防控。具体实施工艺包括：对机电系统进行消声减振设计，选用低噪、低振设备（设施），改变或阻断噪声与振动的传播路径以及引入主动式消声抗振工艺等。

主要施工方法：

1）优化机电系统设计方案，对机电系统进行消声减振设计。机电系统设计时，在结构及建筑分区的基础上充分考虑满足建筑功能的合理机电系统分区，为需要进行严格消声减振控制的功能区设计独立的机电系统，根据系统消声、减振需要，确定设备（设施）技术参数及控制流体流速，同时避免其他机电设施穿越。

2）在机电系统设备（设施）选型时，优先选用低噪、低振的机电设备（设施），如箱式设备、变频设备、缓闭式设备、静音设备，以及高效率、低转速设备等。

3）机电系统安装施工过程中，在进行深化设计时要充分考虑系统消声、减振功能需要，通过隔声、吸声、消声、隔振、阻尼等处理方法，在机电系统中设置消声减振设备（设施），改变或阻断噪声与振动的传播路径。如设备采用浮筑基础、减振浮台及减震器等的隔声隔振构造，管道与结构、管道与设备、管道与支吊架及支吊架与结构（包括钢结构）之间采用消声减振的隔离隔断措施，如套管、避振器、隔离衬垫、柔性软接、避振喉等。

4）引入主动式消声抗振工艺。在机电系统深化设计中，针对系统消声减振需要引入主动式消声抗振工艺，扰动或改变机电系统固有噪声、振动频率及传播方向，达到消声抗振的目的。

6.10.2 技术指标

按设计要求的标准执行；当无设计无要求时，参照执行《声环境质量标准》GB 3096、《城市区域环境振动标准》GB 10070、《民用建筑隔声设计规范》GB 50118、《隔振设计规范》GB 50463、《建筑工程容许振动标准》GB 50868、《环境噪声与振动控制工程技术导则》HJ 2034、《剧场、电影院和多用途厅堂建筑声学技术规范》GB/T 50356。

6.10.3 适用范围

适用于大、中型公共建筑工程机电系统消声减振施工，特别适用于广播电视、音乐厅、大剧院、会议中心、高端酒店等安装工程。

6.10.4 工程案例

吉林省广电中心、吉林省政府新建办公楼、上海金茂大厦、北京银泰中心、中国银行大厦、首都博物馆、中国大剧院等机电安装工程。

6.11 建筑机电系统全过程调试技术

6.11.1 技术内容

（1）技术特点

建筑机电系统全过程调试技术覆盖建筑机电系统的方案设计阶段、设计阶段、施工阶段和运行维护阶段，其执行者可以由独立的第三方、业主、设计方、总承包商或机电分包商等承担。目前最常见的是业主聘请独立第三方顾问，即调试顾问作为调试管理方。

（2）调试内容

1）方案设计阶段。为项目初始时的筹备阶段，其调试工作主要目标是明确和建立业主的项目要求。业主项目要求是机电系统设计、施工和运行的基础，同时也决定着调试计划和进程安排。该阶段调试团队由业主代表、调试顾问、前期设计和规划方面专业人员、设计人员组成。该阶段主要工作为：组建调试团队，明确各方职责；建立例会制度及过程文件体系；明确业主项目要求；确定调试工作范围和预算；建立初步调试计划；建立问题日志程序；筹备调试过程进度报告；对设计方案进行复核，确保满足业主项目要求。

2）设计阶段。该阶段调试工作主要目标是尽量确保设计文件满足和体现业主项目要求。该阶段调试团队由业主代表、调试顾问、设计人员和机电总包项目经理组成。该阶段主要工作为：建立并维持项目团队的团结协作；确定调试过程各部分的工作范围和预算；指定负责完成特定设备及部件调试工作的专业人员；召开调试团队会议并做好记录；收集调试团队成员关于业主项目要求的修改意见；制定调试过程工作时间表；在问题日志中追踪记录问题或背离业主项目要求的情况及处理办法；确保设计文件的记录和更新；建立施工清单；建立施工、交付及运行阶段测试要求；建立培训计划要求；记录调试过程要求并汇总进承包文件；更新调试计划；复查设计文件是否符合业主项目要求；更新业主项目要求；记录并复查调试过程进度报告。

3）施工阶段。该阶段调试工作主要目标是确保机电系统及部件的安装满足业主项目要求。该阶段调试团队包括业主代表、调试顾问、设计人员、机电总包项目经理、专业承包商和设备供应商。该阶段主要工作为：协调业主代表参与调试工作并制定相应时间表；更新业主项目要求；根据现场情况，更新调试计划；组织施工前调试过程会议；确定测试方案，包括机电设备测试、风系统/水系统平衡调试、系统运行测试等，并明确测试范围，明确测试方法、试运行介质、目标参数值允许偏差、调试工作绩效评定标准；建立测试记录；定期召开调试过程会议；定期实施现场检查；监督施工方的现场调试、测试工作；核查运维人员培训情况；编制调试过程进度报告；更新机电系统管理手册。

4）交付和运行阶段。当项目基本竣工后进入交付和运行阶段的调试工作，直到保修合同结束时间为止。该阶段工作目标是确保机电系统及部件的持续运行、维护和调节及相关文件更新均能满足最新业主项目要求。该阶段调试团队包括业主代表、调试顾问、设计人员、机电总包项目经理、专业承包商。该阶段主要工作为：协调机电总包的质量复查工作，充分利用调试顾问的知识和项目经验使得机电总包返工数量和次数最小化；进行机电系统及部件的季度测试；进行机电系统运行维护人员培训；完成机电系统管理手册并持续更新；进行机电系统及部件的定期运行状况评估；召开经验总结研讨会；完成项目最终调试过程报告。

（3）调试文件

1）调试计划：为调试工作前瞻性整体规划文件，由调试顾问根据项目具体情况起草，在调试项目首次会议，由调试团队各成员参与讨论，会后调试顾问再进行修改完善。调试计划必须随着项目的进行而持续修改、更新。一般每月都要对调试计划进行适当调整。调试顾问可以根据调试项目工作量大小，建立一份贯穿项目全过程的调试计划，也可以建立一份分阶段（方案设计阶段、设计阶段、施工阶段和运行维护阶段）实施的调试计划。

2）业主项目要求：确定业主的项目要求对整个调试工作很重要，调试顾问组织召开业主项目要求研讨会，准确把握业主项目要求，并建立业主项目要求文件。

3）施工清单：机电承包商详细记录机电设备及部件的运输、安装情况，以确保各设备及系统正确安装、运行的文件。主要包括设备清单、安装前检查表、安装过程检查表、安装过程问题汇总、设备施工清单、系统问题汇总。

4）问题日志：记录调试过程发现的问题及其解决办法的正式文件，由调试团队在调试过程中建立，并定期更新。调试顾问在进行安装质量检查和监督施工单位调试时，可根据项目大小和合同内容来确定抽样检查比例或复测比例，一般不低于20%。抽查或抽测时发现问题应记入问题日志。

5）调试过程进度报告：详细记录调试过程中各部分完成情况以及各项工作和成果的文件，各阶段调试过程进度报告最终汇总成为机电系统管理手册的一部分。它通常包括：项目进展概况；本阶段各方职责、工作范围；本阶段工作完成情况；本阶段出现的问题及跟踪情况；本阶段未解决的问题汇总及影响分析；下阶段工作计划。

6）机电系统管理手册：是以系统为重点的复合文档，包括使用和运行阶段运行和维护指南以及业主使用中的附加信息，主要包括业主最终项目要求文件、设计文件、最终调试计划、调试报告、厂商提供的设备安装手册和运行维护手册、机电系统图表、已审核确认的竣工图纸、系统或设备/部件测试报告、备用设备部件清单、维修手册等。

7）培训记录。调试顾问应在调试工作结束后，对机电系统的实际运行维护人员进行系统培训，并做好相应的培训记录。

6.11.2 技术指标

目前国内关于建筑机电系统全过程调试没有专门的规范和指南，只能依照现行的设计、施工、验收和检测规范的相关部分开展工作。主要依据的规范有：《民用建筑供暖通风与空气调节设计规范》GB 50736、《公共建筑节能设计标准》GB 50189、《民用建筑电气设计规范》JGJ 16、《通风与空调工程施工质量验收规范》GB 50243、《建筑节能工程施工质量验收标准》GB 50411、《建筑电气工程施工质量验收规范》GB 50303、《建筑给水排水及采暖工程施工质量验收规范》GB 50242、《智能建筑工程质量验收规范》GB 50339、《通风与空调工程施工规范》GB 50738、《公共建筑节能检测标准》JGJ/T 177、《采暖通风与空气调节工程检测技术规程》JGJ/T 260、《变风量空调系统工程技术规程》JGJ 343。

6.11.3 适用范围

适用新建建筑的机电系统全过程调试，特别适用于实施总承包的机电系统全过程调试。

6.11.4 工程案例

巴哈马大型度假村、北京新华都等机电系统调试工程。

10 信息化技术

10.1 基于BIM的现场施工管理信息技术

基于BIM的现场施工管理信息技术是指利用BIM技术，并借助移动互联网技术实现施工现场可视化、虚拟化的协同管理。在施工阶段结合施工工艺及现场管理需求对设计阶段施工图模型进行信息添加、更新和完善，以得到满足施工需求的施工模型。依托标准化项目管理流程，结合移动应用技术，通过基于施工模型的深化设计，以及场布、施组、进度、材料、设备、质量、安全、竣工验收等管理应用，实现施工现场信息高效传递和实时共享，提高施工管理水平。

10.1.1 技术内容

（1）深化设计：基于施工BIM模型结合施工操作规范与施工工艺，进行建筑、结构、机电设备等专业的综合碰撞检查，解决各专业碰撞问题，完成施工优化设计，完善施工模型，提升施工各专业的合理性、准确性和可校核性。

（2）场布管理：基于施工BIM模型对施工各阶段的场地地形、既有设施、周边环境、施工区域、临时道路及设施、加工区域、材料堆场、临水临电、施工机械、安全文明施工设施等进行规划布置和分析优化，以实现场地布置科学合理。

（3）施组管理：基于施工BIM模型，结合施工工序、工艺等要求，进行施工过程的可视化模拟，并对方案进行分析和优化，提高方案审核的准确性，实现施工方案的可视化交底。

（4）进度管理：基于施工BIM模型，通过计划进度模型（可以通过Project等相关软件编制进度文件生成进度模型）和实际进度模型的动态链接，进行计划进度和实际进度的对比，找出差异，分析原因，BIM 4D进度管理直观的实现对项目进度的虚拟控制与优化。

（5）材料、设备管理：基于施工BIM模型，可动态分配各种施工资源和设备，并输出相应的材料、设备需求信息，并与材料、设备实际消耗信息进行比对，实现施工过程中材料、设备的有效控制。

（6）质量、安全管理：基于施工BIM模型，对工程质量、安全关键控制点进行模拟仿真以及方案优化。利用移动设备对现场工程质量、安全进行检查与验收，实现质量、安全管理的动态跟踪与记录。

（7）竣工管理：基于施工BIM模型，将竣工验收信息添加到模型，并按照竣工要求进行修正，进而形成竣工BIM模型，作为竣工资料的重要参考依据。

10.1.2　技术指标

（1）基于BIM技术在设计模型基础上，结合施工工艺及现场管理需求进行深化设计和调整，形成施工BIM模型，实现BIM模型在设计与施工阶段的无缝衔接。

（2）运用的BIM技术应具备可视化、可模拟、可协调等能力，实现施工模型与施工阶段实际数据的关联，进行建筑、结构、机电设备等各专业在施工阶段的综合碰撞检查、分析和模拟。

（3）采用的BIM施工现场管理平台应具备角色管控、分级授权、流程管理、数据管理、模型展示等功能。

（4）通过物联网技术自动采集施工现场实际进度的相关信息，实现与项目计划进度的虚拟比对。

（5）利用移动设备，可即时采集图片、视频信息，并能自动上传到BIM施工现场管理平台，责任人员在移动端即时得到整改通知、整改回复的提醒，实现质量管理任务在线分配、处理过程及时跟踪的闭环管理等的要求。

（6）运用BIM技术，实现危险源的可视标记、定位、查询分析。安全围栏、标识牌、遮拦网等需要进行安全防护和警示的地方在模型中进行标记，提醒现场施工人员安全施工。

（7）应具备与其他系统进行集成的能力。

10.1.3　适用范围

适用于建筑工程项目施工阶段的深化、场布、施组、进度、材料、设备、质量、安全等业务管理环节的现场协同动态管理。

10.1.4 工程案例

湖北武汉绿地中心项目，北京中国建筑科学研究院科研楼项目，云南昆明润城第二大道项目，越南越中友谊宫项目，北京通州行政副中心项目，广东东莞国贸中心项目，北京首都医科大学附属北京天坛医院，广东深圳腾讯滨海大厦工程，广东深圳平安金融中心，北京中国卫星通信大厦，天津117大厦项目。

10.2 基于大数据的项目成本分析与控制信息技术

基于大数据的项目成本分析与控制信息技术，是利用项目成本管理信息化和大数据技术更科学和有效的提升工程项目成本管理水平和管控能力的技术。通过建立大数据分析模型，充分利用项目成本管理信息系统积累的海量业务数据，按业务板块、地区、重大工程等维度进行分类、汇总，对“工、料、机”等核心成本要素进行分析，挖掘出关键成本管控指标并利用其进行成本控制，从而实现工程项目成本管理的过程管控和风险预警。

10.2.1 技术内容

（1）项目成本管理信息化主要技术内容

1）项目成本管理信息化技术是要建设包含收入管理、成本管理、资金管理和报表分析等功能模块的项目成本管理信息系统。

2）收入管理模块应包括业主合同、验工计价、完成产值和变更索赔管理等功能，实现业主合同收入、验工收入、实际完成产值和变更索赔收入等数据的采集。

3）成本管理模块应包括价格库、责任成本预算、劳务分包、专业分包、机械设备、物资管理、其他成本和现场经费管理等功能，具有按总控数量对“工、料、机”的业务发生数量进行限制，按各机构、片区和项目限价对“工、料、机”采购价格进行管控的能力，能够编制预算成本和采集劳务、物资、机械、其他、现场经费等实际成本数据。

4）资金管理模块应包括债务支付集中审批、支付比例变更、财务凭证管理等功能，具有对项目部资金支付的金额和对象进行管控的能力，实现应付和实付资金数据的采集。

5）报表分析应包括“工、料、机”等各类业务台账和常规业务报表，并具备对劳务、物资、机械和周转料的核算功能，能够实时反映施工项目的总体经营状态。

（2）成本业务大数据分析技术的主要技术内容

1）建立项目成本关键指标关联分析模型。

2）实现对“工、料、机”等工程项目成本业务数据按业务板块、地理区域、组织架构和重大工程项目等分类的汇总和对比分析，找出工程项目成本管理的薄弱环节。

3）实现工程项目成本管理价格、数量、变更索赔等关键要素的趋势分析和预警。

4）采用数据挖掘技术形成成本管理的“量、价、费”等关键指标，通过对关键指标的控制，实现成本的过程管控和风险预警。

5）应具备与其他系统进行集成的能力。

10.2.2 技术指标

（1）采用大数据采集技术，建立项目成本数据采集模型，收集成本管理系统中存储的海量成本业务数据。

（2）采用数据挖掘技术，建立价格指标关联分析模型，以地区、业务板块和业务发生时点为主要维度，结合政策调整、价格变化等相关社会经济指标，对劳务、物资和机械等成本价格进行挖掘，提取适合各项目的劳务分包单价、物资采购价格、机械租赁单价等数据，并输出到成本管理系统中作为项目成本的控制指标。

(3) 采用可视化分析技术，建立项目成本分析模型，从收入与产值、预算成本与实际成本、预计利润与实际利润等多个角度对项目成本进行对比分析，对成本指标进行趋势分析和预警。

(4) 采用分布式系统架构设计，降低并发量提高系统可用性和稳定性。采用B/S和C/S模式相结合的技术，Web端实现业务单据的流转审批，使用离线客户端实现数据的便捷、快速处理。

(5) 通过系统的权限控制体系限定用户的操作权限和可访问的对象。系统应具备身份鉴别、访问控制、会话安全、数据安全、资源控制、日志与审计等功能，防止信息在传输过程中被抓包窜改。

10.2.3 适用范围

适用于加强项目成本管控的工程建设项目。

10.2.4 工程案例

四川成都博览城项目，山东济南世茂天城项目，山东济南中铁诺德名城二期项目，湖北襄阳新天地房建项目等工程项目。

10.3 基于云计算的电子商务采购技术

基于云计算的电子商务采购技术是指通过云计算技术与电子商务模式的结合，搭建基于云服务的电子商务采购平台，针对工程项目的采购寻源业务，统一采购资源，实现企业集约化、电子化采购，创新工程采购的商业模式。平台功能主要包括：采购计划管理、互联网采购寻源、材料电子商城、订单送货管理、供应商管理、采购数据中心等。通过平台应用，可聚合项目采购需求，优化采购流程，提高采购效率，降低工程采购成本，实现阳光采购，提高企业经济效益。

10.3.1 技术内容

(1) 采购计划管理：系统可根据各项目提交的采购计划，实现自动统计和汇总，下发形成采购任务。

(2) 互联网采购寻源：采购方可通过聚合多项目采购需求，自动发布需求公告，并获取多家报价进行优选，供应商可进行在线报名响应。

(3) 材料电子商城：采购方可以针对项目大宗材料、设备进行分类查询，并直接下单。供应商可通过移动终端设备获取订单信息，进行供货。

(4) 订单送货管理：供应商可根据物资送货要求，进行物流发货，并可以通过移动端记录物流情况。采购方可通过移动端实时查询到货情况。

(5) 供应商管理：提供合格供应商的审核和注册功能，并对企业基本信息、产品信息及价格信息进行维护。采购方可根据供货行为对供应商进行评价，形成供应商评价记录。

(6) 采购数据中心：提供材料设备基本信息库、市场价格信息库、供应商评价信息库等的查询服务。通过采购业务数据的积累，对以上各信息库进行实时自动更新。

10.3.2 技术指标

(1) 通过搭建云基础服务平台，实现系统负载均衡、多机互备、数据同步及资源弹性调度等机制。

（2）具备符合要求的安全认证、权限管理等功能，同时提供工作流引擎，实现流程的可配置化及与表单的可集成化。

（3）应提供规范统一的材料设备分类与编码体系、供应商编码体系和供应商评价体系。

（4）可通过统一信用代码校验及手机号码校验，确认企业及用户信息的一致性和真实性。云平台需通过数字签名系统验证用户登录信息，对用户账户信息及投标价格信息进行加密存储，通过系统日志自动记录采购行为，以提高系统安全性及法律保障。

（5）应支持移动终端设备实现供应商查询、在线下单、采购订单跟踪查询等应用。

（6）应实现与项目管理系统需求计划、采购合同的对接，以及与企业 OA 系统的采购审批流程对接。还应提供与其他相关业务系统的标准数据接口。

10.3.3 适用范围

适用于建筑工程实施过程中的采购业务环节。

10.3.4 工程案例

上海迪士尼工程项目，陕西西安交大科技创新港科创基地项目，四川宜宾向家坝水电站工程，福建福清核电站 3、4 号机组工程，北京中铁鲁班商务网项目等。

10.4 基于互联网的项目多方协同管理技术

基于互联网的项目多方协同管理技术是以计算机支持协同工作（CSCW）理论为基础，以云计算、大数据、移动互联网和 BIM 等技术为支撑，构建的多方参与的协同工作信息化管理平台。通过工作任务协同管理、质量和安全协同管理、图档协同管理、项目成果物的在线移交和验收管理、在线沟通服务，解决项目图档混乱、数据管理标准不统一等问题，实现项目各参与方之间信息共享、实时沟通，提高项目多方协同管理水平。

10.4.1 技术内容

（1）工作任务协同。在项目实施过程中，将总包方发布的任务清单及工作任务完成情况的统计分析结果实时分享给投资方、分包方、监理方等项目相关参与方，实现多参与方对项目施工任务的协同管理和实时监控。

（2）质量和安全管理协同。能够实现总包方对质量、安全的动态管理和限期整改问题自动提醒。利用大数据进行缺陷事件分析，通过订阅和推送的方式为多参与方提供服务。

（3）项目图档协同。项目各参与方基于统一的平台进行图档审批、修订、分发、借阅，施工图纸文件与相应 BIM 构件进行关联，实现可视化管理。对图档文件进行版本管理，项目相关人员通过移动终端设备可以随时随地查看最新的图档。

（4）项目成果物的在线移交和验收。各参与方在项目设计、采购、实施、运营等阶段通过协同平台进行成果物的在线编辑、移交和验收，并自动归档。

（5）在线沟通服务。利用即时通信工具，增强各参与方沟通能力。

10.4.2 技术指标

（1）采用云模式及分布式架构部署协同管理平台，支持基于互联网的移动应用，实现项目文档快速上传和下载。

（2）应具备即时通信功能，统一身份认证与访问控制体系，实现多组织、多用户的统一管理和权限控制，提供海量文档加密存储和管理能力。

（3）针对工程项目的图纸、文档等进行图形、文字、声音、照片和视频的标注。

（4）应提供流程管理服务，符合业务流程与标注（BPMN）2.0标准。

（5）应提供任务编排功能，支持父子任务设计，方便逐级分解和分配任务，支持任务推送和自动提醒。

（6）应提供大数据分析功能，支持质量、安全缺陷事件的分析，防范质量、安全风险。

（7）应具备与其他系统进行集成的能力。

10.4.3　适用范围

适用于工程项目多参与方的跨组织、跨地域、跨专业的协同管理。

10.4.4　工程案例

天津117项目，湖北武汉绿地中心项目，重庆来福士广场项目，湖北武汉因特宜家项目，广东深圳华润深圳湾国际商业中心项目，太原山西行政学院综合教学楼项目。

10.5　基于移动互联网的项目动态管理信息技术

基于移动互联网的项目动态管理信息技术是指综合运用移动互联网技术、全球卫星定位技术、视频监控技术、计算机网络技术，对施工现场的设备调度、计划管理、安全质量监控等环节进行信息即时采集、记录和共享，满足现场多方协同需要，通过数据的整合分析实现项目动态实时管理，规避项目过程各类风险。

10.5.1　技术内容

（1）设备调度。运用移动互联网技术，通过对施工现场车辆运行轨迹、频率、卸点位置、物料类别等信息的采集，完成路径优化，实现智能调度管理。

（2）计划管理。根据施工现场的实际情况，对施工任务进行细化分解，并监控任务进度完成情况，实现工作任务合理在线分配及施工进度的控制与管理。

（3）安全质量管理。利用移动终端设备，对质量、安全巡查中发现的质量问题和安全隐患进行影音数据采集和自动上传，整改通知、整改回复自动推送到责任人员，实现闭环管理。

（4）数据管理。通过信息平台准确生成和汇总施工各阶段工程量、物资消耗等数据，实现数据自动归集、汇总、查询，为成本分析提供及时、准确数据。

10.5.2　技术指标

（1）应用移动互联网技术，实现在移动端对施工现场设备进行安全、高效的统一调配和管理。

（2）结合LBS技术通过对移动轨迹采集和定位，实现移动端自动采集现场设备工作轨迹和工作状态。

（3）建立协同工作平台，实现多专业数据共享，实现安全质量标准化管理。

（4）具备与其他管理系统进行数据集成共享的功能。

（5）系统应符合《计算机信息系统安全保护等级划分准则》GB 17859第二级的保护要求。

10.5.3　适用范围

适用于施工作业设备多、生产和指挥管理复杂、难度大的建设项目。

10.5.4　工程案例

贵州贵阳华润国际社区项目示范区总承包工程、吉林长春吉大医院、辽宁沈阳浦和新苑住宅楼项目、天津合纵科技（天津）生产基地项目、云南昆明润城第二大道项目、湖南张家界家居生活广场一期工程、山东淄博五洲国际家具博览城二期等。

10.6 基于物联网的工程总承包项目物资全过程监管技术

基于物联网的工程总承包项目物资全过程监管技术，是指利用信息化手段建立从工厂到现场的“仓到仓”全链条一体化物资、物流、物管体系。通过手持终端设备和物联网技术，实现集装卸、运输、仓储等整个物流供应链信息的一体化管控，实现项目物资、物流、物管的高效、科学、规范的管理，解决传统模式下无法实时、准确地进行物流跟踪和动态分析的问题，从而提升工程总承包项目物资全过程监管水平。

10.6.1 技术内容

（1）建立工程总承包项目物资全过程监管平台，实现编码管理、终端扫描、报关审核、节点控制、现场信息监控等功能，同时支持单项目统计和多项目对比，为项目经理和决策者提供物资全过程监管支撑。

（2）编码管理：以合同BOQ清单为基础，采用统一编码标准，包括设备KKS编码、部套编码、物资编码、箱件编码、工厂编号及图号编码，并自动生成可供物联网设备扫描的条形码，实现业务快速流转，减少人为差错。

（3）终端扫描：在各个运输环节，通过手持智能终端设备，对条形码进行扫码，并上传至工程总承包项目物资全过程监管平台，通过物联网数据的自动采集，实现集装卸、运输、仓储等整个物流供应链信息共享。

（4）报关审核：建立报关审核信息平台，完善企业物资海关编码库，适应新形势下海关无纸化报关要求，规避工程总承包项目物资货量大、发船批次多、清关延误等风险，保证各项出口物资的顺利通关。

（5）节点控制：根据工程总承包计划设置物流运输时间控制节点，包括海外海运至发货港口、境内陆运至车站、报关通关、物资装船、海上运输、物资清关、陆地运输等，明确运输节点的起止时间，以便工程总承包项目物资全过程监管平台根据物联网扫码结果，动态分析偏差，进行预警。

（6）现场信息监控：建立现场物资仓储平台，通过运输过程中物联网数据的更新，实时动态监管物资的发货、运输、集港、到货、验收等环节，以便现场合理安排项目进度计划，实现物资全过程闭环管理。

10.6.2 技术指标

（1）建立统一的工程总承包项目物资全过程监管平台，运用大数据分析、工作流和移动应用等技术，实现多项目管理，相关人员可通过手机随时获取信息，同时支持云部署、云存储模式，支持多方协同，业务上下贯通，逻辑上分管理策划层、业务标准化层、数据共享层三层结构。

（2）采用定制移动终端，实现远距离（大于5m）条码扫描，监听手持设备扫描数据，通过Https安全协议，使终端数据快速、直接、安全送达服务器，实现货物远距离快速清点和物流状态实时更新。

（3）以条形码作为唯一身份编码形式，并将打印的条码贴至箱件，扫码时，系统自动进行校验，实现各运输环节箱件内物资的快速核对。

（4）通过卫星定位技术和物联网条码技术，实现箱件位置的快速定位和箱件内物资的快速查找。

（5）将规划好的推送逻辑、时机、目标置入系统，实时监听物联网数据获取状态并进行对比分析，满足触发条件，自动通过待办任务、邮件、微信、短信等形式推送给相关方，进行预警提醒，对未确认的提醒，可设定重复发送周期。

（6）支持离线应用，可采用离线工具实现数据采集。在联网环境下，自动同步到服务器或者通过邮件发送给相关方进行导入。

（7）具备与其他管理系统进行数据集成共享的功能。

10.6.3　适用范围

国内外工程总承包项目物资的物流、物管。

10.6.4　工程案例

内蒙古昇华新农村光伏小镇建设项目，沙特拉比格海水淡化厂区建设项目，新疆乌鲁木齐 2×1100MW 超超临界空冷机组项目，宁夏宁东 2×660MW 燃机扩建项目，孟加拉艾萨拉姆 2×600MW 燃机项目等。

10.7　基于物联网的劳务管理信息技术

基于物联网的劳务管理信息技术是指利用物联网技术，集成各类智能终端设备对建设项目现场劳务工人实现高效管理的综合信息化系统。系统能够实现实名制管理、考勤管理、安全教育管理、视频监控管理、工资监管、后勤管理以及基于业务的各类统计分析等，提高项目现场劳务用工管理能力、辅助提升政府对劳务用工的监管效率，保障劳务工人与企业利益。

10.7.1　技术内容

（1）实名制管理。实现劳务工人进场实名登记、基础信息采集、通行授权、黑名单鉴别，人员年龄管控、人员合同登记、职业证书登记以及人员退场管理。

（2）考勤管理。利用物联网终端门禁等设备，对劳务工人进出指定区域通行信息自动采集，统计考勤信息，能够对长期未进场人员进行授权自动失效和再次授权管理。

（3）安全教育管理。能够记录劳务工人安全教育记录，在现场通行过程中对未参加安全教育人员限制通过。可以利用手机设备登记人员安全教育等信息，实现安全教育管理移动应用。

（4）视频监控。能够对通行人员人像信息自动采集并与登记信息进行人工比对，能够及时查询采集记录；能实时监控各个通道的人员通行行为，并支持远程监控查看及视频监控资料存储。

（5）工资监管。能够记录和存储劳务分包队伍劳务工人工资发放记录，宜能对接银行系统实现工资发放流水的监控，保障工资支付到位。

（6）后勤管理。能够对劳务工人进行住宿分配管理，宜能够实现一卡通在项目的消费应用。

（7）统计分析。能基于过程记录的基础数据，提供政府标准报表，实现劳务工人地域、年龄、工种、出勤数据等统计分析，同时能够提供企业需要的各类格式报表定制。利用手机设备可以实现劳务工人信息查询、数据实时统计分析查询。

10.7.2　技术指标

（1）应将劳务实名制信息化管理的各类物联网设备进行现场组网运行，并与互联网相连。

（2）基于物联网的劳务管理系统，应具备符合要求的安全认证、权限管理、表单定制等功能。

（3）系统应提供与物联网终端设备的数据接口，实现对身份证阅读器、视频监控设备、门禁设备、通行授权设备、工控机等设备的数据采集与控制。

（4）门禁方式可采用 IC 卡闸机门禁、人脸或虹膜识别闸机门禁、二维码闸机门禁、RFID 无障碍通行等。IC 卡及读写设备要符合 ISO/IEC 14443 协议相关要求、RFID 卡及读写设备应符合 IOS 15693 协议相关要求。单台人脸或虹膜识别设备最少支持存储 1000 张人脸或虹膜信息；闸机通行不低于 30 人/min（采用人脸或虹膜生物识别通行不低于 10 人/min）；如采用半高转闸和全高转闸，应设立安全疏散通道。

（5）可对现场人员进出的项目划设区域进行授权管理，不同授权人员只能通行对应的区域。

（6）门禁控制器应能记录进出场人员信息，统计进出场时间，并实时传输到云端服务器；应能支持断网工作，数据可在网络恢复以后及时上传；断电设备无法工作，但已采集记录数据可以保留 30 天。

（7）能够进行统一的规则设置，可以实现对人员年龄超龄控制、黑名单管控规则、长期未进场人员控制、未接受安全教育人员控制，可以由企业统一设置，也可以由各项目灵活配置。

（8）能及时（延时不超过 3min）统计项目劳务用工相关数据，企业可以实现多项目的统计分析。

（9）能够通过移动终端设备实现人员信息查询、安全教育登记、查看统计分析数据、远程视频监控等实时应用。

（10）具备与其他管理系统进行数据集成共享的功能。

10.7.3 适用范围

适用于加强施工现场劳务工人管理的项目。

10.7.4 工程案例

北京新机场项目，北京通州行政副中心项目，吉林长春龙嘉机场二期项目，河南郑州林湖美景项目，上海张江高科技园项目，山东济南翡翠华庭项目，陕西西安地电广场项目，广西南宁盛科城项目，太原山西行政学院综合教学楼项目等。

10.8 基于 GIS 和物联网的建筑垃圾监管技术

基于 GIS 和物联网的建筑垃圾监管技术是指高度集成射频识别（RFID）、车牌识别（VLPR）、卫星定位系统、地理信息系统（GIS）、移动通信等技术，针对施工现场建筑垃圾进行综合监管的信息平台。该平台通过对施工现场建筑垃圾的申报、识别、计量、运输、处置、结算、统计分析等环节的信息化管理，可为过程监管及环保政策研究提供翔实的分析数据，有效推动建筑垃圾的规范化、系统化、智能化管理，全方位、多角度提升建筑垃圾管理的水平。

10.8.1 技术内容

（1）申报管理：实现建筑垃圾基本信息、排放量信息和运输信息等的网上申报。

（2）识别、计量管理：利用摄像头对车载建筑垃圾进行抓拍，通过与建筑垃圾基本信息比对分析，实现建筑垃圾分类识别、称重计量，自动输出二维码标签。

（3）运输监管：利用卫星定位系统和GIS技术实现对建筑垃圾运输进行跟踪监控，确保按照申报条件中的运输路线进行运输。利用物联网传感器实现对垃圾车辆防护措施进行实时监控，确保运输途中不随意遗撒。

（4）处置管理：利用摄像头对建筑垃圾倾倒过程监控，确保垃圾倾倒在指定地点。

（5）结算：对应垃圾处理中心的垃圾分类，自动产生电子结算单据，确保按时结算，并能对结算情况进行查询。

（6）统计分析：通过对建筑垃圾总量、分类总量、计划量的自动统计，与实际外运量进行对比分析，防止瞒报、漏报等现象。利用多项目历史数据进行大数据分析，找到相似类型项目建筑垃圾产生量的平均值，为后续项目的建筑垃圾管理提供参考。

10.8.2　技术指标

（1）车辆识别：利用车牌识别（VLPR）技术自动采集并甄别车辆牌照信息。

（2）建筑垃圾分类识别：通过制卡器向射频识别（RFID）有源卡写入相应建筑垃圾类型等信息。利用项目和处理中心的地磅处阅读器自动识别目标对象并获取垃圾类型信息，摄像头抓拍建筑垃圾照片，并将垃圾类型信息和抓拍信息上传至计算机进行分析比对，确定是否放行。

（3）监控管理平台：利用GIS、卫星定位系统和移动应用技术建立运输跟踪监控系统，企业总部或地方政府主管部门可建立远程监控管理平台并与运输监控系统对接，通过对运输路径、车辆定位等信息的动态化、可视化监控，实现对建筑垃圾全过程监管。

（4）具备与相关系统集成的能力。

10.8.3　适用范围

适用于建筑垃圾资源化处理程度较高城市的建筑工程，桩基及基坑围护结构阶段可根据具体情况选用。

10.8.4　工程案例

上海明发商业广场项目，上海保利凯悦酒店项目，山东济南高新万达项目，上海上证所金桥技术中心基地项目。

10.9　基于智能化的装配式建筑产品生产与施工管理信息技术

基于智能化的装配式建筑产品生产与施工管理信息技术，是在装配式建筑产品生产和施工过程中，应用BIM、物联网、云计算、工业互联网、移动互联网等信息化技术，实现装配式建筑的工厂化生产、装配化施工、信息化管理。通过对装配式建筑产品生产过程中的深化设计、材料管理、产品制造环节进行管控，以及对施工过程中的产品进场管理、现场堆场管理、施工预拼装管理环节进行管控，实现生产过程和施工过程的信息共享，确保生产环节的产品质量和施工环节的效率，提高装配式建筑产品生产和施工管理的水平。

10.9.1　技术内容

（1）建立协同工作机制，明确协同工作流程和成果交付内容，并建立与之相适应的生产、施工全过程管理信息平台，实现跨部门、跨阶段的信息共享。

（2）深化设计：依据设计图纸结合生产制造要求建立深化设计模型，并将模型交付给制造环节。

（3）材料管理：利用物联网条码技术对物料进行统一标识，通过对材料“收、发、存、领、用、退”全过程的管理，实现可视化的仓储堆垛管理和多维度的质量追溯管理。

（4）产品制造：统一人员、工序、设备等编码，按产品类型建立自动化生产线，对设备进行联网管理，能按工艺参数执行制造工艺，并反馈生产状态，实现生产状态的可视化管理。

（5）产品进场管理：利用物联网条码技术可实现产品质量的全过程追溯，可在 BIM 模型当中按产品批次查看产品进场进度，实现可视化管理。

（6）现场堆场管理：利用物联网条码技术对产品进行统一标识，合理利用现场堆场空间，实现产品堆垛管理的可视化。

（7）施工预拼装管理：利用 BIM 技术对产品进行预拼装模拟，减少并纠正拼装误差，提高装配效率。

10.9.2 技术指标

（1）管理信息平台能对深化设计、材料管理、生产工序的情况进行集中管控，能在施工环节中利用生产环节的相关信息对产品生产质量进行监管，并能通过施工预拼装管理提高施工装配效率。

（2）在深化设计环节按照各专业（如预制混凝土、钢结构等）深化设计标准（要求）统一产品编码，采用专业深化设计软件开展深化设计工作，达到生产要求的设计深度，并向下游交付。

（3）在材料管理环节按照各专业（如预制混凝土、钢结构等）物料分类标准（要求）统一物料编码。进行材料“收、发、存、领、用、退”全过程信息化管理，应用物联网条码、RFID 条码等技术绑定材料和仓库库位，采用扫描枪、手机等移动设备实现现场条码信息的采集，依据材料仓库仿真地图实现材料堆垛可视化管理，通过对材料的生产厂家、尺寸外观、规格型号等多维度信息的管理，实现质量控制的可追溯。

（4）在产品制造环节按照各专业（如预制混凝土、钢结构等）生产标准（要求）统一人员、工序、设备等编码。制造厂应用工业互联网建立网络传输体系，能支持到工序层级的设备层面，实现自动化的生产制造。

（5）采用 BIM 技术、计算机辅助工艺规划（CAPP）、工艺路线仿真等工具制作工艺文件，并能将工艺参数通过制造厂工业物联网体系传输给对应设备（如将切割程序传输给切割设备），各工序的生产状态可通过人员报工、条码扫描或设备自动采集等手段进行采集上传。

（6）在产品进场管理环节应用物联网技术，采用扫描枪、手机等移动设备扫描产品条码、RFID 条码，将产品信息自动传输到管理信息平台，进行产品质量的可追溯管理。并可按照施工安装计划在 BIM 模型中直观查看各批次产品的进场状态，对项目进度进行管控。

（7）在现场堆场管理环节应用物联网条码、RFID 条码等技术绑定产品信息和产品库位信息，采用扫描枪、手机等移动设备实现现场条码信息的采集，依据产品仓库仿真地图实现产品堆垛可视化管理，合理组织利用现场堆场空间。

（8）在施工预拼装管理环节采用 BIM 技术对需要预拼装的产品进行虚拟预拼装分析，通过模型或者输出报表等方式查看拼装误差，在地面完成偏差调整，降低预拼装成本，提高装配效率。

(9) 可采取云部署的方式，提高信息资源的利用率，降低信息资源的使用成本。

(10) 应具备与相关信息系统集成的能力。

10.9.3　适用范围

适用于装配式建筑产品（如钢结构、预制混凝土、木结构等）生产过程中的深化设计、材料管理、产品制造环节，以及施工过程中的产品进场管理、现场堆场管理、施工预拼装管理环节。

10.9.4　工程案例

辽宁沈阳宝能环球金融中心，广东深圳会展中心项目，湖北武汉绿地中心项目，广东深圳汉京项目，北京中信总部大楼项目等。

参考文献

[1] 中华人民共和国国家标准. 建筑抗震设计规范 GB 50011—2010（2016年版）[S].

[2] 中华人民共和国国家标准. 建筑机电工程抗震设计规范 GB 50981—2014 [S].

[3] 中华人民共和国国家标准. 建筑抗震支吊架通用技术条件 GB/T 37267—2018 [S].

[4] 郝建刚，高惠润，孙阳，等. 整体式卫生间安装技术应用. 安装，2015（10）：62-64.

[5] 中国安装协会，山西安装集团. 近千同行围观的装配式机电工程，叹服！中国安装协会，2019.

[6] 杨雪明. 浅谈机电安装工程预制装配化施工技术. 安装，2018（6）：16-18.

[7] 陆耀庆. 实用供热空调设计手册（第二版）. 北京：中国建筑工业出版社，2008.

[8] 缪亮俊，王岩，张志祥，等. 中国石油大厦低温送风空调设计与施工技术. 安装，2010（8）：33-36.

[9] 秦东阳，熊海峰，赵发明，等. 冰蓄冷系统蓄冰槽漏水预防措施的探讨. 安装，2011（10）：41-43.

[10] 董继钊，刘数章，吴越. 浅谈暖通空调管道保温厚度计算与选择. 安装，2013（11）：34-36.

[11] 万美慧，孙琳. 能源管理系统助力节能增效. 智能建筑与城市信息，2010，162（5）：64-69.

[12] 周海新. 建筑能源管理的模型构建与系统设计. 智能建筑与城市信息，2011，181（12）：68-72.

[13] 杨文滨，施展翔. 绿色建筑能源监测与管理系统. 智能建筑与城市信息，2011，173（4）：31-35.

[14] 杨柏浓. 世博会中国馆能源管理系统. 建筑电气，2011（1）：49-52.

[15] Zhongli Chen，Lei Shi. Shanghai Tower's Versatile Energy Management System. China Academic Journal Electronic Publishing House，2013：746-748.

[16] 宋毅. 提高城市燃气计量准确性的途径. 科技创新导报，2017（14）：237-238.

[17] 高勇华. 探究电力计量在节能降耗中的应用. 中国电子商务，2013（4）：211-211.

[18] 吴金广. 建筑设备系统在线故障诊断. 同济大学，2005.

[19] 张玉彬，吕政飞，黄如春. 我院智慧能源管理平台的探究与评价. 中国医疗设备，2016，31（4）：129-131，89.

[20] 王志毅，黎远光，等. 暖通空调工程调试. 湖南：中南大学出版社，2017.

[21] 卢燕，江月新. 电气安装与调试技术. 北京：北京大学出版社，2015.

[22] 周伟贤. 电梯安装与调试. 北京：机械工业出版社，2019.

[23] 叶大法，杨国荣. 变风量空调系统设计. 北京：中国建筑工业出版社，2007.

[24] 蔡敬琅. 变风量空调设计. 北京：中国建筑工业出版社，1997.

[25] 王立中. VAV空调中通风系统问题分析. 广东科技，2006（3）：132-133.

[26] 马国华. 上海期货大厦变风量空调系统施工方法. 山西建筑，2004，30（13）：118.

[27] 郭春梅，常茹，吕建. 变风量风口的安装调试与运行维护. 建筑热能通风空调，2004，23（3）：64-66.

[28] 陈文博，钟登科. VAV空调系统的工程实施. 安装，2006（6）：29-30.

[29] 何伟斌，郑雄. VAV空调对风管系统施工的要求. 安装，2008（12）：24-16，37.

[30] 张军. 变风量（VAV）空调系统安装调试问题探讨. 中国高新技术企业，2010（33）：60-61.

[31] 李正洪. 变风量空调系统（VAV）施工实例分析. 四川建材，2006（2）：231-233.

[32] 中国安装协会. 超高层建筑机电工程施工技术与管理. 北京：中国建筑工业出版社，2016.

[33] 北京市建筑业联合会. 二级注册建造师继续教育培训教材. 北京：中国建筑工业出版社，2016.

[34] 何关培. BIM基本原理及其在施工企业中的应用 [EB/OL].
[35] 张建平. BIM技术的研究与应用. 施工技术，2011 (1)：15-18.
[36] 上海上安机电设计事务所有限公司. BIM技术在机电施工企业的运用.
[37] 北京市设备安装工程集团有限公司. BIM综合支吊架科技成果报告.
[38] 清华大学BIM课题组，上安集团BIM课题组. 机电安装企业BIM实施标准指南. 北京：中国建筑工业出版社，2015.
[39] 葛清主编. BIM第一维度——项目不同阶段的BIM应用. 北京：中国建筑工业出版社，2013.
[40] 中建《建筑工程施工BIM技术应用指南》编委会. 建筑工程施工BIM技术应用指南. 北京：中国建筑工业出版社，2014.
[41] 北京城建亚泰建设集团有限公司，北京城建亚泰中天建筑安装工程有限公司. 机电专业设备、管道标识规程.